"十二五"职业教育国家规划教材
经全国职业教育教材审定委员会审定

住房城乡建设部土建类学科专业"十三五"规划教材
全国住房和城乡建设职业教育教学指导委员会规划推荐教材

第三版

建筑装饰施工组织与管理

危道军 主编

程红艳 刘卓珺 副主编

化学工业出版社

·北京·

本教材根据高等职业技术教育人才培养目标，和"建筑装饰施工组织与管理"课程教学大纲的要求，按照《建筑施工组织设计规范》和《建设工程项目管理规范》编写而成。主要内容包括概述、建筑装饰工程流水施工、网络计划技术基本知识、建筑装饰工程施工组织设计、建筑装饰工程施工方案、建筑装饰工程采购与合同管理、建筑装饰工程进度与成本管理、建筑装饰工程质量与安全管理、建筑装饰工程资源与信息管理、建筑装饰工程风险与沟通管理、建筑装饰工程收尾管理等。

本书为高职高专建筑装饰工程技术和相关专业的教材，也可作为行业岗位培训教材及建筑装饰企业工程技术人员的参考用书。

图书在版编目（CIP）数据

建筑装饰施工组织与管理/危道军主编．—3版．—北京：
化学工业出版社，2019.10（2024.1重印）
"十二五"职业教育国家规划教材　住房城乡建设部土
建类学科专业"十三五"规划教材
ISBN 978-7-122-35013-8

Ⅰ.①建…　Ⅱ.①危…　Ⅲ.①建筑装饰-工程施工-施工
组织-高等职业教育-教材②建筑装饰-工程施工-施工管理-
高等职业教育-教材　Ⅳ.①TU767

中国版本图书馆 CIP 数据核字（2019）第 161966 号

责任编辑：王文峡
责任校对：王　静　　　　　　　　　　　　　装帧设计：史利平

出版发行：化学工业出版社（北京市东城区青年湖南街 13 号　邮政编码 100011）
印　　装：三河市双峰印刷装订有限公司
787mm×1092mm　1/16　印张 16¼　字数 404 千字　2024 年 1 月北京第 3 版第 4 次印刷

购书咨询：010-64518888　　售后服务：010-64518899
网　　址：http://www.cip.com.cn
凡购买本书，如有缺损质量问题，本社销售中心负责调换。

定　　价：49.00 元　　　　　　　　　　　　　　　版权所有　违者必究

前 言

"建筑装饰施工组织与管理"是土建类高职高专建筑装饰工程技术专业的一门专业核心课程。本书第二版作为"十二五"职业教育国家规划教材，编者对第一版教材做了较大修订，使之更加贴近工程实际。利用这次住房城乡建设部土建类学科专业"十三五"规划教材修订的机会，编者对第二版教材又做了修订，加入了项目管理新规范和BIM等建筑工程信息管理的内容。

本书第三版由湖北城市建设职业技术学院危道军主编，程红艳、刘卓珺副主编。参与本书修订工作的有危道军、程红艳、危莹、刘卓珺、范菊雨、龙黎黎、薛勇。本书修订过程中，得到了湖北城市建设职业技术学院、中建三局、武汉建工集团等的大力支持，在此表示衷心感谢。

由于编写时间仓促，水平有限，书中难免有不足之处，恳切希望读者批评指正。

编　者
2019 年 5 月

第一版前言

"建筑装饰施工组织与管理"是高职高专建筑装饰工程技术专业的一门主要专业课程,主要研究建筑装饰工程施工组织与管理的一般规律,将流水施工原理、网络计划技术和施工组织设计及项目管理融为一体的综合性技术应用课程。

建筑装饰施工组织与管理具有涉及面广、实践性强、综合性大、影响因素多、技术性强、发展较快的特点,同时结合高职培养应用型、实用型人才的特点。本书注重理论联系实际,解决实际问题,既保证全书的系统性和完整性,又体现内容的先进性、实用性、可操作性,便于案例教学、实践教学。

本书是根据部颁高等职业技术教育人才培养目标、"建筑装饰施工组织与管理"课程的教学大纲以及建筑装饰行业最新发展编写的,书中综合了目前建筑装饰施工组织中常用的基本原理、方法、步骤、技术以及现代化科技成果,并采用了最新颁布的《建筑施工组织设计规范》(GB/T 50502—2009)及其他新规范、新标准,具有适用性和超前性。

全书共分 11 个教学单元,涉及建筑装饰施工组织与管理的各方面内容。每个教学单元前有"学习目标",其后附有"小结"和"思考与练习",便于学生自学和指导工程实践。

本书由危道军主编,薛勇、程红艳副主编。具体分工如下:1、2、3、11 章由湖北城市建设职业技术学院危道军编写,4、5 章由河北工业职业技术学院薛勇编写,6、9、10 章由湖北城市建设职业技术学院范菊雨编写,7、8 章由湖北城市建设职业技术学院程红艳编写。参与本书部分内容编写及插图绘制工作的还有湖北省恩施州建委李云和华中科技大学建规学院危莹。全书由危道军教授统稿。在本书的编写过程中,得到了湖北城市建设职业技术学院、河北工业职业技术学院、中建三局、武汉建工集团等单位的大力支持,在此表示衷心的感谢。

由于编写时间仓促,水平有限,书中难免有不足之处,恳切希望读者批评指正。

编 者

2011 年 8 月

第二版前言

　　"建筑装饰施工组织与管理"是土建类高职高专建筑装饰工程技术专业的一门主要专业核心课程，它主要解决建筑装饰工程施工组织与管理的一般规律，将流水施工原理、网络计划技术和施工组织设计及项目管理融为一体的综合性技术应用性课程。通过本课程的学习与训练，使学生掌握建筑施工组织与管理的一般方法，培养学生独立分析和解决建筑施工中有关技术与管理问题的职业能力，为施工技术应用性人才的培养目标服务。

　　本书第一版作为高职高专规划教材，无论从教材定位、结构体系、难易程度、适应性、应用性等都能很好地反映出高职教材的特点，自2012年1月出版以来，受到了广大读者的一致好评。但随着社会的发展，建筑装饰工程施工新技术、新工艺、新方法、新材料不断涌现，项目管理理论与实践不断创新，高等职业教育教学改革不断深入，必须对该教材进行修订，以满足市场需求。利用这次"十二五"职业教育国家规划教材修订的机会，编者对原书做了修订，加入了几年教学改革的成果和建筑施工中的新规范新方法，适当降低了难度，增加了案例教学的力度，使之更加贴近工程实际。

　　本次教材修订的重点是：

　　1. 注重优化课程结构。既考虑到建筑工程施工的工作过程基本顺序，同时兼顾课程内容先后贯穿的要求，以及由简单到复杂、整体到局部的规律。

　　2. 注重推陈出新。将最新最近的知识写到教材中，并且将未来的发展趋势以及一些前沿知识也介绍给学生。

　　3. 简化理论讲解，强化案例教学。将理论讲解简单化，有机融入最新的实例以及操作性较强的案例，并对实例进行有效的分析，从而提高教材的可读性和实用性。

　　本次修订由危道军主编，贺道军、薛勇、程红艳、危莹副主编。参加本书编写工作的有危道军、程红艳、危莹、范菊雨、龙黎黎、薛勇。全书由危道军教授统稿。本书编写过程中，得到了湖北城市建设职业技术学院、河北工业职业技术学院、华中科技大学建筑与规划学院、深圳市海德伦工程咨询有限公司、中建三局、武汉建工集团等的大力支持，在此表示衷心的感谢。

　　由于编写时间仓促，水平有限，书中难免有不足之处，恳切希望读者批评指正。

编　者
2016年1月

目 录

4　建筑装饰工程施工组织设计　/66

8 建筑装饰工程质量与安全管理 /172

9 建筑装饰工程资源与信息管理 /195

10 建筑装饰工程风险与沟通管理 /219

11 建筑装饰工程收尾管理 /230

参考文献 /247

1

概　述

　　建筑装饰是为了保护建筑物的主体结构，完善建筑物的使用功能和美化建筑物，采用装饰装修材料或饰物，对建筑物的内、外表面及空间进行的各种处理过程。在工程施工中，人们习惯把装饰和装修两者统称为建筑装饰工程。

　　建筑装饰行业是我国近 30 年才兴起的一个新兴行业，其业务包括公共建筑装饰和家庭装饰。发展至今，已经形成了自己的特点和优势，市场管理从无序到有序；政策从无章或无合适的规章发展到有成套的规章；从业队伍发展到约 40 万家企业 1200 万名员工；设计水平从简单模仿到产生大量优秀的原创设计；施工水平逐渐发展为工厂化；建筑装饰材料的使用引入了节能、绿色、环保的理念。尤其是建筑幕墙设计、施工，已达到了国际先进水平。建筑装饰行业的发展，推动了建筑产品的更新换代，促进了产业结构的调整，使建筑物的品质不断提升，提高了建筑业的科技含量，促进了建筑技术的发展，改善了房地产业和建筑业的产业结构和居民的消费结构。建筑装饰行业随着房地产业、建筑业的发展已经成为国民经济的重要支柱。

1.1
建设工程项目管理的目标和任务

　　一个建设工程项目的实施往往由众多参与单位承担不同的建设任务，但由于各参与单位的工作性质、工作任务和利益不同，就形成了不同类型的项目管理。业主方是建设工程项目生产过程的总集成者，包括人力资源、物质资源和知识的集成，也是建设工程项目生产过程总的组织者。因此，对于一个建设工程项目而言，虽然有代表不同利益方的项目管理，但是，业主方的项目管理才是管理的核心。

　　按建设工程项目不同参与方的工作性质和组织特征划分，项目管理可以分为以下几种类型。

　　① 业主方的项目管理。投资方、开发方和由咨询公司提供的代表业主方利益的项目管理服务都属于业主方的项目管理。

　　② 设计方的项目管理。

　　③ 施工方的项目管理。施工总承包方和分包方的项目管理都属于施工方的项目管理。

　　④ 供货方的项目管理。材料和设备供应方的项目管理都属于供货方的项目管理。

　　⑤ 建设项目工程总承包方的项目管理。建设项目总承包有多种形式，如设计和施工任务综合的承包，设计、采购和施工任务综合的承包（简称 EPC 承包）等，它们的项目管理都属于建设项目总承包方的项目管理。

　　下面简要介绍建设工程项目管理各方的目标和任务。

1.1.1　施工方项目管理的目标和任务

　　施工方作为项目建设的重要参与方，其项目管理主要服务于项目的整体利益和施工方本身的利益。其项目管理的目标包括施工的成本目标、施工的进度目标和施工的质量目标。

施工方的项目管理工作主要在施工阶段进行，但它也涉及设计准备阶段、设计阶段、动用前准备阶段和保修期。在工程实践中，设计阶段和施工阶段往往是交叉进行的，因此施工方的项目管理工作也涉及设计阶段。

（1）施工方项目管理的任务　施工方是承担施工任务的单位的总称。它可能是施工总承包方、施工总承包管理方、分包施工方、建设项目总承包的施工任务执行方或仅仅提供施工劳务的参与方。当施工方担任的角色不同，其项目管理的任务和工作重点也会有差异。

施工方项目管理的任务包括：①施工安全管理；②施工成本控制；③施工进度控制；④施工质量控制；⑤施工合同管理；⑥施工信息管理；⑦与施工有关的组织与协调。

（2）施工总承包方的管理任务　施工总承包方对所承包的建设工程承担施工任务的执行和组织的总的责任，它的主要管理任务包括以下内容。

① 负责整个工程的施工安全、施工总进度控制、施工质量控制和施工的组织与协调等。

② 控制施工的成本。这是施工总承包方内部的管理任务。

③ 负责组织和指挥它自行分包的分包施工单位和业主指定的分包施工单位的施工，并为分包施工单位提供和创造必要的施工条件。施工总承包方是工程施工的总执行者和总组织者，它除了完成自己承担的施工任务以外，还应该完成相关总承包工作。业主指定的分包施工单位有可能与业主单独签订合同，也可能与施工总承包方签约，不论采用何种合同模式，施工总承包方应负责组织和管理业主指定的分包施工单位的施工，这也是国际惯例。

④ 负责施工资源的供应组织。

⑤ 代表施工方与业主方、设计方、工程监理方等外部单位进行必要的联系和协调等。

分包施工方承担合同所规定的分包施工任务，以及相应的项目管理任务。若采用施工总承包或施工总承包管理模式，不论是一般的分包方，或由业主指定的分包方，分包方都必须接受施工总承包方或施工总承包管理方的工作指令，服从其总体的项目管理。

（3）施工总承包管理方的主要特征　施工总承包管理方对所承包的建设工程承担施工任务组织的总的责任，它的主要特征如下。

① 一般情况下，施工总承包管理方不承担施工任务，主要负责施工的总体管理和协调。如果施工总承包管理方通过投标（在平等条件下竞标）获得一部分施工任务，则也可参与施工。

② 一般情况下，施工总承包管理方不与分包方和供货方直接签订施工合同，这些合同都由业主方直接签订。但若施工总承包管理方应业主方的要求，协助业主参与施工的招标和发包工作，其参与的工作深度由业主决定。业主也可能要求施工总承包管理方负责整个施工的招标和发包工作。

③ 不论是业主方选定的分包方，或经业主方授权由施工总承包管理方选定的分包方，施工总承包管理方都承担对其的组织和管理责任。

④ 施工总承包管理方和施工总承包方承担相同的管理任务和责任，即负责整个工程的施工安全控制、施工总进度控制、施工质量控制和施工的组织与协调等。因此，由业主方选定的分包方应经施工总承包管理方的认可，否则施工总承包管理方难以承担对工程管

理的总的责任。

　　⑤ 负责组织和指挥分包施工单位的施工，并为分包施工单位提供和创造必要的施工条件。

　　⑥ 与业主方、设计方、工程监理方等外部单位进行必要的联系和协调等。

　　（4）建设项目工程总承包的特点　工程总承包和工程项目管理是国际通行的工程建设项目组织实施方式。积极推行工程总承包和工程项目管理，是深化我国工程建设项目组织实施方式改革，提高工程建设管理水平，保证工程质量和投资效益，规范建筑市场秩序的重要措施；是勘察、设计、施工、监理企业调整经营结构，增强综合实力，加快与国际工程承包和管理方式接轨，适应社会主义市场经济发展和加入世界贸易组织后新形势的必然要求；是积极开拓国际承包市场，带动我国工程施工技术、机电设备及工程材料的出口，促进劳务输出，提高我国建筑企业国际竞争力的有效途径。

　　建设项目工程总承包的基本出发点是借鉴工业生产组织的经验，实现建设生产过程的组织集成化，以克服由于设计与施工的分离致使投资增加，以及克服由于设计和施工的不协调而影响建设进度等弊病。

　　建设项目工程总承包的主要意义并不在于总价包干，也不是"交钥匙"。其核心是通过设计与施工过程的组织集成，促进设计与施工的紧密结合，以达到为项目建设增值的目的。即使采用总价包干的方式，稍大一些的项目也难以用固定总价包干，而多数采用变动总价合同。

1.1.2　其他各方项目管理的目标和任务

1.1.2.1　业主方项目管理的目标和任务

　　业主方项目管理服务于业主的利益，其项目管理的目标包括项目的投资目标、进度目标和质量目标。其中投资目标指的是项目的总投资目标。进度目标指的是项目动用的时间目标，也即项目交付使用的时间目标，如工厂建成可以投入生产、道路建成可以通车、办公楼可以启用、旅馆可以开业的时间目标等。质量目标包括满足相应的技术规范和技术标准的规定，以及满足业主方相应的质量要求。项目的质量目标不仅涉及施工的质量，还包括设计质量、材料质量、设备质量和影响项目运行或运营的环境质量等。

　　项目的投资目标、进度目标和质量目标之间既有矛盾的一面，也有统一的一面。它们之间的关系是对立统一的关系。要加快进度往往需要增加投资，欲提高质量往往也需要增加投资，过度缩短进度会影响质量目标的实现，这都表现了目标之间关系矛盾的一面；但通过有效的管理，在不增加投资的前提下，也可缩短工期和提高工程质量，这反映了关系统一的一面。

　　一个建设工程项目的全寿命周期包括项目决策阶段、项目实施阶段和项目使用阶段。项目实施阶段又包括设计准备阶段、设计阶段、施工阶段、动用前准备阶段和保修阶段，如图1.1所示。其中招投标工作分散在设计准备阶段、设计阶段和施工阶段中进行，因此可以不单独列为招投标阶段。

　　业主方的项目管理工作涉及项目实施阶段的全过程，即在设计准备阶段、设计阶段、施工阶段、动用前准备阶段和保修阶段分别进行项目管理工作，见表1.1。

　　业主方项目管理的任务包括：①安全管理；②投资控制；③进度控制；④质量控制；⑤合同管理；⑥信息管理；⑦组织和协调。

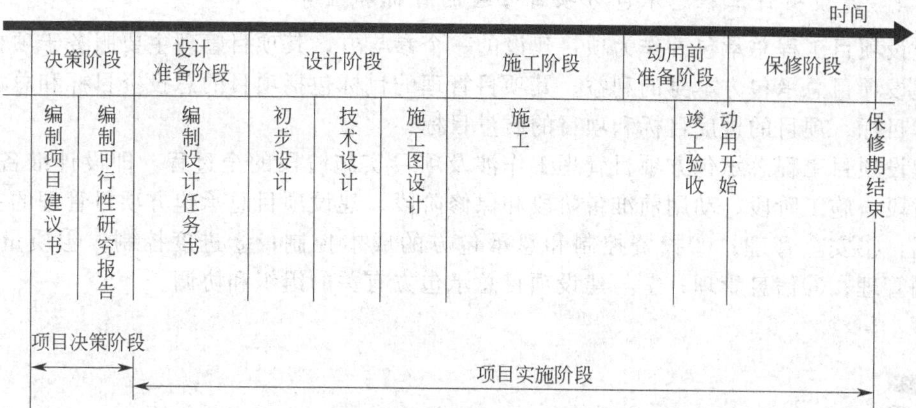

图 1.1　建设工程项目的决策阶段和实施阶段

表 1.1　项目管理工作

项目	设计 准备阶段	设计阶段	施工阶段	动用前 准备阶段	保修阶段
安全管理					
投资控制					
进度控制					
质量控制					
合同管理					
信息管理					
组织和协调					

　　表 1.1 有 7 行和 5 列，构成业主方 35 个分块的项目管理任务。其中，安全管理是项目管理中的最重要的任务，因为安全管理关系到人身的健康与安全，而投资控制、进度控制、质量控制和合同管理等则主要涉及物质利益。

1.1.2.2　设计方项目管理的目标和任务

　　设计方作为项目建设的参与方，其项目管理主要服务于项目的整体利益和设计方本身的利益。其项目管理的目标包括设计的成本目标、设计的进度目标和设计的质量目标，以及项目的投资目标。项目的投资目标能否实现与设计工作密切相关。

　　设计方的项目管理工作主要在设计阶段进行，但也涉及设计准备阶段、施工阶段、动用前准备阶段和保修阶段。设计方项目管理的任务包括：①与设计工作有关的安全管理；②设计成本控制和与设计工作有关的工程造价控制；③设计进度控制；④设计质量控制；⑤设计合同管理；⑥设计信息管理；⑦与设计工作有关的组织和协调。

1.1.2.3　供货方项目管理的目标和任务

　　供货方作为项目建设的一个参与方，其项目管理主要服务于项目的整体利益和供货方本身的利益。其项目管理的目标包括供货方的成本目标、供货的进度目标和供货的质量目标。

　　供货方的项目管理工作主要在施工阶段进行，但也涉及设计准备阶段、设计阶段、动用前准备阶段和保修阶段。供货方项目管理的主要任务包括：①供货的安全管理；②供货方的成本控制；③供货的进度控制；④供货的质量控制；⑤供货合同管理；⑥供货信息管理；⑦与供货有关的组织与协调。

1.1.2.4　建设项目工程总承包方项目管理的目标和任务

建设项目工程总承包方作为项目建设的一个参与方，其项目管理主要服务于项目的利益和建设项目总承包方本身的利益。其项目管理的目标包括项目的总投资目标和总承包方的成本目标、项目的进度目标和项目的质量目标。

建设项目工程总承包方项目管理工作涉及项目实施阶段的全过程，即设计准备阶段、设计阶段、施工阶段、动用前准备阶段和保修阶段。建设项目总承包方项目管理的主要任务包括：①安全管理；②投资控制和总承包方的成本控制；③进度控制；④质量控制；⑤合同管理；⑥信息管理；⑦与建设项目总承包方有关的组织和协调。

1.2
建筑装饰产品及其施工的特点

1.2.1　建筑装饰产品的特点

建筑装饰产品是附着在建筑物上的产品，除了具有各不相同的性质、设计、类型、规格、档次、使用要求外，还具有以下共同的特点。

（1）建筑装饰产品的固定性　装饰产品一经建造在建筑物上，则无法进行转移，这便是产品的固定性。

（2）建筑装饰产品的多样性　根据不同的建筑风格、建筑结构和装饰设计，会产生不同的建筑装饰产品，具有多样性的特点。

（3）建筑装饰产品的时间性　装饰产品要考虑耐久性，但相对主体结构而言寿命较短，而且装饰风格也会随着时间的变化而更新。

（4）建筑装饰产品的双重性　装饰产品不仅要改善和美化建筑物室内外空间环境，而且对主体结构起到保护作用。

1.2.2　建筑装饰施工的特点

（1）建筑装饰施工的建筑施工性　建筑装饰工程是建筑工程的有机组成部分，装饰施工是建筑施工的延续与深化，而并非单纯的艺术创作。任何装饰施工的工艺操作，均不可只顾及主观上的装饰艺术表现而漠视对建筑主体结构的维护与保养。必须以保护建筑结构主体及安全适用为基本原则，进而通过装饰造型、装饰饰面及设置装配等工艺操作达到既定的目标。

（2）建筑装饰施工的规范性　建筑装饰装修工程是工程建设项目，一种必须依靠合格的材料与构配件等，通过规范的构造做法，并由建筑主体结构予以稳固支撑的建设工程。一切工艺操作及工序处理，均应遵循国家颁发的有关施工和验收规范，工程质量的检查验收应贯穿装饰施工过程的始终。

（3）建筑装饰施工的专业性　建筑装饰施工是一项十分复杂的生产活动，具有工程量大、施工工期长、耗用劳动量多和占建筑物总造价高等特点。随着材料的发展和技术的进步，以及工程构件的预制化程度的提高，装饰项目和配套设施的专业化生产与施工，使装饰施工专业性越来越强。

（4）建筑装饰施工的技术经济性　建筑装饰工程的使用功能及其艺术性的体现与发挥，尤其是工程造价，在很大程度上均受到装饰材料及现代声、光、电及其控制系统等设备的制约。工程费用中，结构、安装、装饰费用的比例一般为3：3：4，而国家重点工程、高级宾馆及涉外或外资工程等高级建筑装饰工程费用要占总投资的一半以上。

（5）建筑装饰施工与组织的相关性　建筑装饰施工一般是在有限的空间进行，其作业场地狭小，施工工期紧。特别是对于新建工程项目，为了尽快投入使用，发挥投资效益，一般都需要抢工期。而对于扩建、改建工程，则常常是边使用边施工。建筑装饰工程工序繁多，施工操作人员的工种复杂，工序之间需要平行、交叉作业，材料、机具频繁搬运等造成施工现场拥挤滞塞的局面，这样就增加了施工组织的难度。要做到施工现场有条不紊，工序之间衔接紧凑，保证施工质量并提高工效，就必须以施工组织设计作为指导性文件和切实可行的科学管理方案，对材料的进场顺序、堆放位置、施工顺序、施工操作方式、工艺检验、质量标准等进行严格控制，随时指挥调度，使建筑装饰工程施工严密、有组织、按计划地顺利进行。

1.3
建筑装饰施工程序

1.3.1　建设项目及其组成

1.3.1.1　建设项目

凡按一个总体设计的建设工程并组织施工，在完工后具有完整的系统，可以独立地形成生产能力或使用价值的工程，称为一个建设项目。例如：在工业项目建设中，以一个企业为一个建设项目，如一座工厂；在民用建筑中，以一个事业单位为一个建设项目，如一所学校。大型分期建设的工程，如果分为几个总体设计，则有几个建设项目。凡执行基本建设项目投资的企业或事业单位称为基本建设单位，简称建设单位。建设单位在行政上是独立的组织，独立进行经济核算，可以直接与其他单位建立经济往来关系。

按照不同的角度，可以将建设项目分为不同的类别。

（1）按照建设性质分类　建设项目可分为基本建设项目和更新改造项目。基本建设项目为新建项目、扩建项目、拆建项目和重建项目；更新改造项目包括技术改造项目和技术引进项目。

（2）按照建设规模分类　基本建设项目按照设计生产能力和投资规模分为大型项目、中型项目和小型项目三类。更新改造项目按照投资额分为限额以上项目和限额以下项目。

（3）按照建设项目的用途分类　建设项目可分为生产性建设项目（包括工业、农田水利、交通运输、商业物资供应、地质资源勘探等）和非生产性建设项目（包括文教、住宅、卫生、公用生活服务等）。

（4）按照建设项目投资的主体分类　建设项目可分为国家投资、地方政府投资、企业投资以及各类投资主体联合投资的建设项目。

1.3.1.2　建设项目的组成

一个建设项目，按建筑工程质量验收规范划分为单位（子单位）工程、分部（子分部）工程、分项工程和检验批。

（1）单位（子单位）工程　单位工程是指具备独立施工条件并能形成独立使用功能的建筑物及构筑物。建筑规模较大的单位工程，可将其能形成独立使用功能的部分称为一个子单位工程。例如：工业建设项目中，个独立的生产车间、办公楼；一个民用建设项目中，学校的教学楼、食堂、图书馆等。这些都可以称为一个单位工程。

（2）分部（子分部）工程　组成单位工程的若干个分部称为分部工程。分部工程的划分应按照建筑部位、专业性质确定。当分部工程较大或较复杂时，可按材料种类、施工特点、施工程序、专业系统及类别等划分为若干个子分部工程。一个单位（子单位）工程一般由若干个分部（子分部）工程组成。如建筑工程中的建筑装饰装修工程为一项分部工程，其地面工程、墙面工程、顶棚工程、门窗工程、幕墙工程等为子分部工程。

（3）分项工程　分项工程是分部工程的组成部分。分项工程应按主要工种、材料、施工工艺、设备类别等进行划分。如幕墙工程的分项工程为玻璃幕墙、金属幕墙、石材幕墙。

（4）检验批　分项工程可由一个或若干个检验批组成。检验批可根据施工及质量控制和专业验收需要按楼层、施工段、变形缝等进行划分。

1.3.2　建设项目的建设程序

建设程序是建设项目在整个建设过程中各项工作必须遵守的先后顺序，它是几十年来我国建设工作实践经验的总结，是拟建项目在整个建设过程中必须遵循的客观规律。建设项目的建设程序一般分为四个阶段。

1.3.2.1　项目决策阶段

这个阶段是建设项目及其投资的决策阶段，是根据国民经济长、中期发展规划进行项目的可行性研究，编制建设项目的计划任务书（又叫设计任务书）。其主要工作包括调查研究、经济论证、选择与确定建设项目的地址、规模和时间要求。

1.3.2.2　建设准备阶段

这个阶段是建设项目的工程准备阶段。它主要根据批准的计划任务书进行勘察设计，做好建设准备工作，安排建设计划。其主要工作包括：工程地质勘察，初步设计，扩大初步设计和施工图设计，编制设计概算，设备订货，征地拆迁，编制分年度的投资及项目建设计划等。

1.3.2.3　工程实施阶段

这个阶段是基本建设项目及其投资的实施阶段，是根据设计图纸和技术文件进行建筑施工，做好生产或使用准备，以保证建设计划的全面完成。施工前要认真做好图纸的会审工作，编制施工图预算和施工组织设计，明确投资、进度、质量的控制要求。施工中要严格按照施工图施工，如需要变更应取得设计单位的同意，要坚持合理的施工程序和顺序，严格执行施工验收规范，按照质量评定标准进行工程质量验收，确保工程质量。对质量不合格的工程要及时采取措施，不留隐患，不合格的工程不得交工。施工单位必须按合同规定的内容全面完成施工任务。

1.3.2.4　竣工验收、交付使用阶段

工程竣工验收是建设程序的最后一步，是全面考核建设成果、检验设计和施工的重要步骤，也是建设项目转入生产和使用的标志。对于建设项目的竣工验收，要求生产性项目经负荷试运转和试生产合格，并能够生产合格产品；非生产性项目要符合设计要求，能够正常使用。验收结束后，要及时办理移交手续，交付使用。

1.3.3　建筑装饰工程施工程序

建筑装饰工程施工程序是在整个施工过程中各项工作必须遵循的先后顺序。它是多年来建筑装饰工程施工实践经验的总结，也反映了施工过程中必须遵循的客观规律。建筑装饰工程的施工程序一般可划分为承接任务阶段、计划准备阶段、全面施工阶段、竣工验收阶段及交付使用阶段。大中型建设项目的建筑装饰装修工程施工程序如图1.2所示，小型建设项目的施工程序可简单些。

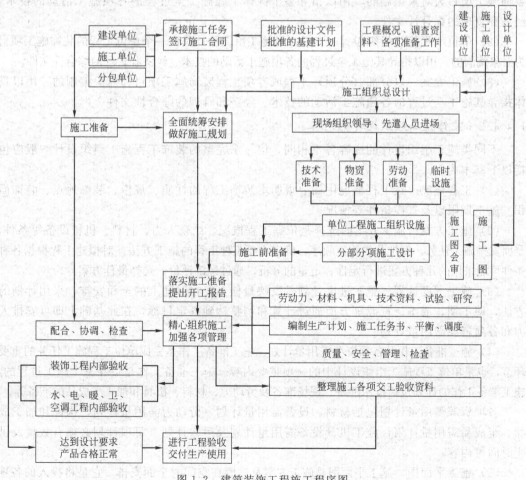

图1.2　建筑装饰工程施工程序图

1.4
建筑装饰施工组织设计

建筑装饰施工组织设计是以装饰施工项目为对象编制的，用以指导装饰施工的技术、经济和管理的综合性文件。

1.4.1 装饰施工组织设计的分类和内容

1.4.1.1 装饰施工组织设计的分类

按编制对象范围的不同，装饰施工组织设计可以分为以下三类。

（1）建筑装饰工程施工组织总设计 建筑装饰工程施工组织总设计是以一个群体工程装饰施工项目为对象编制的，用以指导整个群体工程施工全过程的各项施工活动的技术、经济和管理的综合性文件。

（2）单位工程施工组织设计 单位工程施工组织设计是以一个单位工程的装饰施工项目为对象编制的，用以指导其施工全过程的各项施工活动的技术、经济和管理的综合性文件。

（3）施工方案 以分部（分项）工程或专项工程装饰施工项目为对象编制的，用以具体指导其施工全过程的各项施工活动的技术、经济和管理的综合性文件。

1.4.1.2 装饰施工组织设计的内容

不同类施工组织设计的内容各不相同，但一个完整的装饰工程施工组织设计一般应包括以下基本内容。

（1）工程概况 在工程概况中简要说明本装饰工程的性质、规模、装饰地点、装饰面积、施工期限以及气候条件等情况。

（2）施工方案 施工方案的选择是依据工程概况，结合人力、材料、机械设备等条件，全面安排施工任务，安排总的施工顺序，确定主要工种工程的施工方法；对拟建工程根据各种条件可能采用的几种方案进行定性、定量的分析，通过经济评价，选择最佳方案。

（3）施工进度计划 施工进度计划是反映最佳方案在时间上的全面安排，采用计划的方法，使工期、成本、资源等方面通过计算和调整达到既定目标，在此基础上即可安排人力和各项资源需用量计划。

（4）施工准备工作及各项资源需用量计划 施工准备工作是完成单位工程施工任务的重要环节，也是单位工程施工组织设计中的一项重要内容。施工准备工作是贯穿整个施工过程的，施工准备工作的计划包括技术准备、现场准备及劳动力、材料、机具和加工半成品的准备等。

各项资源需用量计划包括材料、设备需用量计划，劳动力需用量计划，构件和加工成品、半成品需用量计划，施工机具设备需用量计划及运输计划。每项计划必须有数量及供应时间等内容。

（5）施工平面图 施工平面图是施工方案及进度在空间的全面安排。它是将投入的各项资源和生产、生活活动场地合理地布置在施工现场，使整个现场有组织、有计划地文明施工。

（6）主要技术组织措施　技术组织措施是指在技术和组织方面对保证工程质量、安全、节约和文明施工所采用的方法。制定这些措施是施工组织设计编制者的创造性的工作。主要技术组织措施包括保证质量措施、保证安全措施、成品保护措施、保证进度措施、消防措施、保卫措施、环保措施、冬雨季施工措施等。

（7）主要技术经济指标　主要技术经济指标是对确定施工方案及施工部署的技术经济效益进行全面的评价，用以衡量组织施工的水平。

1.4.2　装饰施工组织设计的编制与执行

1.4.2.1　装饰施工组织设计的编制

（1）拟建工程中标后，施工单位必须编制装饰工程施工组织设计。实行总包和分包的，由总包单位负责编制施工组织设计或者分阶段施工组织设计。分包单位在总包单位的总体部署下，负责编制分包工程的施工组织设计。施工组织设计应根据合同工期及有关的规定进行编制，并且要广泛征求各协作施工单位的意见。

（2）对结构复杂、施工难度大以及采用新材料、新工艺和新技术的装饰工程项目，要进行专业性的研究，必要时可组织专门会议，邀请有经验的专业工程技术人员参加，集中群众智慧，为施工组织设计的编制和实施打下坚定的基础。

（3）在装饰施工组织设计编制过程中，要充分发挥各职能部门的作用，吸收他们参加编制和审定；充分利用施工企业的技术素质和管理素质，统筹安排，扬长避短，发挥施工企业的优势，合理地进行工序交叉配合的程序设计。

（4）提出比较完整的装饰施工组织设计方案之后，要组织参加编制的人员及单位进行讨论，逐项逐条地研究，修改后确定，最终形成正式文件，送主管部门审批。

1.4.2.2　装饰施工组织设计的执行

装饰施工组织设计的编制，只是为实施拟建工程项目的生产过程提供了一个可行的方案。这个方案的经济效果如何，必须通过实践去验证。施工组织设计贯彻的实质，就是把一个静态平衡方案，放到不断变化的施工过程中，考核其效果和检查其优劣的过程，以达到预定的目标。所以施工组织设计贯彻的情况如何，其意义是深远的，为了保证施工组织设计的顺利实施，应做好以下几个方面的工作。

① 传达施工组织设计的内容和要求，做好施工组织设计的交底工作；
② 制定有关贯彻施工组织设计的规章制度；
③ 推行项目经理责任制和项目成本核算制；
④ 统筹安排，综合平衡；
⑤ 切实做好施工准备工作。

1.5
建筑装饰施工准备工作

建筑装饰工程施工准备工作是指施工前从组织、技术、资金、劳动力、物资、生活等方面，为了保证施工顺利进行，事先要做好的各项工作。它是施工程序中的重要环节，不仅存在于开工之前，而且贯穿于整个施工过程之中。

1.5.1 建筑装饰施工准备工作的意义和要求

1.5.1.1 建筑装饰施工准备工作的意义

建筑装饰工程施工是一项十分复杂的生产活动，它不但具有一般建筑工程的特点，还具有工期短、质量要求高、工序多、材料品种复杂、与其他专业交叉多等特点。如果事先缺乏统筹安排和准备，将会造成某种混乱，使施工无法进行，这样虽有加快施工进度的主观愿望，但往往造成事与愿违的客观结果，欲速则不达。而前期全面细致地做好施工准备工作，对调动各方面的积极因素，按照建筑装饰工程施工程序，合理组织人力、物力，加快施工进度，降低施工风险，提高工程质量，节约资金和材料，提高经济效益，都会起到积极的作用。因此，严格遵守施工程序，按照客观规律组织施工，做好各项施工准备工作，是施工顺利进行和工程圆满完成的重要保证。

1.5.1.2 建筑装饰施工准备工作的要求

(1) 注重各方的相互配合　建筑装饰工程的施工工作涉及范围广，与其他专业（水、电、暖等）交叉较多，在做施工准备工作时，不仅装饰工程施工单位要做好施工准备工作，施工中涉及的其他单位也要做好准备工作。

(2) 有计划、有组织、有步骤地分阶段进行　建筑装饰施工准备不仅要在施工前集中进行，而且要贯穿于整个施工过程。建筑装饰施工场地相对比较狭小，及时、分阶段地做好施工准备工作，能最大限度地利用工作面，加快施工进度，提高工作效率。因此，随着工程施工进度的不断进展，在各分部分项工程施工前，及时做好相应的施工准备工作，为各项施工的顺利进行创造必要的条件。

(3) 建立相应的检查制度　对施工准备工作要建立相应的检查制度，以便经常督促，及时发现问题，不断改进工作。

(4) 建立严格的责任制　按施工准备工作计划将工作责任落实到有关的部门和人员，明确各级技术负责人在施工准备工作中应负的责任，做到责任到人。

(5) 执行开工报告、审批制度　建筑装饰工程的开工，是在施工准备工作完工以后，具备了开工条件，项目经理写出开工报告，经申报上级批准，才能执行。实行建设监理的工程，企业还需将开工报告送监理工程师审批，由监理工程师签发开工通知书，在限定时间内开工，不得拖延。

1.5.2 建筑装饰施工准备工作的分类和内容

1.5.2.1 建筑装饰施工准备工作的分类

(1) 按准备工作的范围分类

① 全场的施工准备工作　它是以整个建筑装饰工程群为对象进行的各项施工准备，其施工准备工作的目的、内容都是为全场施工服务的，如全场的仓库、水电管线等。

② 单位工程施工条件准备　它是以一个单位工程的装饰为对象而进行的施工条件准备工作，其施工准备的目的、内容都是为单位工程装饰装修工程服务的，如单位工程装饰

装修工程的材料、施工机具、劳动力准备工作等。

③ 分部分项工程施工作业条件准备 它是以分部分项工程为对象而进行的施工条件准备，工作的目的、内容都是为分部分项工程施工服务的，如分部分项工程施工技术交底、工作面条件、机械施工、劳动力安排等。

（2）按工程所处施工阶段分类

① 开工前的施工准备阶段 它是在拟建装饰装修工程正式开工之前所做的一切准备工作，其目的是为拟建工程正式开工创造必要的施工条件。

② 开工后的施工准备阶段 它是在拟建工程开工后各个施工阶段正式开工前所做的施工准备。

1.5.2.2 建筑装饰施工准备工作的内容

建筑装饰施工准备工作的内容主要包括技术准备和施工条件与物资准备。技术准备工作主要是在室内进行，其内容包括熟悉和审查图纸、收集资料、编制施工组织设计、编制施工预算等，施工条件与物资准备工作，主要是为建筑装饰装修工程全面施工创造良好的施工条件和物资保证。

企业资质是企业技术能力、管理水平、业务经验、经营规模、社会信誉等综合性实力指标。对企业进行资质管理的制度是我国政府实行市场准入控制的有效手段。组织是管理中的一项重要职能。而组织结构则是组织内部构成和各部分间所确立的较为稳定的相互关系和联系方式。一个好的组织设计可以处理好组织构成中的管理层次、管理跨度、管理部门、管理职能四因素之间的关系。建筑装饰产品具有固定性、多样性、时间性和双重性的特点，建筑装饰施工则具有建筑施工性、规范性、专业性、技术经济性和与组织的相关性等特点。

建设是指固定资产的建设。建设项目是指凡按一个总体设计的建设工程并组织施工，在完工后具有完整的系统，可以独立地形成生产能力或使用价值的工程。它具有很多种划分方式，在施工组织设计中，一般是按其复杂程度来进行分类的，分别为单位（子单位）工程、分部（子分部）和分项工程、检验批。施工企业承揽的施工项目可以是一个建设项目，也可以是建设项目中某一单位工程或分部工程。

在施工组织设计中，需根据建筑装饰产品及其施工特点进行施工组织设计。由于建筑装饰装修工程施工具有生产复杂、技术要求高、流动性大等特点，要实现大量的生产要素在时间、空间上的顺利结合，可以组织平行流水、立体交叉，使间断的结合成为整体的结合。同时，每项工程的特点和规模以及所处的环境和自然条件都不同，所以必须认真做好每项工作的施工准备工作。

 思考与练习

一、简答题

1. 简述我国装饰企业的设计资质及施工资质的类别和相关要求。

2. 简述我国装饰企业常用的组织结构及相关特点。

3. 什么叫建设项目？建设项目的组成内容有哪些？

4. 简述建筑装饰工程的施工程序。它由哪些内容组成？

5. 简述建筑装饰施工组织设计的分类与内容。

6. 简述建筑装饰施工准备工作的主要内容。

7. 编制建筑装饰工程的施工组织设计应遵循哪些原则？

二、填空题

1. 建设项目按建设性质可分为_____和_____，按建设项目的用途可分为_____和_____。

2. 建设程序一般可分为_____、_____、_____和_____四个阶段。

3. 建筑装饰产品的特点为_____、_____、_____和_____。

4. 建筑装饰工程施工的特点为_____、_____、_____、_____和_____。

三、判断题

1. 凡具有独立的设计文件，竣工后可以发挥生产能力或经济效益的工程，称为一个单项工程。（　　）

2. 装饰工程中的木结构工程是单位工程。（　　）

3. 建筑装饰工程施工组织总设计由总承包单位编制。（　　）

4. 建筑装饰产品要求与建筑主体结构的寿命一样长。（　　）

5. 建筑装饰工程施工准备工作不仅存在于开工之前，还贯穿于整个施工过程中。（　　）

2

建筑装饰工程流水施工

学习目标

1. 掌握流水施工的基本概念、流水施工基本参数及其应用。

2. 掌握装饰工程流水施工的组织方法，理解建筑装饰工程流水施工实例。

3. 能够进行装饰工程流水施工的组织。

建筑装饰工程的流水施工是建筑工程流水施工的一部分，与工业企业中采用的流水线生产极为相似，不同的是，工业生产中各个工件在流水线上，从前一工序向后一工序流动，生产者是固定的；而在建筑装饰施工中各个施工对象都是固定不动的，专业施工队伍则由前一施工段向后一施工段流动，即生产者是移动的。

2.1
流水施工的基本概念

2.1.1 流水施工

2.1.1.1 施工组织方式

建筑装饰工程是由许多施工过程组成的，每一个施工过程可以组织一个或多个施工队组来进行施工。而组织施工的方式通常有依次施工、平行施工和流水施工三种，现通过一个工程实例对三种方式的施工特点和效果进行分析。

【例 2.1】 现有三幢同类型房屋进行相同的装饰，按一幢为一个施工段。已知每幢房屋装饰大致分为顶棚、墙面、地面、踢脚线四个部分。各部分所花时间为 4 周、1 周、3 周、2 周，顶棚施工班组的人数为 10 人，墙面施工班组的人数为 15 人，地面施工班组的人数为 10 人，踢脚线施工班组的人数为 5 人。要求分别采用依次、平行、流水的施工方式对其组织施工，分析各种施工方式的特点。

【解】 1. 依次施工

依次施工也称顺序施工，是将工程对象任务分解成若干施工过程，按照一定的施工顺序，前一个施工过程完成后，后一个施工过程才开始施工；或前一个施工段完成后，后一个施工段才开始施工。它是一种最基本的施工组织方式。

①〔例 2.1〕按施工过程依次施工的进度安排如图 2.1 所示。

②〔例 2.1〕按施工段依次施工的进度安排如图 2.2 所示。

由图 2.1 和图 2.2 可以看出：依次施工的最大优点是每天投入的劳动力较少，机具使用不很集中，材料供应较单一，施工现场管理简单，便于组织和安排。依次施工的缺点也很明显：a. 由于没有充分地利用工作面去争取时间，所以工期长；b. 各队组施工及材料供应无法保持连续和均衡，工人有窝工的情况；c. 由于不连续，所以不利于改进工人的操作方法和施工机具，不利于提高工程质量和劳动生产率；d. 按施工过程依次施工时，各施工队组虽能连续施工，但不能充分利用工作面，工期长。

由此可见，采用依次施工不但工期拖得较长，而且组织安排也不尽合理。当工程规模比较小，施工工作面又有限时，依次施工是适用的，也是常见的。

2. 平行施工

平行施工是全部施工过程的各施工段同时开工、同时结束的一种施工组织方式。

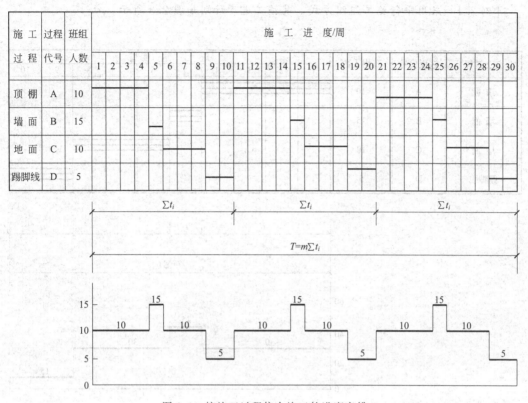

图 2.1　按施工过程依次施工的进度安排

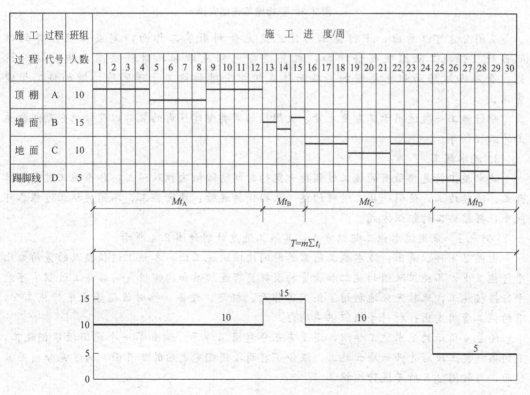

图 2.2　按施工段依次施工的进度安排

[例 2.1] 采用平行施工组织方式，其施工进度计划如图 2.3 所示。

施工过程	过程代号	班组人数	施 工 进 度/周									
			1	2	3	4	5	6	7	8	9	10
顶 棚	A	10	≡	≡	≡	≡						
墙 面	B	15					≡					
地 面	C	10						≡	≡	≡		
踢脚线	D	5									≡	≡

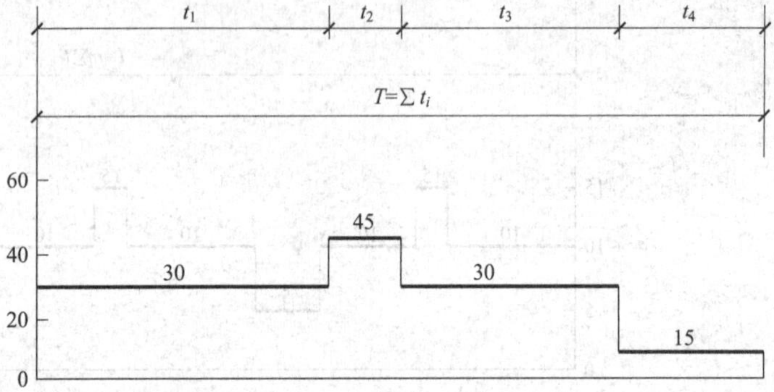

图 2.3　平行施工进度安排

从图 2.3 可以看出，平行施工的优点是充分利用了工作面，完成工程任务的时间最短。但施工队组数成倍增加，机具设备也相应增加，材料供应集中。临时设施、仓库和堆场面积也要增加，从而造成组织安排和施工管理困难，增加施工管理费用。

平行施工一般适用于工期要求紧、大规模的同类型建筑群的装饰以及分批分期组织施工的工程任务。

3. 流水施工

流水施工就是指所有的施工过程按一定的时间间隔依次投入施工，各个施工过程陆续开工、陆续竣工，使同一施工过程的施工队组保持连续、均衡施工，不同的施工过程尽可能平行搭接施工的组织方式。

[例 2.1] 采用流水施工组织方式，其施工进度计划如图 2.4 所示。

由图 2.4 可以看出：流水施工所需的时间比依次施工短，各施工过程投入的劳动力比平行施工少，各施工队组的施工和物资的消耗具有连续性和均衡性，前后施工过程尽可能平行搭接施工，比较充分地利用了施工工作面；机具、设备、临时设施等比平行施工少，节约施工费用支出；材料等组织供应均匀。

图 2.4 所示的流水施工组织，还没有充分利用工作面，例如第一个施工段顶棚施工，直到第三施工段后才开始墙面施工，浪费了前两段顶棚完成后的工作面。为了充分利用工作面，可按图 2.5 所示进行组织。

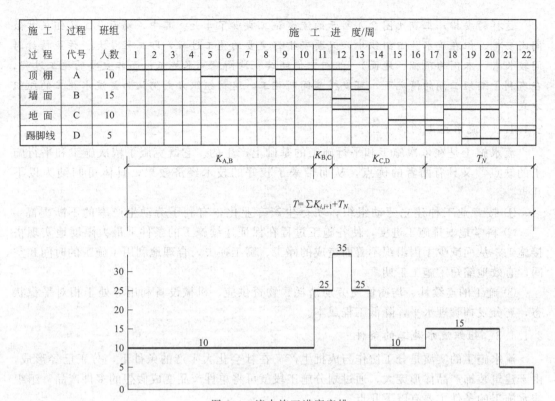

图 2.4　流水施工进度安排

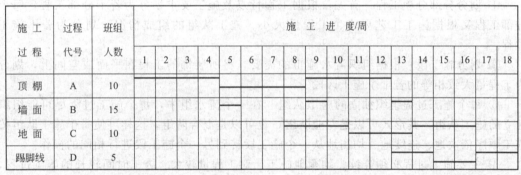

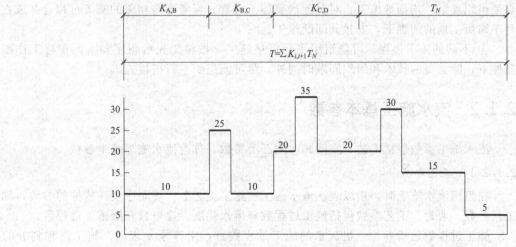

图 2.5　流水施工进度安排（合理间断）

这样的安排，工期比图 2.4 所示的流水施工减少了 4 天。其中，墙面施工队组虽然做间断安排，但在流水施工组织中，只要安排好主要的施工过程，即工程量大、作业持续时间较长者（本例为顶棚、地面），组织它们连续、均衡地流水施工；而非主要的施工过程，在有利于缩短工期的情况下，可安排其间断施工，这种组织方式仍认为是流水施工的组织方式。

2.1.1.2 流水施工的特点

流水施工是在依次施工和平行施工的基础上产生的。它既克服了依次施工和平行施工的缺点，又具有两者的优点，从而带来了较好的技术经济效果，具体可归纳为以下几点。

① 按专业工种建立劳动组织，实行生产专业化，有利于劳动生产率的不断提高。

② 科学地安排施工进度，使各施工过程在保证连续施工的条件下最大限度地实现搭接施工，从而减少了因组织不善而造成的停工、窝工损失，合理地利用了施工的时间和空间，有效地缩短了施工工期。

③ 施工的连续性、均衡性使劳动消耗、物资供应、机械设备利用等处于相对平稳状态，充分发挥管理水平，降低工程成本。

2.1.1.3 组织流水施工的条件

流水施工的实质是分工协作与成批生产。在社会化大生产的条件下，分工已经形成，由于建筑装饰产品体形庞大，通过划分施工段就可将单件产品变成假想的多件产品。组织流水施工的条件主要有以下几点。

① 划分分部分项工程 首先，根据工程特点及施工要求划分为若干分部工程，每个分部工程又根据施工工艺要求、工程量大小、施工队组的组成情况，划分为若干施工过程。

② 划分施工段 根据组织流水施工的需要，将所装饰的工程在平面或空间上，划分为工程量大致相等的若干个施工区段。

③ 每个施工过程组织独立的施工队组 在一个流水组中，每个施工过程尽可能组织独立的施工队组，其形式可以是专业队组，也可以是混合队组，这样可使每个施工队组按施工顺序依次地、连续地、均衡地从一个施工段转到另一个施工段进行相同的操作。

④ 主要施工过程必须连续、均衡地施工 对工程量较大、施工时间较长的施工过程，必须组织连续、均衡地施工；对其他次要施工过程，可考虑与相邻的施工过程合并或在有利于缩短工期的前提下，安排其间断施工。

⑤ 不同的施工过程尽可能组织平行搭接施工 按施工先后顺序要求，在有工作面的条件下，除必要的技术和组织间歇时间外，尽可能组织平行搭接施工。

2.1.2 流水施工基本参数

流水施工参数包括工艺、空间和时间三类参数，称为流水施工基本参数。

2.1.2.1 工艺参数

在组织流水施工时，用以表达流水施工在施工工艺上开展顺序及其特征的参数，称为工艺参数。通常，工艺参数包括施工过程数和流水强度，这里只介绍施工过程数。

施工过程数是指参与一组流水的施工过程数目，用符号 n 表示。施工过程划分的数目多少、粗细程度一般与下列因素有关。

（1）施工计划的性质与作用 对工程施工控制性计划、长期计划及建筑群体、规模大、结构复杂、施工期长的工程的施工进度计划，其施工过程划分可粗些，综合性大些，一般划分至单位工程或分部工程。对中小型单位工程及施工期不长的工程施工实施性计划，其施工过程划分可细些、具体些，一般划分至分项工程。对月度作业性计划，有些施工过程还可分解为工序。

（2）劳动组织及劳动量大小 施工过程的划分与施工队组的组织形式有关。如果是单一工种组成的施工班组，可以单独划分施工过程；如果劳动班组的组成是多工种混合班组，则可以合并成一个施工过程。施工过程的划分还与劳动量大小有关，劳动量小的施工过程，当组织流水施工有困难时，可与其他施工过程合并，以便于组织流水施工。

（3）施工过程内容和工作范围 一般来说，施工过程可分为下述四类：①加工厂（或现场外）生产各种预制构件的施工过程；②各种材料及构件、配件、半成品的运输过程；③直接在工程对象上操作的各个施工过程（安装砌筑类施工过程）；④大型施工机具安置及脚手架搭设施工过程（不构成工程实体的施工过程）。前两类施工过程，一般不应占有施工工期，只配合工程实体施工进度的需要，及时组织生产和供应到现场，所以一般可以不划入流水施工过程；第三类必须划入流水施工过程；第四类要根据具体情况，如果需要占有施工工期，则可划入流水施工过程。

2.1.2.2 空间参数

在组织流水施工时，用以表达流水施工在空间布置上所处状态的参数，称为空间参数。空间参数主要有工作面、施工段数和施工层数。

（1）工作面 某专业工种的工人在从事装饰产品施工生产过程中，所必须具备的活动空间，这个活动空间称为工作面。它的大小是根据相应工种单位时间内的产量定额、工程操作规程和安全规程等的要求确定的。工作面确定的合理与否，直接影响到专业工种工人的劳动生产效率，对此必须认真加以对待，合理确定。

（2）施工段数和施工层数 施工段数和施工层数是指工程对象在组织流水施工中所划分的施工区段数目。一般把平面上划分的若干个劳动量大致相等的施工区段称为施工段，用符号 m 表示。把建筑物垂直方向划分的施工区段称为施工层，用符号 r 表示。

划分施工区段的目的，就在于保证不同的施工队组能在不同的施工区段上同时进行施工，消灭由于不同的施工队组不能同时在一个工作面上工作而产生的互等、停歇现象，为流水创造条件。划分施工段的基本要求如下。

① 工段的数目要合理。施工段数过多势必要减少人数，工作面不能充分利用，拖长工期；施工段数过少，则会引起劳动力、机械和材料供应的过分集中，有时还会造成"断流"的现象。

② 施工段的劳动量（或工程量）应大致相等（相差宜在15%以内），以保证各施工队组连续、均衡、有节奏地施工。

③ 要有足够的工作面。使每一施工段所能容纳的劳动力人数或机械台数能满足合理劳动组织的要求。

④ 要有利于结构的整体性。施工段分界线宜划在伸缩缝、沉降缝以及对结构整体性影响较小的位置。

⑤ 以主导施工过程为依据进行划分。

2.1.2.3 时间参数

在组织流水施工时，用以表达流水施工在时间排列上所处状态的参数，称为时间参数。它包括流水节拍、流水步距、平行搭接时间、技术与组织间歇时间、工期等。

(1) 流水节拍 流水节拍是指从事某一施工过程的施工队组在一个施工段上完成施工任务所需的时间，用符号 t_i（$i=1，2\cdots$）表示。

① 流水节拍的确定。流水节拍的大小直接关系到投入的劳动力、机械和材料量的多少，决定着施工速度和施工节奏，因此，合理确定流水节拍具有重要的意义。流水节拍可按下述三种方法确定。

a. 定额计算法 这是根据各施工段的工程量和现有能够投入的资源量（劳动力、机械台数和材料量等），按式（2.1）或式（2.2）进行计算。

$$t_i = \frac{Q_i}{S_i R_i N_i} = \frac{P_i}{R_i N_i} \qquad (2.1)$$

或

$$t_i = \frac{Q_i H_i}{R_i N_i} = \frac{P_i}{R_i N_i} \qquad (2.2)$$

式中　t_i——某施工过程的流水节拍；

　　　Q_i——某施工过程在某施工段上的工程量；

　　　S_i——某施工队组的计划产量定额；

　　　H_i——某施工队组的计划时间定额；

　　　P_i——在一施工段上完成某施工过程所需的劳动量（工日数）或机械台班量（台班数），按式（2.3）计算；

　　　R_i——某施工过程的施工队组人数或机械台数；

　　　N_i——每天工作班制。

$$P_i = \frac{Q_i}{S_i} = Q_i H_i \qquad (2.3)$$

在式（2.1）和式（2.2）中，S_i 和 H_i 应是施工企业的工人或机械所能达到实际定额水平。

b. 经验估算法 它是根据以往的施工经验进行估算。一般为了提高其准确程度，往往先估算出该流水节拍的最长、最短和最可能三种时间，然后据此求出期望时间作为某施工队组在某施工段上的流水节拍。因此，本法也称为三种时间估算法。一般按式（2.4）计算。

$$t_i = \frac{a + 4c + b}{6} \qquad (2.4)$$

式中　t_i——某施工过程在某施工段上的流水节拍；

　　　a——某施工过程在某施工段上的最短估算时间；

　　　b——某施工过程在某施工段上的最长估算时间；

　　　c——某施工过程在某施工段上的最可能估算时间。

这种方法多适用于采用新工艺、新方法和新材料等没有定额可循的工程。

c. 工期计算法 对某些施工任务在规定日期内必须完成的工程项目，往往采用倒排进度法，即根据工期要求先确定流水节拍 t_i，然后应用式（2.1）和式（2.2）求出所需的施工队组人数或机械台数。但在这种情况下，必须检查劳动力和机械供应的可能性，物资供应能否与之相适应，具体步骤如下。

第一，根据工期倒排进度，确定某施工过程的工作延续时间；

第二，确定某施工过程在某施工段上的流水节拍。若同一施工过程的流水节拍不等，则用估算法；若流水节拍相等，则按式（2.5）计算。

$$t_i = \frac{T_i}{m} \qquad (2.5)$$

式中 t_i ——某施工过程的流水节拍；

$\quad\quad T_i$ ——某施工过程的工作持续时间；

$\quad\quad m$ ——施工段数。

② 确定流水节拍应考虑的因素

a. 施工队组人数应符合该施工过程最小劳动组合人数的要求。所谓最小劳动组合，就是指某一施工过程进行正常施工所必需的最低限度的队组人数及其合理组合。

b. 要考虑工作面的大小或某种条件的限制。施工队组人数也不能太多，每个工人的工作面要符合最小工作面的要求；否则，就不能发挥正常的施工效率或不利于安全生产。

c. 要考虑各种机械台班的效率或机械台班产量的大小。

d. 要考虑各种材料、构配件等施工现场堆放量、供应能力及其他有关条件的制约。

e. 要考虑施工及技术条件的要求。

f. 确定一个分部工程各施工过程的流水节拍时，首先应考虑主要的、工程量大的施工过程的节拍，其次确定其他施工过程的节拍值。

g. 节拍值一般取整数，必要时可保留 0.5 天（台班）的小数值。

（2）流水步距　流水步距是指两个相邻的施工过程的施工队组相继进入同一施工段开始施工的最小时间间隔（不包括技术与组织间歇时间），用符号 $K_{i,i+1}$（i 为前一个施工过程，$i+1$ 为后一个施工过程）表示。

流水步距的大小，对工期有着较大的影响。一般说来，在施工段不变的条件下，流水步距越大，工期越长，流水步距越小，则工期越短。流水步距还与前后两个相邻施工过程流水节拍的大小、施工工艺技术要求、施工段数目、流水施工的组织方式有关。

流水步距的数目等于（$n-1$）个参加流水施工的施工过程（队组）数。

① 确定流水步距的基本要求

a. 主要施工队组连续施工的需要　流水步距的最小长度，必须使主要施工专业队组进场以后，不发生停工、窝工现象。

b. 施工工艺的要求　保证每个施工段的正常作业程序，不发生前一个施工过程尚未全部完成，而后一施工过程提前进入的现象。

c. 最大限度搭接的要求　流水步距要保证相邻两个专业队在开工时间上最大限度地、合理地搭接。

d. 要满足保证工程质量，满足安全生产、成品保护的需要。

② 流水步距的确定方法。确定流水步距的方法很多，简洁实用的方法主要有图上分析计算法（公式法）和累加数列法（潘特考夫斯基法）。

累加数列法适用于各种形式的流水施工，且较简洁、准确。累加数列法没有计算公式，它的文字表达式为：累加数列错位相减取大差。其计算步骤如下。

a. 将每个施工过程的流水节拍逐段累加，求出累加数列；

b. 根据施工顺序，对所求相邻的两累加数列错位相减；

c. 根据错位相减的结果，确定相邻施工队组之间的流水步距，即相减结果中数值最大者。

【例 2.2】　某项目由 A、B、C、D 四个施工过程组成，分别由四个专业工作队完成，在平面上划分成四个施工段，每个施工过程在各个施工段上的流水节拍见表 2.1。试确定相邻专业工作队之间的流水步距。

表 2.1　某工程流水节拍

施工过程 ＼ 施工段	I	II	III	IV
A	4	2	3	2
B	3	4	3	4
C	3	2	2	3
D	2	2	1	2

【解】　1. 求流水节拍的累加数列

A：4，6，9，11

B：3，7，10，14

C：3，5，7，10

D：2，4，5，7

2. 错位相减

A 与 B

$$
\begin{array}{rrrrr}
4 & 6 & 9 & 11 & \\
-) & 3 & 7 & 10 & 14 \\
\hline
4 & 3 & 2 & 1 & -14
\end{array}
$$

B 与 C

$$
\begin{array}{rrrrr}
3 & 7 & 10 & 14 & \\
-) & 3 & 5 & 7 & 10 \\
\hline
3 & 4 & 5 & 7 & -10
\end{array}
$$

C 与 D

$$
\begin{array}{rrrrr}
3 & 5 & 7 & 10 & \\
-) & 2 & 4 & 5 & 7 \\
\hline
3 & 3 & 3 & 5 & -7
\end{array}
$$

3. 确定流水步距

因流水步距等于错位相减所得结果中数值最大者，故有

$$K_{A,B}=\max\{4,3,2,1,-14\}=4（天）$$

$$K_{B,C}=\max\{3,4,5,7,-10\}=7（天）$$

$$K_{C,D}=\max\{3,3,3,5,-7\}=5（天）$$

（3）平行搭接时间　在组织流水施工时，有时为了缩短工期，在工作面允许的条件下，如果前一个施工队组完成部分施工任务后，能够提前为后一个施工队组提供工作面，使后者提前进入前一个施工段。两者在同一施工段上平行搭接施工，这个搭接时间称为平行搭接时间，通常以 $C_{i,i+1}$ 表示。

（4）技术与组织间歇时间　在组织流水施工时，有些施工过程完成后，后续施工过程不能立即投入施工，必须有足够的间歇时间。由建筑材料或现浇构件工艺性质决定的间歇时间称为技术间歇，如抹灰层和油漆层的干燥硬化时间等。由施工组织原因造成的间歇时间称为组织间歇，如施工机械转移和砌墙前墙身位置弹线，以及其他作业前准备工作。技术与组织间歇时间用 $Z_{i,i+1}$ 表示。

（5）工期　工期是指完成一项工程任务或一个流水组施工所需的时间，一般可采用式（2.6）计算完成一个流水组的工期。

$$T=\sum K_{i,i+1}+T_n+\sum Z_{i,i+1}-\sum C_{i,i+1} \tag{2.6}$$

式中　T——流水施工工期；

$\sum K_{i,i+1}$——流水施工中各流水步距之和；

　　T_n——流水施工中最后一个施工过程的持续时间；

$Z_{i,i+1}$——第 i 个施工过程与第 $i+1$ 个施工过程之间的技术与组织间歇时间；

$C_{i,i+1}$——第 i 个施工过程与第 $i+1$ 个施工过程之间的平行搭接时间。

2.2

装饰工程流水施工组织方法

2.2.1　等节奏流水施工

等节奏流水施工是指同一施工过程在各施工段上的流水节拍都相等，并且不同施工过程之间的流水节拍也相等的一种流水施工方式。即各施工过程的流水节拍均为常数，故也称之为全等节拍流水或固定节拍流水。等节奏流水施工的特征如下。

① 各施工过程在各施工段上的流水节拍彼此相等。如有 n 个施工过程，流水节拍为 t_i，则 $t_1=t_2=\cdots=t_{n-1}=t_n$，$t_i=t$（常数）。

② 流水步距彼此相等，而且等于流水节拍值，即 $K_{1,2}=K_{2,3}=\cdots=K_{n-1,n}=K=t$（常数）。

③ 各专业工作队在各施工段上能够连续作业，施工段之间没有空闲时间。

④ 施工班组数 n_1 等于施工过程数 n。

2.2.1.1　等节奏流水施工段数目 m 的确定

装饰工程一般无层间关系，施工段数 m 按划分施工段的基本要求确定即可。

2.2.1.2　流水施工工期计算

可按式(2.7)进行计算。根据一般工期计算式(2.6)

$$T=\sum K_{i,i+1}+T_n+\sum Z_{i,i+1}-\sum C_{i,i+1}$$

因为

$$\sum K_{i,i+1}=(n-1)t$$

$$T_n=mt$$

$$K=t$$

所以

$$T=(n-1)K+mK+Z_{i,i+1}-C_{i,i+1}$$

$$T=(m+n-1)K+\sum Z_{i,i+1}-\sum C_{i,i+1} \qquad (2.7)$$

式中　T——流水施工总工期；

　　m——施工段数；

　　n——施工过程数；

　　t——流水节拍；

　　K——流水步距；

$Z_{i,i+1}$——i，$i+1$ 两施工过程之间的技术与组织间歇时间；

$C_{i,i+1}$——i，$i+1$两施工过程之间的平行搭接时间。

【例2.3】 某分部工程可以划分为A、B、C、D、E五个施工过程，每个施工过程可以划分为六个施工段，且各过程之间既无间歇时间也无搭接时间，流水节拍均为4天，试组织全等节拍流水。要求绘制横道图并计算工期。

【解】 1. 确定流水步距

由等节奏流水的特征可知

$$K = t = 4 \text{ 天}$$

2. 计算工期

根据式(2.7)有

$$T = \sum K_{i,i+1} + T_n = (N+M-1)t = (5+6-1) \times 4 = 40 (\text{天})$$

3. 绘制横道图进度计划，如图2.6所示。

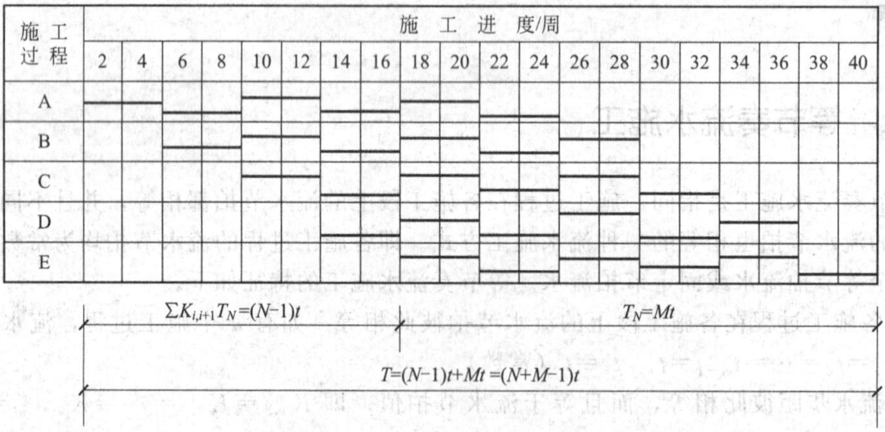

图2.6 某分部工程等节奏流水进度计划

2.2.1.3 等节奏流水施工的组织方法

等节奏流水施工的组织方法是：首先划分施工过程，应将劳动量小的施工过程合并到相邻施工过程中去，以使各流水节拍相等；其次，确定主要施工过程的施工队组人数，计算其流水节拍；最后，根据已定的流水节拍，确定其他施工过程的施工队组人数及其组成。

等节奏流水施工一般适用于工程规模较小、建筑结构比较简单、施工过程不多的装饰工程，常用于组织一个分部工程的流水施工。

2.2.2 异节奏流水施工

异节奏流水是指同一施工过程在各施工段上的流水节拍都相等，不同施工过程之间的流水节拍不一定相等的流水施工方式。异节奏流水又可分为异步距异节拍流水和等步距异节拍流水两种。

2.2.2.1 异步距异节拍流水施工

(1) 异步距异节拍流水施工的特征

① 同一施工过程流水节拍相等，不同施工过程之间的流水节拍不一定相等；

② 各个施工过程之间的流水步距不一定相等；

③各施工工作队能够在施工段上连续作业，但有的施工段之间可能有空闲；

④施工班组数 n_1 等于施工过程数 n。

（2）流水步距的确定

$$K_{i,i+1} = \begin{cases} t_i & （当 t_i \leqslant t_{i+1} 时） \\ mt_i - (m-1)t_{i+1} & （当 t_i > t_{i+1} 时） \end{cases} \tag{2.8}$$

式中　t_i——第 i 个施工过程的流水节拍；

t_{i+1}——第 $i+1$ 个施工过程的流水节拍。

流水步距也可由前述"累加数列法"求得。

（3）流水施工工期

$$T = \sum K_{i,i+1} + mt_n + \sum Z_{i,i+1} - \sum C_{i,i+1} \tag{2.9}$$

式中　t_n——最后一个施工过程的流水节拍。

其他符号含义同前。

【例2.4】　已知某工程可以划分为四个施工过程（$N=4$），三个施工段（$M=3$），各过程的流水节拍分别为 $t_A=2$ 天，$t_B=3$ 天，$t_C=4$ 天，$t_D=3$ 天，并且，A 过程结束后，B 过程开始之前，工作面有 1 天技术间歇时间，试组织不等节拍流水，并绘制流水施工进度计划表。

【解】　1. 根据计算公式计算流水步距

因为　　　$t_A=2$ 天 $< t=3$ 天

又因　　　A，B 过程之间有 1 天间歇时间即 $t_{A,B_j}=1$ 天

所以　　　$K_{A,B}=t_A+t_{A,B_j}=2+1=3$（天）

因为　　　$t=3$ 天 $< t_C=4$ 天

所以　　　$K_{B,C}=t=3$ 天

因为　　　$t_C=4$ 天 $> t_D=3$ 天

所以　　　$K_{C,D}=Mt_C-(M-1)t_D=3\times4-(3-1)\times3=6$（天）

2. 计算流水工期

$$\begin{aligned} T &= \sum K_{i,i+1} + T \\ &= K_{A,B} + K_{B,C} + K_{C,D} + Mt_D \\ &= 3+3+6+3\times3 = 21 \text{（天）} \end{aligned}$$

3. 根据流水施工参数绘制异步距异节拍流水施工进度计划表，如图 2.7 所示。

4. 组织异步距异节拍流水施工的基本要求

各施工队组尽可能依次在各施工段上连续施工，允许有些施工段出现空闲，但不允许多个施工班组在同一施工段交叉作业，更不允许发生工艺顺序颠倒的现象。

异步距异节拍流水施工适用于施工段大小相等的分部和单位工程的流水施工，它在进度安排上比全等节拍流水灵活，实际应用范围较广泛。

2.2.2.2　等步距异节拍流水施工

等步距异节拍流水施工亦称成倍节拍流水，是指同一施工过程在各个施工段上的流水节拍相等，不同施工过程之间的流水节拍不完全相等，但各个施工过程的流水节拍之间存在整数倍（或公约数）关系的流水施工方式。为加快流水施工进度，按最大公约数的倍数组建每个施工过程的施工队组，以形成类似于等节奏流水的等步距异节奏流水施工方式。

（1）等步距异节拍流水施工的特征

①同一施工过程流水节拍相等，不同施工过程流水节拍之间存在整数倍或（公约数）

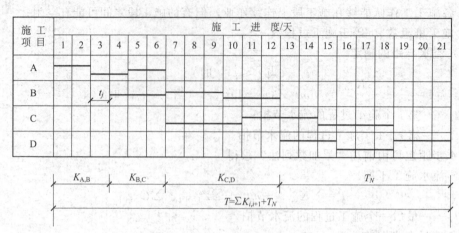

图 2.7 异步距异节拍流水施工进度计划表

关系。

② 流水步距彼此相等，且等于流水节拍值的最大公约数。

③ 各专业施工队都能够保证连续作业，施工段没有空闲。

④ 施工队组数 n_1 大于施工过程数 n，即 $n_1 > n$。

（2）流水步距的确定

$$K_{i,i+1} = K_b \tag{2.10}$$

式中　K_b——成倍节拍流水步距，取流水节拍的最大公约数。

（3）每个施工过程的施工队组数确定

$$b_i = \frac{t_i}{K_b} \tag{2.11}$$

$$n_1 = \sum b_i \tag{2.12}$$

式中　b_i——某施工过程所需施工队组数；

　　　　n_1——专业施工队组总数目。

其他符号含义同前。

（4）施工段数目 m 的确定

装饰工程一般无层间关系，可按划分施工段的基本要求确定施工段数目 m，一般取 $m = n_1$。

（5）流水施工工期

$$T = (m + n_1 - 1)K_b + \sum Z_{i,i+1} - \sum C_{i,i+1} \tag{2.13}$$

符号含义同前。

【例 2.5】　已知某工程可以划分为四个施工过程（$N = 4$），六个施工段（$M = 6$），各过程的流水节拍分别为 $t_A = 2$ 天，$t_B = 6$ 天，$t_C = 4$ 天，$t_D = 2$ 天，试组织成倍节拍流水，并绘制成倍节拍流水施工进度计划。

【解】　1. 按式（2.10）确定流水步距

$$K = K_b = 2 \text{ 天}$$

2. 由式（2.11）确定每个施工过程的施工队组数

$$b_A = \frac{t_A}{K_b} = \frac{2}{2} = 1 \text{（个）}$$

$$b_B = \frac{t_B}{K_b} = \frac{6}{2} = 3 (\text{个})$$

$$b_C = \frac{t_C}{K_b} = \frac{4}{2} = 2 (\text{个})$$

$$b_D = \frac{t_D}{K_b} = \frac{2}{2} = 1 (\text{个})$$

施工班组总数为

$$n_1 = \sum b_i = b_A + b_B + b_C + b_D = 1 + 3 + 2 + 1 = 7 (\text{个})$$

该工程流水步距为

$$K_{A,B} = K_{B,C} = K_{C,D} = \text{最大公约数} = t_{min} = 2 \text{ 天}$$

3. 计算工期

该工程工期为

$$T = (n_1 + m - 1)t_{min} = (7 + 6 - 1) \times 2 = 24 \text{ 天}$$

4. 绘制横道计划和施工进度计划表

根据所确定的流水施工参数绘制该工程横道计划和成倍节拍流水施工进度计划表，如图 2.8 所示。

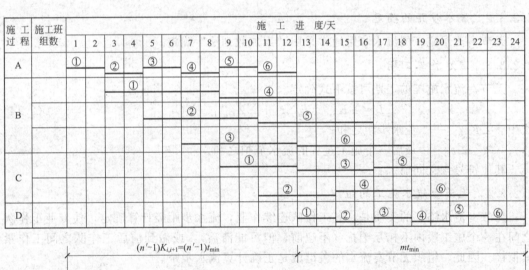

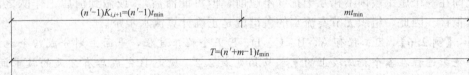

图 2.8　成倍节拍流水施工进度计划表

（6）等步距异节拍流水施工的组织方法　首先，根据工程对象和施工要求，将其划分为若干个施工过程；其次，根据各施工过程的内容、要求及其工程量，计算每个施工段所需的劳动量，接着根据施工队组人数及组成，确定劳动量最少的施工过程的流水节拍；最后，确定其他劳动量较大的施工过程的流水节拍，用调整施工队组人数或其他技术组织措施的方法，使其节拍值成整数倍关系。

等步距异节拍流水施工方式比较适用于线形工程（如道路、管道等）的施工，也适用于房屋建筑装饰施工。

2.2.3　无节奏流水施工

无节奏流水施工是指同一施工过程在各个施工段上流水节拍不完全相等的一种流水施工方式。

在实际工程中，通常每个施工过程在各个施工段上的工程量彼此不等，各专业施工队组的生产效率相差较大，导致大多数的流水节拍也彼此不相等，因此有节奏流水，尤其是全等节拍和成倍节拍流水往往是难以组织的。而无节奏流水则是利用流水施工的基本原理，在保证施工工艺、满足施工顺序的前提下，按照一定的计算方法，确定相邻专业施工队组之间的流水步距，使其在开工时间上最大限度地、合理地搭接起来，形成每个专业施工队组都能连续作业的流水施工方式。它是流水施工的普遍形式。

2.2.3.1　无节奏流水施工的特点

① 每个施工过程在各个施工段上的流水节拍不尽相等。

② 各个施工过程之间的流水步距不完全相等且差异较大。

③ 各施工作业队能够在施工段上连续作业，但有的施工段之间可能有空闲时间。

④ 施工队组数 n_1 等于施工过程数 n。

2.2.3.2　流水步距的确定

无节奏流水施工的流水步距通常采用"累加数列法"确定。

2.2.3.3　流水施工工期

无节奏流水施工的工期可按下式确定。

$$T = \sum K_{i,i+1} + \sum t_n + \sum Z_{i,i+1} - \sum C_{i,i+1} \tag{2.14}$$

式中　$\sum K_{i,i+1}$——流水步距之和；

$\sum t_n$——最后一个施工过程的流水节拍之和。

其他符号含义同前。

2.2.3.4　无节奏流水施工的组织

无节奏流水施工的实质是，各工作队连续作业，流水步距经计算确定，使专业工作队之间在一个施工段内不相互干扰（不超前，但可能滞后），或做到前后工作队之间工作紧紧衔接。因此，组织无节奏流水的关键就是正确计算流水步距。

【例 2.6】　某工程有 A、B、C、D、E 五个施工过程，平面上划分成四个施工段，每个施工过程在各个施工段上的流水节拍见表 2.2。规定 B 完成后有 2 天的技术间歇时间，D 完成后有 1 天的组织间歇时间，A 与 B 之间有 1 天的平行搭接时间，试编制流水施工方案。

表 2.2　某工程流水节拍

施工过程＼施工段	I	II	III	IV
A	3	2	2	4
B	1	3	5	3
C	2	1	3	5
D	4	2	3	3
E	3	4	2	1

【解】 根据题设条件，该工程只能组织无节奏流水施工。

1. 求流水节拍的累加数列

A：3，5，7，11

B：1，4，9，12

C：2，3，6，11

D：4，6，9，12

E：3，7，9，10

2. 确定流水步距

(1) $K_{A,B}$

$$
\begin{array}{rrrrr}
 & 3 & 5 & 7 & 11 & \\
-) & & 1 & 4 & 9 & 12 \\
\hline
 & 3 & 4 & 3 & 2 & -12
\end{array}
$$

$K_{A,B}=4$ 天

(2) $K_{B,C}$

$$
\begin{array}{rrrrr}
 & 1 & 4 & 9 & 12 & \\
-) & & 2 & 3 & 6 & 11 \\
\hline
 & 1 & 2 & 6 & 6 & -11
\end{array}
$$

$K_{B,C}=6$ 天

(3) $K_{C,D}$

$$
\begin{array}{rrrrr}
 & 2 & 3 & 6 & 11 & \\
-) & & 4 & 6 & 9 & 12 \\
\hline
 & 2 & -1 & 0 & 2 & -12
\end{array}
$$

$K_{C,D}=2$ 天

(4) $K_{D,E}$

$$
\begin{array}{rrrrr}
 & 4 & 6 & 9 & 12 & \\
-) & & 3 & 7 & 9 & 10 \\
\hline
 & 4 & 3 & 2 & 3 & -10
\end{array}
$$

$K_{D,E}=4$ 天

3. 用式(2.14)确定流水工期

$$T=\sum K_{i,i+1}+\sum t_n+\sum Z_{i,i+1}-\sum C_{i,i+1}$$
$$=(4+6+2+4)+(3+4+2+1)+2+1-1=28(天)$$

4. 绘制流水施工进度表，如图2.9所示。

组织无节奏流水施工的基本要求与异步距异节拍流水相同，即保证各施工过程的工艺顺序合理和各施工队组尽可能依次在各施工段上连续施工。

无节奏流水施工不像有节奏流水施工那样有一定的时间约束，在进度安排上比较灵活、自由，适用于各种不同结构性质和规模的工程施工组织，实际应用比较广泛。

在上述各种流水施工的基本方式中，等节拍和异节拍流水通常在一个分部或分项工程中，组织流水施工比较容易做到，即比较适用于组织专业流水或细部流水。但对一个单位工程，特别是一个大型的建筑群来说，要求所划分的各分部、分项工程都采用相同的流水参数组织流水施工，往往十分困难，也不容易达到。

因此，到底采取哪一种流水施工的组织形式，除了要分析流水节拍的特点外，还要考虑工期要求和项目经理部自身的具体施工条件。

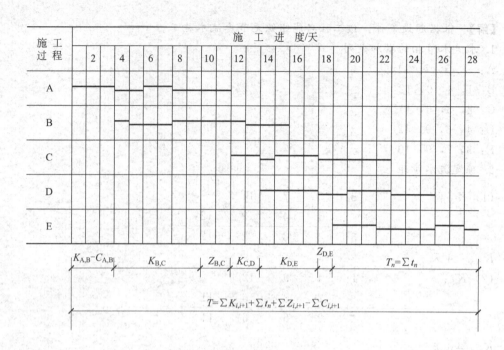

图 2.9 无节奏流水施工进度计划表

任何一种流水施工的组织形式，仅仅是一种组织管理手段，其最终目的是要实现企业目标，即工程质量好、工期短、效益高，并保证施工安全。

2.3

建筑装饰工程流水施工应用

在建筑装饰施工中，需要组织许多施工过程的活动。在组织这些施工过程的活动中，把在施工工艺上互相联系的施工过程组成不同的专业组合（如室内工程、室外工程等），然后对各专业组合按其组合的施工过程的流水节拍特征（节奏性），分别组织成独立的流水组进行分别流水，这些流水组的流水参数可以是不相等的，组织流水的方式也可能有所不同。最后将这些流水组按照工艺要求和施工顺序依次搭接起来，即成为一个工程对象的工程流水或一个建筑群的流水施工。需要指出，所谓专业组合是指围绕主导施工过程的组合，其他的施工过程不必都纳入流水组，而只作为调剂项目与各流水组依次搭接。在更多情况下，考虑到工程的复杂性，在编制施工进度计划时，往往只运用流水作业的基本原理，合理选定几个主要参数，保证几个主导施工过程的连续性。对其他非主导施工过程，只力求使其在施工段上尽可能各自保持连续施工。各施工过程之间只有施工工艺和施工组织上的约束，不一定步调一致。这样，对不同专业组合或几个主导施工过程进行分别流水的组织方式就有极大的灵活性，且往往更有利于计划的实现。

2.3.1　选择流水施工方式的基本要求

（1）凡有条件组织等节奏流水施工时，一定要组织等节奏流水施工，以取得良好的经济效果。

（2）如果组织等节奏流水条件不足，应该考虑组织成倍节拍流水施工，以求取得与等节奏流水相同的效果。但必须注意增加施工班组数和施工段数，使各施工班组都有工作面。小型装饰工程项目不宜组织成倍节拍流水施工。

（3）各个分部工程都可以组织等节奏或成倍节拍流水施工。但是，对于单位工程或装饰群体工程，则应尽可能考虑无节奏流水施工。

（4）标准化或类型相同的住宅小区，可以组织等节奏流水和异节奏流水，但对于工业群体工程只能组织无节奏流水施工。

2.3.2　流水施工的具体应用

【例 2.7】　某四层办公楼，建筑面积为 1700m^2。现对其进行墙面装饰装修。做法为：外墙为白色墙砖贴面，内墙先刮白，之后刷 106 涂料。根据工程量及有关定额，计算出各过程所需劳动量为：墙砖贴面 450 工日，内墙刮白 100 工日，106 涂料 46 工日。建设单位要求工期 30 天。试组织流水施工。

【解】　（1）假设劳动力充足，组织全等节拍流水

（2）建设单位要求工期不超过 30 天，即 $T = 30$ 天

（3）确定流水节拍

施工过程 $N = 3$，按一层为一个施工段，$M = 4$

根据式（2.7）有：$T = (N + M - 1)t \leqslant 30$

代入数据得　　　　　$(3 + 4 - 1)t \leqslant 30$

$$t \leqslant 5 \text{ 天，取 } t = 5 \text{ 天}$$

（4）绘制施工进度计划表

如图 2.10 所示为某装饰工程流水施工进度计划。

施工过程	施 工 天 数/天																													
	1	2	3	4	5	6	7	8	9	10	11	12	13	14	15	16	17	18	19	20	21	22	23	24	25	26	27	28	29	30
外墙砖贴面																														
内墙刮白																														
内墙106涂料																														

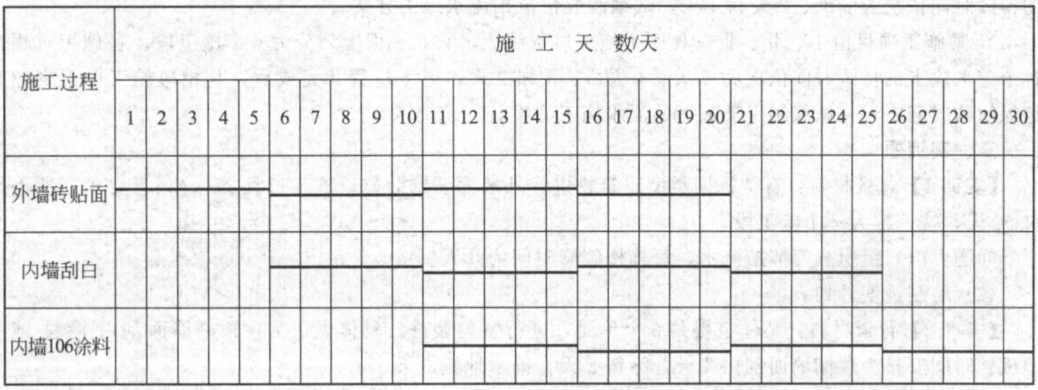

图 2.10　某装饰工程流水施工进度计划

小结

组织施工包括平行施工、依次施工和流水施工三种施工组织方式，每种方法都有自己的特点和适应范围。

流水施工是指所有的施工过程均按一定的时间时隔投入施工，各个施工过程陆续开工、陆续竣工，使同一施工过程的施工组织连续均衡地施工，不同施工过程尽可能搭接施工的组织方法。流水施工是最理想的施工组织方式。

流水施工的主要参数包括工艺参数、空间参数和时间参数。

流水施工根据节奏特征可以分为等节奏流水、异节奏流水和无节奏流水三大类，每种组织方法都有自己的特征和适应范围，宜慎重选择。

思考与练习

一、问答题

1. 组织施工有哪几种方式？各自有哪些特点？
2. 组织流水施工的要点和条件有哪些？
3. 在流水施工中，主要参数有哪些？试分别叙述其含义。
4. 施工段划分的基本要求是什么？如何正确划分施工段？
5. 如何确定流水施工的时间参数？
6. 流水节拍的确定应考虑哪些因素？
7. 流水施工的基本方式有哪几种，各有什么特点？
8. 如何组织全等节拍流水？如何组织成倍节拍流水？
9. 什么是无节奏流水施工？如何确定其流水步距？

二、计算题

1. 某工程有 A、B、C 三个施工过程，每个施工过程均划分为四个施工段，设 $t_A=2$ 天，$t_B=4$ 天，$t_C=3$ 天。试分别计算依次施工、平行施工及流水施工的工期，并绘出各自的施工进度计划。

2. 已知某工程任务划分为五个施工过程，分五段组织流水施工，流水节拍均为 3 天，在第二个施工过程结束后有 2 天的技术与组织间歇时间，试计算其工期并绘制进度计划。

3. 某工程项目由 Ⅰ、Ⅱ、Ⅲ 三个分项工程组成，它划分为 6 个施工段。各分项工程在各个施工段上的持续时间依次为 6 天、2 天和 4 天，试编制成倍节拍流水施工方案。

4. 某施工项目由 Ⅰ、Ⅱ、Ⅲ、Ⅳ 四个施工过程组成，它在平面上划分为 6 个施工段。各施工过程在各个施工段上的持续时间依次为 6 天、4 天、6 天和 2 天，施工过程 Ⅱ 完成后，其相应施工段至少应有组织间歇时间 1 天。试编制工期最短的流水施工方案。

三、实训题

【实训 1】背景材料：有 7 栋同类型建筑物进行外墙面装饰装修，施工过程 $N=4$，且要求工期不超过 50 天，按一幢为一个施工段。

问题：（1）组织全等节拍流水，每栋楼装修时间为几天？

（2）绘制进度计划表。

【实训 2】背景材料：某住宅楼共 6 个单元，进行室内装修。具体做法为：顶棚墙面刮白-涂料-铺木地板。时间安排为顶棚墙面刮白 4 天，涂料 2 天，铺木地板 6 天。

问题：（1）如果工期要求紧张，施工人员充足，则可以组织何种流水施工？

（2）每个施工过程配备一个专业施工班组，一个单元为一段，试组织流水施工。

3

网络计划技术基本知识

学习目标

1. 掌握网络计划的基本概念、双代号网络图的绘制及其应用。
2. 掌握双代号网络计划时间参数的计算方法，理解时标网络计划。
3. 了解网络计划优化的基本概念。
4. 能够识读装饰工程网络计划。

3.1
网络计划的基本概念

3.1.1 网络图

网络图是指由箭线和节点组成的，用来表示工作流程的有向、有序的网状图形。网络计划的表达形式是网络图。

网络图中，按节点和箭线所代表的含义不同，可分为双代号网络图和单代号网络图两类。

3.1.1.1 双代号网络图

以箭线及其两端节点的编号表示工作的网络图称为双代号网络图。即用两个节点、一根箭线代表一项工作，工作名称写在箭线上面，工作持续时间写在箭线下面，在箭线前后的衔接处画上节点编上号码，并以节点编号 i 和 j 代表一项工作名称，如图 3.1 所示。

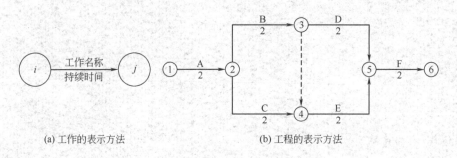

(a) 工作的表示方法　　　　　(b) 工程的表示方法

图 3.1　双代号网络图

3.1.1.2 单代号网络图

以节点及其编号表示工作，以箭线表示工作之间的逻辑关系的网络图称为单代号网络图。即每一个节点表示一项工作，节点所表示的工作名称、持续时间和工作代号等标注在节点内，如图 3.2 所示。

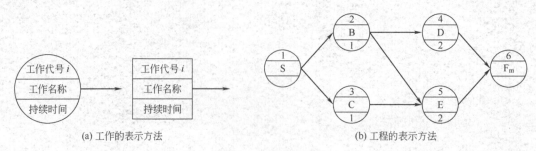

(a) 工作的表示方法　　　　　(b) 工程的表示方法

图 3.2　单代号网络图

3.1.2　网络计划的分类

用网络图表达任务构成、工作顺序并加注工作时间参数的进度计划称为网络计划。网络计划的种类很多，可以从不同的角度进行分类，具体分类方法如下。

3.1.2.1　按网络计划目标分类

根据计划最终目标的多少，网络计划可分为单目标网络计划和多目标网络计划。

（1）单目标网络计划　只有一个最终目标的网络计划称为单目标网络计划，如图 3.3 所示。

（2）多目标网络计划　由若干个独立的最终目标与其相互有关工作组成的网络计划称为多目标网络计划，如图 3.4 所示。

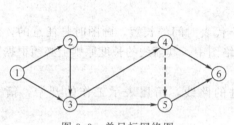

图 3.3　单目标网络图

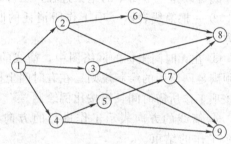

图 3.4　多目标网络图

3.1.2.2　按网络计划层次分类

根据计划的工程对象不同和使用范围大小，网络计划可分为局部网络计划、单位工程网络计划和综合网络计划。

（1）局部网络计划　以一个分部工程或施工段为对象编制的网络计划称为局部网络计划。

（2）单位工程网络计划　以一个单位工程为对象编制的网络计划称为单位工程网络计划。

（3）综合网络计划　以一个建筑项目或建筑群为对象编制的网络计划称为综合网络计划。

3.1.2.3　按网络计划时间表达方式分类

根据网络计划时间的表达方式不同，网络计划可分为时标网络计划和非时标网络计划。

（1）时标网络计划　工作的持续时间以时间坐标为尺度绘制的网络计划称为时标网络计划，如图 3.5 所示。

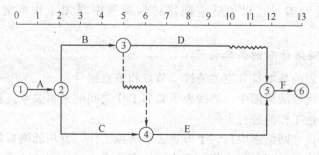

图 3.5　双代号时标网络计划图

（2）非时标网络计划　工作的持续时间以数字形式标注在箭线下面绘制的网络计划称为非时标网络计划，如图 3.1 所示。

3.1.3　网络图基本符号

3.1.3.1　双代号网络图的基本符号

双代号网络图的基本符号是箭线、节点及节点编号。

（1）箭线　网络图中一端带箭头的实线即为箭线。在双代号网络图中，箭线与其两端的节点表示一项工作。箭线表达的内容有以下几个方面。

① 一根箭线表示一项工作或表示一个施工过程。根据网络计划的性质和作用的不同，工作既可以是一个简单的施工过程，也可以是一项复杂的工程任务。

② 一根箭线表示一项工作所消耗的时间和资源，分别用数字标注在箭线的下方和上方。

③ 在无时间坐标的网络图中，箭线的长度不代表时间的长短，画图时是任意的，但必须满足网络图的绘制规则。在有时间坐标的网络图中，其箭线的长度原则上必须根据完成该项工作所需时间长短按比例绘制。

④ 箭线的方向表示工作进行的方向和前进的路线，箭尾表示工作的开始，箭头表示工作的结束。

（2）节点　网络图中箭线端部的圆圈或其他形状的封闭图形就是节点。在双代号网络图中，它表示工作之间的逻辑关系，节点表达的内容有以下几个方面。

① 节点表示前面工作结束和后面工作开始的瞬间，所以节点不需要消耗时间和资源。

② 箭线的箭尾节点表示该工作的开始，箭线的箭头节点表示该工作的结束。

③ 根据节点在网络图中的位置不同可以分为起点节点、终点节点和中间节点。起点节点是网络图的第一个节点，表示一项任务的开始。终点节点是网络图的最后一个节点，表示一项任务的完成。除起点节点和终点节点之外的节点称为中间节点，中间节点都有双重的含义，既是前面工作的箭头节点，也是后面工作的箭尾节点。

（3）节点编号　网络图中的每个节点都有自己的编号，以便赋予每项工作以代号，便于计算网络图的时间参数和检查网络图是否正确。

节点编号必须满足两条基本规则：其一，箭头节点编号大于箭尾节点编号；其二，在一个网络图中，所有节点不能出现重复编号。编号的号码可以按自然数顺序进行，也可以非连续编号，以便适应网络计划调整中增加工作的需要，编号要留有余地。

3.1.3.2　单代号网络计划的基本符号

单代号网络计划的基本符号也是箭线、节点和节点编号。

（1）箭线　单代号网络图中，箭线表示紧邻工作之间的逻辑关系。箭线水平投影的方向应自左向右，表达工作的进行方向。

（2）节点　单代号网络图中每一个节点表示一项工作，宜用圆圈或矩形表示。节点所表示的工作名称、持续时间和工作代号等应标注在节点内，如图 3.2 所示。

（3）节点编号　单代号网络图的节点编号与双代号网络图一样。

3.1.4　虚工作及工作的分类

3.1.4.1　虚工作

双代号网络计划中，只表示前后相邻工作之间的逻辑关系，既不占用时间，也不耗用资源的虚拟的工作称为虚工作。虚工作用虚箭线表示。

逻辑关系指工作之间相互制约或依赖的关系，包括工艺关系和组织关系。工艺关系是指生产工艺上客观存在的先后顺序关系，或者是非生产性工作之间由工作程序决定的先后顺序关系；组织关系是指在不违反工艺关系的前提下，人为安排的工作的先后顺序关系。

3.1.4.2　紧前工作

紧排在本工作之前的工作称为本工作的紧前工作。双代号网络图中，本工作和紧前工作之间可能有虚工作。

3.1.4.3　紧后工作

紧排在本工作之后的工作称为本工作的紧后工作。双代号网络图中，本工作和紧后工作之间可能有虚工作。

3.1.4.4　平行工作

可与本工作同时进行称为本工作的平行工作。

3.1.5　逻辑关系

3.1.5.1　工艺关系

工艺关系是指生产工艺上客观存在的先后顺序关系，或者是非生产性工作之间由工作程序决定的先后顺序关系。

3.1.5.2　组织关系

组织关系是指在不违反工艺关系的前提下，人为安排工作的先后顺序关系。

3.1.6　线路、关键线路、关键工作

3.1.6.1　线路

网络图中从起点节点开始，沿箭头方向顺序通过一系列箭线与节点，最后达到终点节点的通路称为线路。一个网络图中，从起点节点到终点节点，一般都存在着许多条线路，如图 3.6 中有四条线路，每条线路都包含若干项工作，这些工作的持续时间之和就是该线路的时间长度，即线路上总的工作持续时间。

3.1.6.2　关键线路和关键工作

线路上总的工作持续时间最长的线路称为关键线路。如图 3.6 所示，线路 1—2—3—5—6 总的工作持续时间最长，即为关键线路。其余线路称为非关键线路。位于关键线路上的工作称为关键工作。关键工作完成快慢直接影响整个计划工期的实现。

一般来说，一个网络图中至少有一条关键线路。非关键线路都有若干机动时间（即时差），它意味着工作完成日期容许适当挪动而不影响工期。关键线路宜用粗箭线、双箭线

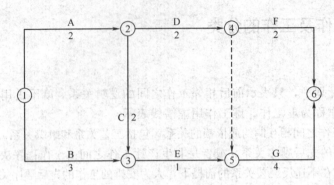

图 3.6　双代号网络计划

或彩色箭线标注，以突出其在网络计划中的重要位置。

3.2

双代号网络图的绘制

3.2.1　双代号网络图的绘制规则

（1）双代号网络图必须正确表达既定的逻辑关系。

双代号网络图常用的逻辑关系表示方法见表 3.1。

表 3.1　双代号网络图常用的逻辑关系表示方法

序号	工作之间的逻辑关系	网络图中表示方法	说　　明
1	有 A、B 两项工作按照依次施工方式进行		B 工作依赖着 A 工作，A 工作约束着 B 工作的开始
2	有 A、B、C 三项工作，同时开始		A、B、C 三项工作称为平行工作
3	有 A、B、C 三项工作，同时结束		A、B、C 三项工作称为平行工作
4	有 A、B、C 三项工作，只有在 A 完成后，B、C 才能开始		A 工作制约着 B、C 工作的开始。B、C 为平行工作

序号	工作之间的逻辑关系	网络图中表示方法	说　明
5	有 A、B、C 三项工作,C 工作只有 A、B 完成后才能开始		C 工作依赖着 A、B 工作。A、B 为平行工作
6	有 A、B、C、D 四项工作,只有当 A、B 完成后,C、D 才能开始		通过中间节点 j 正确地表达了 A、B、C、D 之间的关系
7	有 A、B、C、D 四项工作 A 完成后 C 才能开始;A、B 完成后,D 才开始		D 和 A 之间引入了逻辑连接(虚工作),只有这样才能正确表达它们之间的约束关系
8	有 A、B、C、D、E 五项工作,A、B 完成后 C 开始;B、D 完成后 E 开始		虚工作 $i-j$ 反映出 C 工作受到 B 工作的约束,虚工作 $i-k$ 反映出 E 工作受到 B 工作的约束
9	在 A、B、C、D、E 五项工作 A、B、C 完成后 D 才能开始;B、C 完成后 E 才能开始		这是前面序号 1、5 情况通过虚工作连接起来,虚工作表示 D 工作受到 B、C 工作制约
10	A、B 两项工作分三个施工段,流水施工		每个工种工程建立专业工作队,在每个施工段上进行流水作业,不同工种之间用逻辑搭接关系表示

（2）双代号网络图中严禁出现循环回路。所谓循环回路是指从一个节点出发,顺箭线方向又回到原出发点的循环线路。如图 3.7 所示,就出现了循环回路 2—3—4—5—6—7—2。

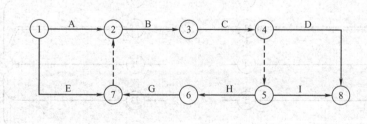

图 3.7　有循环回路的错误网络图

（3）双代号网络图中,在节点之间严禁出现带双向箭头或无箭头的连线。

（4）双代号网络图中,严禁出现没有箭头节点或没有箭尾节点的箭线,如图 3.8 所示。

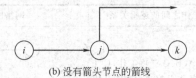

(a) 没有箭尾节点的箭线　　　　　　　　(b) 没有箭头节点的箭线

图 3.8　没有箭尾和箭头节点的箭线

（5）双代号网络图中的箭线（包括虚箭线）宜保持自左向右的方向，不宜出现箭头指向左方的水平箭线和箭头偏向左方的斜向箭线，如图 3.9 所示。若遵循这一原则绘制网络图，就不会有循环回路出现。

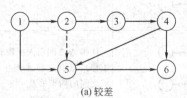
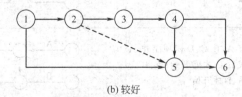

(a) 较差　　　　　　　　　　　　(b) 较好

图 3.9　双代号网络图的表达

（6）双代号网络图中，一项工作只有唯一的一条箭线和相应的一对节点编号。严禁在箭线上引入或引出箭线，如图 3.10 所示。当网络图的某些节点有多条外向箭线或有多条内向箭线时，可用母线法绘制。当箭线线型不同时，可从母线上引出的支线上标出。如图 3.11 所示，使多条箭线经一条共用的竖向母线段从起点节点引出，或使多条箭线经一条共用的竖向母线段引入终点节点，特殊线型的箭线（粗箭线、双箭线、虚箭线、彩色箭线等）单独自起点节点绘出和单独引入终点节点。

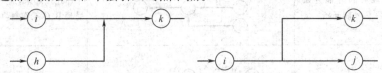

图 3.10　在箭线上引入和引出箭线的错误画法

（7）绘制网络图时，尽可能在构图时避免交叉。当交叉不可避免、且交叉少时，采用过桥法，当箭线交叉过多使用指向法，如图 3.12 所示。采用指向法时，应注意节点编号指向的大小关系，保持箭尾节点的编号小于箭头节点编号。为了避免出现箭尾节点的编号大于箭头节点的编号大于箭头节点的编号情况，指向法一般只在网络图已编号后才用。

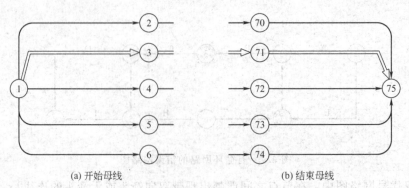

(a) 开始母线　　　　　　　　　　(b) 结束母线

图 3.11　母线画法

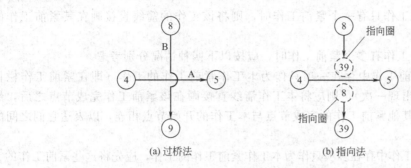

图 3.12　箭线交叉的表示方法

（8）双代号网络图中只允许有一个起点节点（该节点编号最小且没有内向箭线）；不是分期完成任务的网络图中，只允许有一个终点节点（该节点编号最大且没有外向工作）；而其他所有节点均是中间节点（既有内向箭线又有外向箭线）。如图 3.13（a）所示，网络图中有两个起点①和②，有两个终点节点⑫和⑬，还有没有内向箭线的节点⑤和没有外向箭线的节点⑨，画法错误。应将①、②、⑤合并成一个起点节点，将⑫、⑬、⑨合并成一个终点节点，如图 3.13（b）所示。

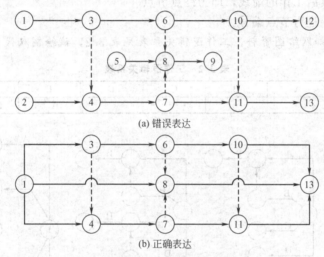

图 3.13　起点节点和终点节点表达

3.2.2　双代号网络图的绘制方法

3.2.2.1　双代号网络图的绘制方法

双代号网络图的绘制比较复杂，方法也比较多，下面只介绍其中最常用的逻辑草稿法。

逻辑草稿法是先根据网络图的逻辑关系，绘制出网络图草图，再结合绘图规则进行调整布局，最后形成正式网络图。当已知每一项工作的紧前工作时，可按下述步骤绘制双代号网络图。

（1）绘制没有紧前工作的工作，使它们具有相同的箭尾节点，即起点节点。

（2）依次绘制其他各项工作。这些工作的绘制条件是将其所有紧前工作都已经绘制出来。绘制原则如下。

① 当所绘制的工作只有一个紧前工作时，则将该工作的箭线直接画在其紧前工作的完成节点之后即可。

② 当所绘制的工作有多个紧前工作时，应按以下四种情况分别考虑。

a. 如果在其紧前工作中存在一项只作为本工作紧前工作的工作（即在紧前工作栏目中，该紧前工作只出现一次），则应将本工作箭线直接画在该紧前工作完成节点之后，然后用虚箭线分别将其他紧前工作的完成节点与本工作的开始节点相连，以表达它们之间的逻辑关系。

b. 如果在紧前工作中存在多项只作为本工作紧前工作的工作，应先将这些紧前工作的完成节点合并（利用虚工作或直接合并），再从合并后的节点开始，画出本工作箭线，最后用虚箭线将其他紧前工作的箭头节点分别与工作开始节点相连，以表达它们之间的逻辑关系。

c. 如果不存在上述两种情况，应判断本工作的所有紧前工作是否都同时作为其他工作的紧前工作（即紧前工作栏目中，这几项紧前工作是否均同时出现若干次）。如果这样，应先将它们完成节点合并后，再从合并后的节点开始画出本工作箭线。

d. 如果不存在上述三种情况，则应将本工作箭线单独画在其紧前工作箭线之后的中部，然后用虚工作将紧前工作与本工作相连，表达逻辑关系。

③ 合并没有紧后工作的箭线，即为终点节点。

④ 确认无误，进行节点编号。

【例 3.1】 已知网络图资料，工作逻辑关系表见表 3.2，试绘制双代号网络图。

表 3.2 工作逻辑关系表

工作	A	B	C	D	E	G	H
紧前工作	—	—	—	—	A、B	B、C、D	C、D

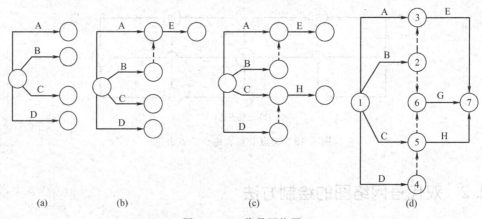

图 3.14 双代号网络图

【解】 （1）绘制没有紧前工作的工作箭线 A、B、C、D，如图 3.14（a）所示。

（2）按前述原则②中情况 a. 绘制工作 E，如图 3.14（b）所示。

（3）按前述原则②中情况 c. 绘制工作 H，如图 3.14（c）所示。

（4）按前述原则②中情况 d. 绘制工作 G，并将工作 E、G、H 合并，如图 3.14（d）所示。

3.2.2.2 绘制双代号网络图注意事项

（1）网络图布局要条理清楚，重点突出 虽然网络图主要用以表达各工作之间的逻辑关系，但为了使用方便，布局应条理清楚，层次分明，行列有序，同时还应突出重点，尽量把关键工作和关键线路布置在中心位置。

（2）正确应用虚箭线进行网络图的断路　应用虚箭线进行网络断路，是正确表达工作之间逻辑关系的关键。如图 3.15 所示，某双代号网络图出现多余联系可采用以下两种方法进行断路。一种是在横向用虚箭线切断无逻辑关系的工作之间联系，称为横向断路法，如图 3.16 所示。这种方法主要用于无时间坐标的网络。另一种是在纵向用虚箭线切断无逻辑关系的工作之间的联系，称为纵向断路法，如图 3.17 所示。这种方法主要用于有时间坐标的网络图中。

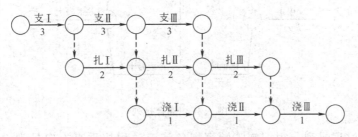

图 3.15　某多余联系代号网络图

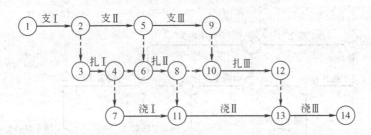

图 3.16　横向断路法示意图

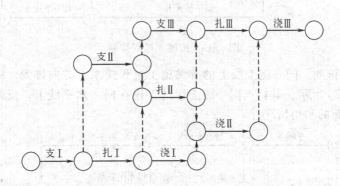

图 3.17　纵向断路法示意图

（3）力求减少不必要的箭线和节点　双代号网络图中，应在满足绘图规则和两个节点一根箭线代表一项工作的原则基础上，力求减少不必要的虚箭线和节点，使网络图图面简洁，减少时间参数的计算量。

（4）网络图的分解　当网络图中的工作任务较多时，可以把它分成几个小块来绘制。分界点一般选择在箭线和节点较少的位置，或按施工部位分块。分界点要用重复编号，即前一块的最后一节点编号与后一块的第一个节点编号相同。

3.2.2.3　网络图的拼图

（1）网络图的排列　网络图采用正确的排列方式，逻辑关系准确清晰，形象直观，便于计算与调整。主要排列方式有以下三种。

① 混合排列 对于简单的网络图，可根据施工顺序和逻辑关系将各施工过程对称排列，如图 3.18 所示。其特点是构图美观、形象、大方。

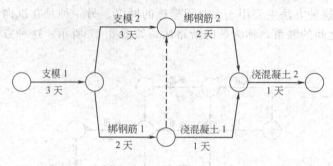

图 3.18 混合排列

② 按施工过程排列 根据施工顺序把各施工过程按垂直方向排列，施工段按水平方向排列，如图 3.19 所示。其特点是相同工种在同一水平线上，突出不同工种的工作情况。

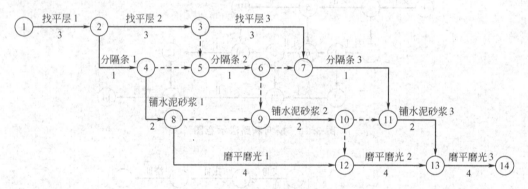

图 3.19 按施工过程排列

③ 按施工段排列 同一施工段上的有关施工过程按水平方向排列，施工段按垂直方向排列，如图 3.20 所示。其特点同一施工段的工作在同一水平线上，反映出分段施工的特征，突出工作面的利用情况。

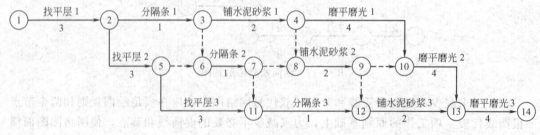

图 3.20 按施工段排列

（2）网络图的工作合并 为了简化网络图，可将较详细的、相对独立的局部网络图变为较概括的少箭线的网络图。

网络图工作合并的基本方法是：保留局部网络图中与外部工作相联系的节点，合并后箭线所表达的工作持续时间为合并前该部分网络图中相应最长线路段的工作时间之和，如图 3.21 和图 3.22 所示。网络图的合并主要适用于群体工程施工控制网络图和施工单位的季度、年度控制网络图的编制。

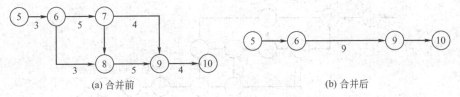

(a) 合并前 (b) 合并后

图 3.21 网络图的合并（一）

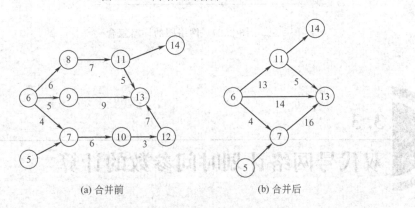

(a) 合并前 (b) 合并后

图 3.22 网络图的合并（二）

（3）网络图连接 绘制较复杂的网络图时，往往先将其分解成若干个相对独立的部分，然后各自分头绘制，最后按逻辑关系进行连接，形成一个总体网络图，如图 3.23 所示。在连接过程中，应注意以下几点。

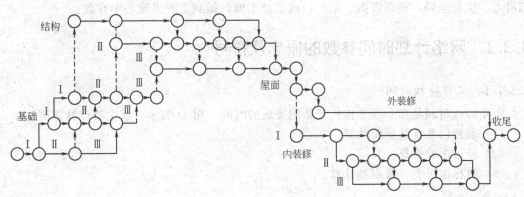

图 3.23 网络图的连接

① 必须有统一的构图和排列形式。
② 整个网络图的节点编号要协调一致。
③ 施工过程划分的粗细程度应一致。
④ 各分部工程之间应预留连接节点。

（4）网络图的详略组合 在网络图的绘制中，为了简化网络图图面，更是为了突出网络计划的重点，常常采取"局部详细、整体简略"的绘制方式，称为详略组合。例如，编制有标准层的多高层住宅或公寓、写字楼等工程施工网络计划，可以先将施工工艺过程和工程量与其他楼层均相同的标准层网络图绘出，其他层者则简略为一根箭线表示，如图 3.24 所示。

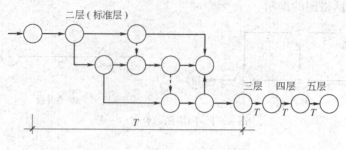

图 3.24 网络图的详略组合

3.3
双代号网络计划时间参数的计算

根据工程对象各项工作的逻辑关系和绘图规则,绘制网络图是一种定性的过程,只有进行时间参数的计算这样一个定量的过程,才使网络计划具有实际应用价值。计算网络计划时间参数的目的主要有三个:第一,确定关键线路和关键工作,便于施工中抓住重点,向关键线路要时间;第二,明确非关键工作及其在施工中时间上有多大的机动性,便于挖掘潜力,统筹全局,部署资源;第三,确定总工期,做到工程进度心中有数。

3.3.1 网络计划时间参数的概念及符号

3.3.1.1 工作持续时间

工作持续时间是指一项工作从开始到完成的时间,用 D 表示。其主要计算方法如下。
(1) 参照以往实践经验估算。
(2) 经过试验推算。
(3) 有标准可查,按定额计算。

3.3.1.2 工期

工期是指完成一项任务所需要的时间,一般有以下三种工期。
(1) 计算工期 是指根据时间参数计算所得到的工期,用 T_c 表示。
(2) 要求工期 是指任务委托人提出的指令性工期,用 T_r 表示。
(3) 计划工期 是指根据要求工期和计划工期所确定的作为实施目标的工期,用 T_p 表示。

当规定了要求工期时: $T_p \leqslant T_r$
当未规定要求工期时: $T_p = T_c$

3.3.1.3 网络计划中工作的时间参数

网络计划中的时间参数有最早开始时间、最早完成时间、最迟完成时间、最迟开始时间、总时差、自由时差六个。

（1）最早开始时间和最早完成时间　最早开始时间是指各紧前工作全部完成后，本工作有可能开始的最早时刻。工作的最早开始时间用 ES 表示。最早完成时间是指各紧前工作全部完成后，本工作有可能完成的最早时刻。工作的最早完成时间用 EF 表示。

这类时间参数的实质是提出了紧后工作与紧前工作的关系，即紧后工作若提前开始，也不能提前到其紧前工作未完成之前。就整个网络图而言，受到起点节点的控制。因此，其计算程序为：自起点节点开始，顺着箭线方向，用累加的方法计算到终点节点。

（2）最迟完成时间和最迟开始时间　最迟完成时间是指在不影响整个任务按期完成的前提下，工作必须完成的最迟时刻。工作的最迟完成时间用 LF 表示。最迟开始时间是指在不影响整个任务按期完成的前提下，工作必须开始的最迟时刻。工作的最迟开始时间用 LS 表示。

这类时间参数的实质是提出紧前工作与紧后工作的关系，即紧前工作要推迟开始，不能影响其紧后工作的按期完成。就整个网络图而言，受到终点节点（即计算工期）的控制。因此，其计算程序为：自终点节点开始，逆着箭线方向，用累减的方法计算到起点节点。

（3）总时差和自由时差　总时差是指在不影响总工期的前提下，本工作可以利用的机动时间。工作的总时差用 TF 表示。自由时差是指在不影响其紧后工作最早开始时间的前提下，本工作可以利用的机动时间。工作的自由时差用 FF 表示。

3.3.1.4　网络计划中节点的时间参数及其计算程序

（1）节点最早时间　双代号网络计划中，以该节点为开始节点的各项工作的最早开始时间，称为节点最早时间。节点 i 的最早时间用 ET_i 表示。计算程序为：自起点节点开始，顺着箭线方向，用累加的方法计算到终点节点。

（2）节点最迟时间　双代号网络计划中，以该节点为完成节点的各项工作的最迟完成时间，称为节点的最迟时间，节点 i 的最迟时间用 LT_i 表示。其计算程序为：自终点节点开始，逆着箭线方向，用累减的方法计算到起点节点。

3.3.1.5　常用符号

双代号网络计划　设有线路 h—i—j—k，则：

D_{i-j}——工作 i—j 的持续时间；

D_{h-i}——工作 i—j 紧前工作 h—i 的持续时间；

D_{j-k}——工作 i—j 紧后工作 j—k 的持续时间；

ES_{i-j}——工作 i—j 的最早开始时间；

EF_{i-j}——工作 i—j 的最早完成时间；

LF_{i-j}——在总工期已经确定的情况下，工作 i—j 的最迟完成时间；

LS_{i-j}——在总工期已经确定的情况下，工作 i—j 的最迟开始时间；

ET_i——节点 i 的最早时间；

LT_i——节点 i 的最迟时间；

TF_{i-j}——工作 i—j 的总时差；

FF_{i-j}——工作 i—j 的自由时差。

3.3.2　双代号网络计划时间参数的计算方法

双代号网络计划时间参数的计算方法通常有工作计算法、节点计算法、图上计算法和表上计算法等。这里只介绍工作计算法和图上计算法。

3.3.2.1 工作计算法

按工作计算法计算时间参数应在确定了各项工作的持续时间之后进行。虚工作也必须视同工作进行计算，其持续时间为零。时间参数的计算结果应标注在箭线之上。

下面以某双代号网络计划（图 3.25）为例，说明其计算步骤。

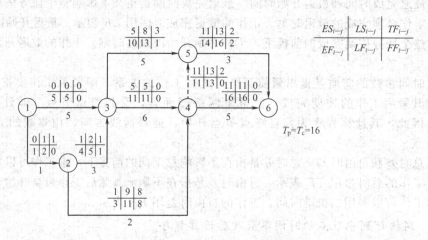

图 3.25 某双代号网络图的计算

（1）计算各工作的最早开始时间和最早完成时间 各项工作的最早完成时间等于其最早开始时间加上工作持续时间，即：

$$EF_{i-j} = ES_{i-j} + D_{i-j} \tag{3.1}$$

计算工作最早时间参数时，一般有以下三种情况。

① 当工作以起点节点为开始节点时，其最早开始时间为零（或规定时间），即：

$$ES_{i-j} = 0 \tag{3.2}$$

② 当工作只有一项紧前工作时，该工作的最早开始时间应为其紧前工作的最早完成时间，即：

$$ES_{i-j} = EF_{h-i} = ES_{h-i} + D_{h-i} \tag{3.3}$$

③ 当工作有多个紧前工作时，该工作的最早开始时间应为其所有紧前工作最早完成时间最大值，即：

$$ES_{i-j} = \max\{EF_{h-i}\} = \max\{ES_{h-i} + D_{h-i}\} \tag{3.4}$$

如图 3.25 所示的网络计划中，各工作的最早开始时间和最早完成时间计算如下。

工作的最早开始时间为：

$$ES_{1-2} = ES_{1-3} = 0$$

$$ES_{2-3} = ES_{1-2} + D_{1-2} = 0 + 1 = 1$$

$$ES_{2-4} = ES_{2-3} = 1$$

$$ES_{3-4} = \max\begin{Bmatrix} ES_{1-3} + D_{1-3} \\ ES_{2-3} + D_{2-3} \end{Bmatrix} = \max\begin{Bmatrix} 0+5 \\ 1+3 \end{Bmatrix} = 5$$

$$ES_{3-5} = ES_{3-4} = 5$$

$$ES_{4-5} = \max\begin{Bmatrix} ES_{2-4} + D_{2-4} \\ ES_{3-4} + D_{3-4} \end{Bmatrix} = \max\begin{Bmatrix} 1+2 \\ 5+6 \end{Bmatrix} = 11$$

$$ES_{4-6}=ES_{4-5}=11$$

$$ES_{5-6}=\max\begin{Bmatrix}ES_{3-5}+D_{3-5}\\ES_{4-5}+D_{4-5}\end{Bmatrix}=\max\begin{Bmatrix}5+5\\11+0\end{Bmatrix}=11$$

工作的最早完成时间为：

$$EF_{1-2}=ES_{1-2}+D_{1-2}=0+1=1$$
$$EF_{1-3}=ES_{1-3}+D_{1-3}=0+5=5$$
$$EF_{2-3}=ES_{2-3}+D_{2-3}=1+3=4$$
$$EF_{2-4}=ES_{2-4}+D_{2-4}=1+2=3$$
$$EF_{3-4}=ES_{3-4}+D_{3-4}=5+6=11$$
$$EF_{3-5}=ES_{3-5}+D_{3-5}=5+5=10$$
$$EF_{4-5}=ES_{4-5}+D_{4-5}=11+0=11$$
$$EF_{4-6}=ES_{4-6}+D_{4-6}=11+5=16$$
$$EF_{5-6}=ES_{5-6}+D_{5-6}=11+3=14$$

上述计算可以看出，工作的最早时间计算时应特别注意三点：一是计算程序，即从起点节点开始顺着箭线方向，按节点次序逐项工作计算；二是要弄清该工作的紧前工作是哪几项，以便准确计算；三是同一节点的所有外向工作最早开始时间相同。

（2）确定网络计划工期　当网络计划规定了要求工期时，网络计划的计划工期应小于或等于要求工期，即

$$T_{p}\leqslant T_{r} \tag{3.5}$$

当网络计划未规定要求工期时，网络计划的计划工期应等于计算工期，即以网络计划的终点节点为完成节点的各个工作的最早完成时间的最大值，如网络计划的终点节点的编号为 n，则计算工期 T_c 为：

$$T_{p}=T_{c}=\max\{EF_{i-n}\} \tag{3.6}$$

如图 3.25 所示，网络计划的计算工期为：

$$T_{c}=\max\begin{Bmatrix}EF_{4-6}\\EF_{5-6}\end{Bmatrix}=\max\begin{Bmatrix}16\\14\end{Bmatrix}=16$$

（3）计算各工作的最迟完成和最迟开始时间　各工作的最迟开始时间等于其最迟完成时间减去工作持续时间，即：

$$LS_{i-j}=LF_{i-j}-D_{i-j} \tag{3.7}$$

计算工作最迟完成时间参数时，一般有以下三种情况。

① 当工作的终点节点为完成节点时，其最迟完成时间为网络计划的计划工期，即：

$$LF_{i-n}=T_{p} \tag{3.8}$$

② 当工作只有一项紧后工作时，该工作的最迟完成时间应为其紧后工作的最迟开始时间，即：

$$LF_{i-j}=LS_{j-k}=LF_{j-k}-D_{j-k} \tag{3.9}$$

③ 当工作有多项紧后工作时，该工作的最迟完成时间应为其多项紧后工作最迟开始时间的最小值，即：

$$LF_{i-j}=\min\{LS_{j-k}\}=\min\{LF_{j-k}-D_{j-k}\} \tag{3.10}$$

如图 3.25 所示的网络计划中，各工作的最迟完成时间和最迟开始时间计算如下。

工作的最迟完成时间为：

$$LF_{4-6}=T_{c}=16$$

$$LF_{5-6}=LF_{4-6}=16$$

$$LF_{3-5}=LF_{5-6}-D_{5-6}=16-3=13$$

$$LF_{4-5}=LF_{3-5}=13$$

$$LF_{2-4}=\min\begin{Bmatrix}LF_{4-5}-D_{4-5}\\LF_{4-6}-D_{4-6}\end{Bmatrix}=\min\begin{Bmatrix}13-0\\16-5\end{Bmatrix}=11$$

$$LF_{3-4}=LF_{2-4}=11$$

$$LF_{1-3}=\min\begin{Bmatrix}LF_{3-4}-D_{3-4}\\LF_{3-5}-D_{3-5}\end{Bmatrix}=\min\begin{Bmatrix}11-6\\13-5\end{Bmatrix}=5$$

$$LF_{2-3}=LF_{1-3}=5$$

$$LF_{1-2}=\min\begin{Bmatrix}LF_{2-3}-D_{2-3}\\LF_{2-4}-D_{2-4}\end{Bmatrix}=\min\begin{Bmatrix}5-3\\11-2\end{Bmatrix}=2$$

工作的最迟开始时间为：

$$LS_{4-6}=LF_{4-6}-D_{4-6}=16-5=11$$

$$LS_{5-6}=LF_{5-6}-D_{5-6}=16-3=13$$

$$LS_{3-5}=LF_{3-5}-D_{3-5}=13-5=8$$

$$LS_{4-5}=LF_{4-5}-D_{4-5}=13-0=13$$

$$LS_{2-4}=LF_{2-4}-D_{2-4}=11-2=9$$

$$LS_{3-4}=LF_{3-4}-D_{3-4}=11-6=5$$

$$LS_{1-3}=LF_{1-3}-D_{1-3}=5-5=0$$

$$LS_{2-3}=LF_{2-3}-D_{2-3}=5-3=2$$

$$LS_{1-2}=LF_{1-2}-D_{1-2}=2-1=1$$

从上述计算可以看出，计算工作的最迟时间时应特别注意三点：一是计算程序，即从终点开始逆着箭线方向，按节点次序逐项工作计算；二是要弄清该工作紧后工作有哪几项，以便正确计算；三是同一节点的所有内向工作最迟完成时间相同。

（4）计算各工作的总时差 如图 3.26 所示，在不影响总工期的前提下，一项工作可以利用的时间范围是从该工作最早开始时间到最迟完成时间，即工作从最早开始时间或最迟开始时间开始，均不会影响总工期。而工作实际需要的持续时间是 D_{i-j}，扣去 D_{i-j} 后，余下的一段时间就是工作可以利用的机动时间，即为总时差。所以总时差等于最迟开始时间减去最早开始时间，或最迟完成时间减去最早完成时间，即：

$$TF_{i-j}=LS_{i-j}-ES_{i-j} \tag{3.11}$$

或 $$TF_{i-j}=LF_{i-j}-EF_{i-j} \tag{3.12}$$

如图 3.25 所示的网络图中，各工作的总时差计算如下。

$$TF_{1-2}=LS_{1-2}-ES_{1-2}=1-0=1$$

$$TF_{1-3}=LS_{1-3}-ES_{1-3}=0-0=0$$

$$TF_{2-3}=LS_{2-3}-ES_{2-3}=2-1=1$$

$$TF_{2-4}=LS_{2-4}-ES_{2-4}=9-1=8$$

$$TF_{3-4}=LS_{3-4}-ES_{3-4}=5-5=0$$

$$TF_{3-5}=LS_{3-5}-ES_{3-5}=8-5=3$$

$$TF_{4-5}=LS_{4-5}-ES_{4-5}=13-11=2$$

$$TF_{4-6}=LS_{4-6}-ES_{4-6}=11-11=0$$

$$TF_{5-6}=LS_{5-6}-ES_{5-6}=13-11=2$$

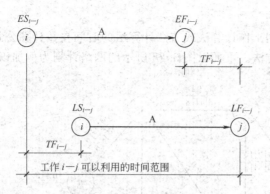

图 3.26　总时差计算简图

（5）计算各工作的自由时差　如图 3.27 所示，在不影响其紧后工作最早开始时间的前提下，一项工作可以利用的时间范围是从该工作最早开始时间至其紧后工作最早开始时间。而工作实际需要的持续时间是 D_{i-j}，那么扣去 D_{i-j} 后，尚有的一段时间就是自由时差。其计算如下。

当工作有紧后工作时，该工作的自由时差等于紧后工作的最早开始时间减本工作最早完成时间，即：

$$FF_{i-j} = ES_{j-k} - EF_{i-j} \tag{3.13}$$

或

$$FF_{i-j} = ES_{j-k} - ES_{i-j} - D_{i-j} \tag{3.14}$$

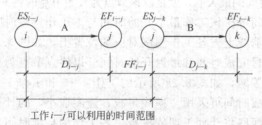

图 3.27　自由时差的计算简图

当以终点节点（$j=n$）为箭头节点的工作，其自由时差应按网络计划的计划工期 T_p 确定，即：

$$FF_{i-n} = T_p - EF_{i-n} \tag{3.15}$$

或

$$FF_{i-n} = T_p - ES_{i-n} - D_{i-n} \tag{3.16}$$

如图 3.25 所示的网络图中，各工作的自由时差计算如下。

$$FF_{1-2} = ES_{2-3} - ES_{1-2} - D_{1-2} = 1 - 0 - 1 = 0$$
$$FF_{1-3} = ES_{3-4} - ES_{1-3} - D_{1-3} = 5 - 0 - 5 = 0$$
$$FF_{2-3} = ES_{3-4} - ES_{2-3} - D_{2-3} = 5 - 1 - 3 = 1$$
$$FF_{2-4} = ES_{4-5} - ES_{2-4} - D_{2-4} = 11 - 1 - 2 = 8$$
$$FF_{3-4} = ES_{4-5} - ES_{3-4} - D_{3-4} = 11 - 5 - 6 = 0$$
$$FF_{3-5} = ES_{5-6} - ES_{3-5} - D_{3-5} = 11 - 5 - 5 = 1$$
$$FF_{4-5} = ES_{5-6} - ES_{4-5} - D_{4-5} = 11 - 11 - 0 = 0$$
$$FF_{4-6} = T_p - ES_{4-6} - D_{4-6} = 16 - 11 - 5 = 0$$
$$FF_{5-6} = T_p - ES_{5-6} - D_{5-6} = 16 - 11 - 3 = 2$$

3.3.2.2 图上计算法

图上计算法是根据工作计算法或节点计算法的时间参数计算公式，在图上直接计算的一种较直观、简便的方法。下面以图 3.28 所示的网络计划为例加以说明。

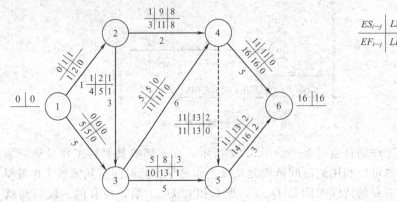

图 3.28 图上计算法

（1）计算工作的最早开始时间和最早完成时间　以起点节点为开始节点的工作，其最早开始时间一般记为 0，如图 3.28 所示的工作 1—2 和工作 1—3。

其余工作的最早开始时间可采用"沿线累加，逢圈取大"的计算方法求得。即从网络图的起点节点开始，沿每一条线路将各工作的作业时间累加起来，在每一个圆圈（节点）处取到达该圆圈的各条线路累计时间的最大值，就是以该节点为开始节点的各工作的最早开始时间。

工作的最早完成时间等于该工作最早开始时间与本工作持续时间之和。

将计算结果标注在箭线上方各工作图例对应的位置上，如图 3.28 所示。

（2）计算工作的最迟完成时间和最迟开始时间　以终点节点为完成节点的工作，其最迟完成时间就等于计划工期，如图 3.28 所示的工作 4—6 和工作 5—6。

其余工作的最迟完成时间可采用"逆线累减，逢圈取小"的计算方法求得。即从网络图的终点节点逆着每条线路将计划工期依次减去各工作的持续时间，在每一圆圈处取后续线路累减时间的最小值，就是以该节点为完成节点的各工作的最迟完成时间。

工作的最迟开始时间等于该工作最迟完成时间与本工作持续时间之差。

将计算结果标注在箭线上方各工作图例对应的位置上，如图 3.28 所示。

（3）计算工作的总时差　工作的总时差可采用"迟早相减，所得之差"的计算方法求得。即工作的总时差等于该工作的最迟开始时间减去工作的最早开始时间，或者等于该工作的最迟完成时间减去工作的最早完成时间。将计算结果标注在箭线上方各工作图例对应的位置上，如图 3.28 所示。

（4）计算工作的自由时差　工作的自由时差等于紧后工作的最早开始时间减去本工作的最早完成时间。可在图上相应位置直接相减得到，并将计算结果标注在箭线上方各工作图例对应的位置上，如图 3.28 所示。

3.3.3　关键工作和关键线路的确定

3.3.3.1　关键工作

在网络计划中，总时差为最小的工作为关键工作；当计划工期等于计算工期时，总时差为零的工作为关键工作。

当进行节点时间参数计算时，凡满足下列三个条件的工作必为关键工作。

$$\left. \begin{array}{l} LT_i - ET_i = T_p - T_c \\ LT_j - ET_j = T_p - T_c \\ LT_j - ET_i - D_{i-j} = T_p - T_c \end{array} \right\} \qquad (3.17)$$

如图 3.29 所示，工作 1—3、3—4、4—6 满足式（3.17），即为关键工作。

3.3.3.2 关键线路的确定方法

（1）利用关键工作判断　网络计划中，自始至终全部由关键工作（必要时经过一些虚工作）组成或线路上总的工作持续时间最长的线路应为关键线路。如图 3.28 所示，线路 1—3—4—6 为关键线路。

（2）利用标号法判断　标号法是一种快速寻求网络计划计算工期和关键线路的方法。它利用节点计算法的基本原理，对网络计划中的每个节点进行标号，然后利用标号值确定网络计划的计算工期和关键线路。

以图 3.29 所示网络计划为例，说明用标号法确定计算工期和关键线路的步骤。

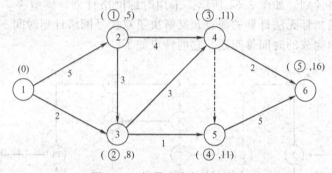

图 3.29　标号法确定关键线路

① 确定节点标号值（a，b_j）

a. 网络计划起点节点的标号值为零。本例中，节点①的标号值为零，即 $b_1 = 0$。

b. 其他节点的标号值等于以该节点为完成节点的各项工作的开始节点标号值加其持续时间所得之和的最大值，即：

$$b_j = \max\{b_i + D_{i-j}\} \qquad (3.18)$$

式中　b_j——工作 $i—j$ 的完成节点 j 的标号值；

　　　b_i——工作 $i—j$ 的开始节点 i 的标号值；

　　D_{i-j}——工作 $i—j$ 的持续时间。

节点的标号宜用双标号法，即用源节点（得出标号值的节点）号 a 作为第一标号，用标号值作为第二标号 b_j。

本例中各节点标号值如图 3.29 所示。

② 确定计算工期　网络计划的计算工期就是终点节点的标号值。本例中，其计算工期为终点节点⑥的标号值 16。

③ 确定关键线路　自终点节点开始，逆着箭线跟踪源节点即可确定。本例中，从终点节点⑥开始跟踪源节点分别为⑤、④、③、②、①，即得关键线路 1—2—3—4—5—6。

3.4 双代号时标网络计划

3.4.1 双代号时标网络计划的基本规定

3.4.1.1 双代号时标网络计划及其特点

双代号时标网络计划是综合应用横道图的时间坐标和网络计划的原理，是在横道图基础上引入网络计划中各工作之间逻辑关系的表达方法。如图 3.30 所示的双代号网络计划，若改画为时标网络计划，如图 3.31 所示。采用时标网络计划，既解决了横道计划中各项工作不明确、时间指标无法计算的缺点，又解决了双代号网络计划时间不直观，不能明确看出各工作开始和完成的时间等问题。它的特点如下。

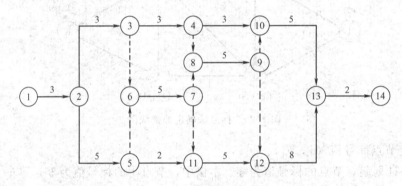

图 3.30 双代号网络计划

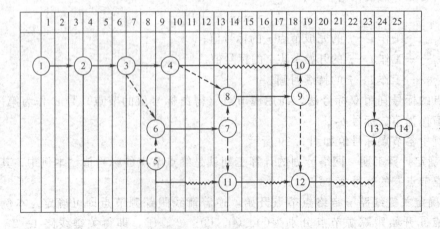

图 3.31 时标网络计划

① 时标网络计划中，箭线的长短与时间有关。

② 可直接显示各工作的时间参数和关键线路，而不必计算。

③ 由于受到时间坐标的限制，所以时标网络计划不会产生闭合回路。

④ 可以直接在时标网络图的下方绘出资源动态曲线，便于分析，平衡调度。

⑤ 由于箭线的长度和位置受时间坐标的限制，因而调整和修改不太方便。

3.4.1.2　时标网络计划的一般规定

（1）双代号时标网络计划必须以水平时间坐标为尺度表示工作时间。时标的时间单位应根据需要在编制网络计划之前确定，可为时、天、周、月或季。

（2）时标网络计划应以实箭线表示工作，以虚箭线表示虚工作，以波形线表示工作的自由时差。

（3）时标网络计划中所有符号在时间坐标上的水平投影位置，都必须与其时间参数相对应。节点中心必须对准相应的时标位置。虚工作必须以垂直方向的虚箭线表示，有自由时差加波形线表示。

3.4.2　双代号时标网络计划的绘制方法

时标网络计划一般按工作的最早开始时间绘制。其绘制方法有间接绘制法和直接绘制法。

3.4.2.1　间接绘制法

间接绘制法是先计算网络计划的时间参数，再根据时间参数在时间坐标上进行绘制的方法。其绘制步骤和方法如下。

（1）先绘制双代号网络图，计算时间参数，确定关键工作及关键线路。

（2）根据需要确定时间单位并绘制时标横轴。

（3）根据工作最早开始时间或节点的最早时间确定各节点的位置。

（4）依次在各节点间绘出箭线及时差。绘制时宜先画关键工作、关键线路，再画非关键工作。如箭线长度不足以达到工作的完成节点时，用波形线补足，箭头画在波形线与节点连接处。

（5）用虚箭线连接各有关节点，将有关的工作连接起来。

3.4.2.2　直接绘制法

直接绘制法是不计算网络计划时间参数，直接在时间坐标上进行绘制的方法。其绘制步骤和方法可归纳为如下绘图口诀：**"时间长短坐标限，曲直斜平利相连；箭线到齐画节点，画完节点补波线；零线尽量拉垂直，否则安排有缺陷。"**

（1）时间长短坐标限　箭线的长度代表着具体的施工时间，受到时间坐标的制约。

（2）曲直斜平利相连　箭线的表达方式可以是直线、折线、斜线等，但布图应合理，直观清晰。

（3）箭线到齐画节点　工作的开始节点必须在该工作的全部紧前工作都画出后，定位在这些紧前工作最晚完成的时间刻度上。

（4）画完节点补波线　某些工作的箭线长度不足以达到其完成节点时，用波形线补足。

（5）零线尽量拉垂直　虚工作持续时间为零，应尽可能让其为垂直线。

（6）否则安排有缺陷　若出现虚工作占据时间的情况，其原因是工作面停歇或施工作业队组工作不连续。

【**例 3.2**】 某双代号网络计划如图 3.32 所示，试绘制时标网络图。

【**解**】 按直接绘制的方法，绘制出时标网络计划如图 3.33 所示。

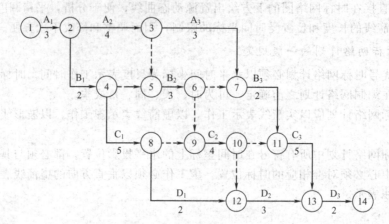

图 3.32 双代号网络计划

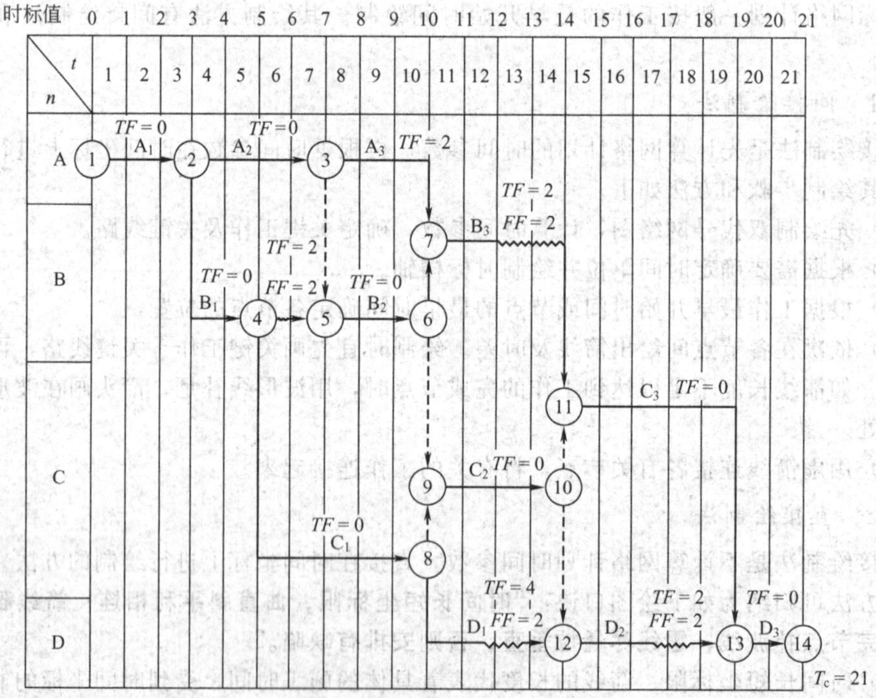

图 3.33 时标网络计划

3.4.3 关键线路的确定和时间参数的判读

3.4.3.1 关键线路的确定

自终点节点逆箭线方向朝起点节点观察，自始至终不出现波形线的线路为关键线路。

3.4.3.2 工期的确定

时标网络计划的计算工期，应是其终点节点与起点节点所在位置的时标值之差。

3.4.3.3 时间参数的判读

（1）最早时间参数 按最早时间绘制的时标网络计划，每条箭线箭尾和箭头所对应的时标值应为该工作的最早开始时间和最早完成时间。

（2）自由时差 波形线的水平投影长度即为该工作的自由时差。

（3）总时差 自右向左进行，其值等于紧后工作的总时差的最小值与本工作的自由时差之和，即：

$$TF_{i-j} = \min\{TF_{j-k}\} + FF_{i-j} \tag{3.19}$$

（4）最迟时间参数 最迟开始时间和最迟完成时间应按下式计算。

$$LS_{i-j} = ES_{i-j} + TF_{i-j} \tag{3.20}$$

$$LF_{i-j} = EF_{i-j} + TF_{i-j} \tag{3.21}$$

如图 3.33 所示的关键线路及各时间参数的判读结果见图中标注。

3.5
网络计划优化的基本概念

网络计划的优化，就是在满足既定约束条件下，按选定目标，通过不断改进网络计划寻求满意方案。

网络计划的优化目标，应按计划任务的需要和条件选定，包括工期目标、费用目标、资源目标。

网络计划的优化，按其优化达到的目标不同，一般分为工期优化、费用优化、资源优化。这里只介绍前面两种优化。

3.5.1 工期优化概述

工期优化是指在满足既定的约束条件下，按要求工期目标，通过延长或缩短网络计划初始方案的计算工期，以达到要求工期目标，保证按期完成任务。

网络计划的初始方案编制好后，将其计算工期与要求工期相比较，会出现以下两种情况。

3.5.1.1 计算工期小于或等于要求工期

如果计算工期小于要求工期不多或两者相等，则一般不必进行工期优化。

如果计算工期小于要求工期较多，则考虑与施工合同中的工期提前奖等条款相结合，确定是否进行工期优化。若需优化，优化方法是：延长关键线路上资源占用量大或直接费用高的工作的持续时间（相应减少其单位时间资源需要量）；或重新选择施工方案，改变施工机械，调整施工顺序，再重新分析逻辑关系；编制网络图，计算时间参数；反复多次进行，直至满足要求工期。

3.5.1.2　计算工期大于要求工期

当计算工期大于要求工期，可以在不改变网络计划中各项工作之间的逻辑关系的前提下，通过压缩关键工作的持续时间来满足要求工期。压缩关键工作持续时间的方法有很多，其中"选择法"更接近实际需要，下面重点介绍。

（1）选择应缩短持续时间的关键工作时，应考虑下列因素。

① 缩短持续时间对质量和安全影响不大的工作。

② 有充足备用资源的工作。

③ 缩短持续时间所需增加费用最小的工作。

将所有工作按其是否满足上述三方面要求，确定优选系数，优选系数小的工作较适宜压缩。选择关键工作压缩其持续时间时，应选择优选系数最小的关键工作。若需要同时压缩多个关键工作的持续时间时，则它们的优选系数之和（组合优选系数）最小者应优先作为压缩对象。

（2）工期优化的计算，应按下述步骤进行。

① 计算并找出初始网络计划的计算工期 T_c、关键线路及关键工作。

② 按要求工期 T_r 计算应缩短的时间 ΔT，$\Delta T = T_c - T_r$。

③ 确定各关键工作能缩短的持续时间。

④ 按前述要求的因素选择关键工作，压缩其持续时间，并重新计算网络计划的计算工期。此时，要注意不能将关键工作压缩成非关键工作；当出现多条关键线路时，必须将平行的各关键线路的持续时间压缩相同的数值；否则，不能有效地缩短工期。

⑤ 当计算工期仍超过要求工期时，则重复以上步骤，直到满足要求工期或工期不能再缩短为止。

⑥ 当所有关键工作的持续时间都已达到其能缩短的极限而工期仍不能满足要求工期时，应对计划的原技术方案、组织方案进行调整，或对要求工期重新审定。

3.5.2　费用优化方法

费用优化又称工期成本优化或时间成本优化，是指寻求工程总成本最低时的工期安排，或按要求工期寻求最低成本的计划安排过程。

3.5.2.1　费用和时间的关系

工程项目的总费用由直接费用和间接费用组成。直接费用由人工费、材料费、机械使用费及现场经费等组成。施工方案不同，则直接费用不同；即使施工方案相同，工期不同，直接费用也不同。间接费用包括企业经营管理的全部费用。

一般情况下，缩短工期会引起直接费用的增加和间接费用的减少，延长工期会引起直接费用的减少和间接费用的增加。在考虑工程总费用时，还应考虑工期变化带来的其他损益，包括因拖延工期而罚款的损失或提前竣工而得的奖励，甚至也考虑因提前投产而获得的收益和资金的时间价值等。

工期与费用的关系如图 3.34 所示。图 3.34 中，工程成本曲线是由直接费用曲线和间接费用曲线叠加而成。曲线上的最低点就是工程计划的最优方案之一，此方案工程成本最低，相对应的工程持续时间称为最优工期。

（1）直接费用曲线　直接费用曲线通常是一条由左上向右下的下凹曲线，如图 3.35

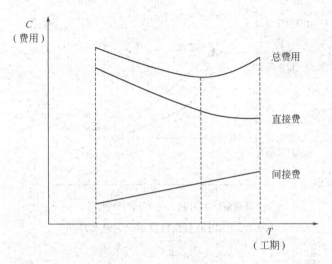

图 3.34 工期与费用的关系示意图

所示。因为直接费用总是随着工期的缩短而更快增加的，在一定范围内与时间成反比关系。如果缩短时间，即加快施工速度，要采取加班加点和多班作业，采用高价的施工方法和机械设备等，直接费用也跟着增加。然而工作时间缩短至某一极限，则无论增加多少直接费用，也不能再缩短工期，此极限称为临界点。此时的时间为最短持续时间，此时费用为最短时间直接费用。反之，如果延长时间，则可减少直接费用。然而时间延长至某一极限，则无论将工期延至多长，也不能再减少直接费用，此极限为正常点。此时的时间称为正常持续时间，此时的费用称为正常时间直接费用。

连接正常点与临界点的曲线，称为直接费用曲线。直接费用曲线实际并不像图中那样圆滑，而是由一系列线段组成的折线，并且越接近最高费用（极限费用）其曲线越陡。为计算方便，可近似地将它假定为一直线，如图 3.35 所示。把因缩短工作持续时间（赶工）每一单位时间所需增加的直接费用，简称为直接费用率，按式（3.22）计算。

$$\Delta C_{i-j} = \frac{CC_{i-j} - CN_{i-j}}{DN_{i-j} - DC_{i-j}} \tag{3.22}$$

式中　ΔC_{i-j}——工作 $i-j$ 的直接费用率；

　　CC_{i-j}——将工作 $i-j$ 持续时间缩短为最短持续时间后，完成该工作所需的直接
　　　　　　费用；

　　CN_{i-j}——在正常条件下完成工作 $i-j$ 所需的直接费用；

　　DN_{i-j}——工作 $i-j$ 的正常持续时间；

　　DC_{i-j}——工作 $i-j$ 的最短持续时间。

从式（3.22）中可以看出，工作的直接费用率越大，则将该工作的持续时间缩短一个时间单位，相应增加的直接费用就越多；反之，工作的直接费用率越小，则将该工作的持续时间缩短一个时间单位，相应增加的直接费用就越少。

根据各工作的性质不同，其工作持续时间和费用之间的关系通常有以下两种情况。

① 连续变化型关系　有些工作的直接费用随着工作持续时间的改变而改变，如图 3.35 所示。介于正常持续时间和最短（极限）时间之间的任意持续时间的费用可根据其费用斜率，用数学方法推算出来。这种时间和费用之间的关系是连续变化的，称为连续

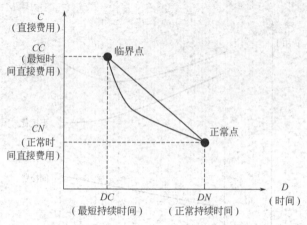

图 3.35 时间与直接费用的关系示意图

型变化关系。

【例 3.3】 某工作经过计算确定其正常持续时间为 10 天，所需费用 1200 元，在考虑增加人力、材料、机具设备和加班的情况下，其最短时间为 6 天，而费用为 1500 元，则其单位变化率为：

$$\Delta C_{i-j} = \frac{CC_{i-j} - CN_{i-j}}{DN_{i-j} - DC_{i-j}} = \frac{1500 - 1200}{10 - 6} = 75(元/天)$$

即每缩短一天，其费用增加 75 元。

② 非连续型变化关系 有些工作的直接费用与持续时间之间的关系是根据不同施工方案分别估算的，因此，介于正常持续时间与最短持续时间之间的关系不能用线性关系表示，不能通过数学方法计算。工作不能逐天缩短，在图上表示为几个点，只能在几种情况中选择一种，如图 3.36 所示。

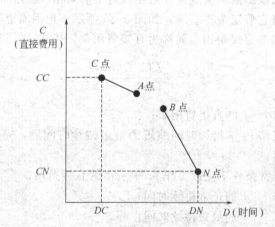

图 3.36 非连续型的时间与直接费用的关系示意图

例如，某土方开挖工程，采用三种不同的开挖机械，其费用和持续时间见表 3.3。

表 3.3 时间及费用表

机械类型	A	B	C
持续时间/天	8	12	15
费用/元	7200	6100	4800

因此，在确定施工方案时，根据工期要求，只能在上表中的三种不同机械中选择，在图中也就是只能取三点其中的一点。

（2）间接费用曲线　表示间接费用与时间成正比关系的曲线，通常用直线表示。其斜率表示间接费用在单位时间内的增加或减少值。间接费用与施工单位的管理水平、施工条件、施工组织等有关。

3.5.2.2　费用优化的方法步骤

费用优化的基本方法：不断地在网络计划中找出直接费用率（或组合直接费用率）最小的关键工作，缩短其持续时间，同时考虑间接费随工期缩短而减少的数值，最后求得工程总成本最低时的最优工期安排或按要求工期求得最低成本的计划安排。费用优化的基本方法可简化为以下口诀：**"不断压缩关键线路上有压缩可能且费用最少的工作。"**

按照上述基本方法，费用优化可按以下步骤进行。

（1）按工作的正常持续时间确定计算关键线路、工期、总费用。

（2）按式(3.22)计算各项工作的直接费用率。

（3）当只有一条关键线路时，应找出直接费用率最小的一项关键工作，作为缩短持续时间的对象；当有多条关键线路时，应找出组合直接费用率最小的一组关键工作，作为缩短持续时间的对象。

（4）对于选定的压缩对象（一项关键工作或一组关键工作），首先比较其直接费用率或组合直接费用率与工程间接费用率的大小。

① 如果被压缩对象的直接费用率或组合直接费用率小于工程间接费用率，说明压缩关键工作的持续时间会使工程总费用减少，故应缩短关键工作的持续时间；

② 如果被压缩对象的直接费用率或组合直接费用率等于工程间接费用率，说明压缩关键工作的持续时间不会使工程总费用增加，故应缩短关键工作的持续时间；

③ 如果被压缩对象的直接费用率或组合直接费用率大于工程间接费用率，说明压缩关键工作的持续时间会使工程总费用增加，此时应停止缩短关键工作的持续时间，在此之前的方案即为优化方案。

（5）当需要缩短关键工作的持续时间时，其缩短值的确定必须符合下列两条原则。

① 缩短后工作的持续时间不能小于其最短持续时间；

② 缩短持续时间的工作不能变成非关键工作。

（6）计算关键工作持续时间缩短后相应的总费用变化。

（7）重复上述步骤（3）～（6），直至计算工期满足要求工期，或被压缩对象的直接费用率或组合费用率大于工程间接费用率为止。费用优化过程可填入表3.4。

表3.4　费用优化过程表

压缩次数	被压缩工作代号	缩短时间/天	直接费用率或组合直接费用率/(万元/天)	费用率差（正或负）/(万元/天)	压缩需用总费用(正或负)/万元	总费用/万元	工期/天	备注

注：1. 费用率差＝（直接费用率或组合直接费用率－间接费用率）；

2. 压缩需用总费用＝费用率差×缩短时间；

3. 总费用＝上次压缩后总费用＋本次压缩需用总费用；

4. 工期＝上次压缩后工期－本次缩短时间。

小结

　　网络图是由箭线和节点组成的，用来表示工作流程的有向、有序的网状图形。网络计划的表达形式是网络图。网络图中，按节点和箭线所代表的含义不同，可分为双代号网络图和单代号网络图两大类。

　　网络图的基本符号有箭线、节点和节点编号，理解其基本含义对于绘制和识读网络图十分重要。

　　正确理解线路、关键线路、关键工作的概念，掌握其确定方法始终是网络计划技术的中心任务。

　　双代号网络图的绘制必须坚持绘制规则；时间参数的计算方法基础是工作计算法，图上计算法是最简便快捷的方法；时标网络计划的绘制与应用应重点掌握。

　　网络计划的优化，就是在满足既定约束条件下，按选定目标，通过不断改进网络计划寻求满意方案，按其优化达到的目标不同，一般分为工期优化、费用优化、资源优化。

思考与练习

一、问答题

1. 什么是网络图？什么是网络计划？

2. 什么叫双代号网络图？什么叫单代号网络图？

3. 工作和虚工作有什么不同？

4. 什么叫逻辑关系？网络计划有哪两种逻辑关系？有何区别？

5. 简述网络图的绘制原则。

6. 节点位置号怎样确定？用它来绘制网络图有哪些优点？

7. 试述工作总时差和自由时差的含义及其区别。

8. 什么叫线路、关键工作、关键线路？

9. 什么是网络计划优化？

10. 什么是工期优化和费用优化？

11. 试述工期优化、费用优化的基本步骤。

二、计算题

1. 试指出如图 3.37 所示网络图的错误。

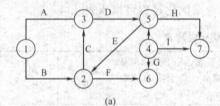
(a)

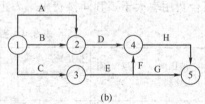
(b)

图 3.37　双代号网络图

2. 根据表 3.5 中网络图的资料，试确定节点位置号，绘出双代号网络图。

表 3.5　网络图的资料

工作	A	B	C	D	E	G	H
紧前工作	D,C	E,H	—	—	—	H,D	—

3. 根据表 3.6 资料，绘制双代号网络图，计算六个工作时间参数，并按最早时间绘制时根网络图。

表 3.6 网络图的资料

工作代号	1—2	1—3	1—4	2—4	2—5	3—4	3—6	4—5	4—7	5—7	5—9	6—7	6—8	7—8	7—9	7—10	8—10	9—10
工作持续时间/天	5	10	12	0	14	16	13	7	11	17	9	0	8	5	13	8	14	6

4. 已知网络计划如图 3.38 所示，箭线下方括号外为正常持续时间，括号内为最短持续时间，箭线上方括号内为优先选择系数。要求目标工期为 12 天，试对其进行工期优化。

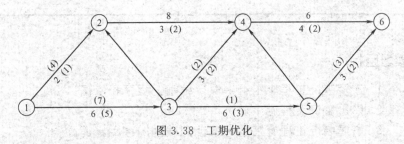

图 3.38 工期优化

4

建筑装饰工程施工组织设计

学习目标

1. 了解装饰工程施工组织设计编制的程序和依据。
2. 熟悉装饰工程施工顺序。
3. 掌握装饰工程施工组织设计的编制内容和步骤。
4. 掌握装饰工程施工进度计划及施工平面图的主要内容。
5. 能正确地编制、设计和调整装饰工程施工组织设计。

4.1
概述

　　装饰工程施工组织设计是规划和指导装饰工程从施工准备到竣工验收全过程施工活动的技术经济和管理文件。它是施工前的一项重要准备工作,也是装饰施工企业实现科学管理的重要手段,它既要体现装饰工程的设计和使用要求,又要符合建筑装饰施工的客观规律,对装饰施工的全过程起总体安排和部署的作用。

4.1.1　装饰工程施工组织设计的编制依据

　　装饰工程施工组织设计的编制依据,归纳起来有以下十二个方面。

　　(1) 合同文件或建设单位的要求　如工程的开工日期和竣工日期,质量要求,对某些特殊施工技术的要求,采用何种先进的施工技术,对材料及设备的要求等。

　　(2) 施工组织总设计　当装饰工程为单项工程的一个组成部分时,装饰工程的施工组织设计,必须按照施工组织总设计确定的各项指标和要求进行编制,这样才能保证工程项目的完整性。

　　(3) 设计文件　包括:该装饰工程的全部施工图纸、会审记录和标准图等有关设计资料;对于较复杂的建筑设备工程,还要有设备图纸和设备安装对装饰施工的具体要求;设计单位对新结构、新材料、新技术和新工艺的要求。

　　(4) 装饰工程施工的预算文件及有关定额。

　　(5) 施工现场条件　包括:施工现场的地形地貌,主体工程实测情况,施工地区的气象资料,现场测量依据,场地可利用的面积和范围,交通运输的道路情况等。

　　(6) 水、电供应情况　包括:水源和电源所在位置,供应量和水压、电压,供应的连续性,是否需要单独设置变压器。

　　(7) 材料、半成品、成品等的供应情况　包括:主要装饰材料、半成品、成品的来源;运输条件、运输方式、运距和价格;供应时间、数量和方式等。

　　(8) 劳动力、施工机械的供应情况　如劳动力、技术人员和管理人员的情况,现有的施工机械设备;可提供的专业工人人数、施工机械的台班数等。

　　(9) 工程的相关资料　包括施工图集、标准图集、操作规程和国家有关的施工验收规范、工程质量标准、施工手册及各种定额手册等。

　　(10) 建设单位可提供的条件情况　包括可提供的临时设施等。

　　(11) 同类工程的施工经验。

　　(12) 有关的参考资料及类似工程的施工组织设计实例。

4.1.2　装饰工程施工组织设计的内容

　　建筑装饰工程施工组织设计的内容,一般应包括工程概况、施工方案、施工进度计划、施工准备工作及各项资源需要量计划、施工平面图、消防安全文明施工及施工技术质量保证措施、成品保护措施等。根据工程的复杂程度有些项目可以合并或简单编写。

4.1.3 装饰工程施工组织设计的编制程序

装饰工程施工组织设计的编制程序，是指对其各组成部分形成的先后顺序及相互制约关系的处理。由于装饰工程施工组织设计是施工单位用于指导施工的文件，必须结合具体工程实际，在编制前应会同有关部门和人员，在调查研究的基础上，共同研究和讨论其主要的技术措施和组织措施。装饰工程施工组织设计的编制程序如图 4.1 所示。

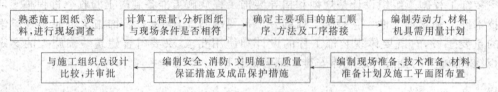

图 4.1 装饰工程施工组织设计的编制程序

4.2
工程概况

4.2.1 装饰工程基本情况

主要说明装饰工程的建设单位、建设地点、工程名称、工程性质、用途和规模、资金来源、工程造价、开竣工日期、工期要求、施工单位、设计单位、监理单位、工程合同和主管部门有关文件等内容。

4.2.2 装饰工程设计概况

主要介绍装饰工程的平面特征、使用功能、建筑面积、建筑层数、建筑高度、平面尺寸；外装修主要做法、室内墙面、顶棚做法、门窗材料、楼地面做法、室内防水做法及消防、环保水电设备等方面的参数和要求；以及采用新技术、新工艺和新材料。并附以主要分部分项工程量一览表，如表 4.1 所示。

表 4.1 主要分部分项工程量

序号	分部分项工程名称	单位	工程量	备注
1	玻璃幕墙	m²	1200	元件式、隐框
2	铝塑板吊顶	m²	5840	细木工板基层
…	…			

4.2.3 装饰工程施工概况

4.2.3.1 施工条件

针对工程特点和施工现场、施工单位的具体情况加以说明,包括水、电、通信、道路、场地平整情况;劳动力供应状况;材料、构件、加工品的供应来源和加工能力;施工机械设备的类型和型号及供本工程项目使用的程度;施工场地使用范围、现场临时设施及四周环境;施工技术和施工管理水平;需特别重点解决的问题等。

4.2.3.2 环境特征

包括拟建装饰工程的位置、地形、冬雨季起止时间、平均气温、最高气温、年平均气温、年平均降雨量、最大降雨量、主导风向、风力等。

4.2.3.3 施工特点

不同类型的装饰工程均有不同的施工特点,从而选择不同的施工方案,通过分析找出拟建装饰工程的施工重点、难点,相应提出解决主要矛盾的对策,以便在施工准备工作、施工方案、施工进度、资源配置及施工现场管理等方面应采取的相应技术措施和管理措施,保证施工顺利进行。另外,对装饰工程中的新工艺、新材料,应加以说明,提出保证施工的具体措施。

以上三点内容应做到简明扼要,以便在选择施工方案、组织各种资源供应和技术力量配备,以及在施工准备工作上采取相应措施。

4.3
施工部署

施工部署的基本内容,一般应包括:确定装饰工程施工目标及工程管理方式,确定施工开展程序、划分施工区段、确定施工起点与流向、确定施工顺序,选择施工方法和施工机械等。是一个综合的、全面的分析和对比决策过程,既要考虑施工的技术措施,又必须考虑相应的施工组织措施。在制订与选择施工方案时,必须满足以下基本要求。

(1)切实可行 制订施工方案首先要从实际出发,能切合当前实际情况,并有实现的可能性。否则,任何方案均是不可取的。施工方案的优劣,首先不取决于技术上是否先进,后工期是否最短,而是取决于是否切实可行。只能在切实可行,有实现可能性范围内,求技术的先进或快速。

(2)施工期限是否满足(工程合同)要求 确保工程按期投产或交付使用,迅速地发挥投资效益。

(3)工程质量和安全生产有可行的技术措施保障。

(4)施工费用最低。

施工部署主要从施工组织方面确定施工方案的内容。

4.3.1 确定工程施工目标及管理方式

装饰工程施工目标应根据施工合同、招标文件以及本单位对工程管理目标的要求确定，包括进度、质量、安全、环境和成本等目标。各项目标应满足施工组织总设计中确定的总体目标。

装饰工程管理的组织机构形式应满足施工组织总体部署的要求，并宜采用框图的形式表示，同时应确定项目经理部的工作岗位设置及其职责划分。对主要分包工程施工单位的选择要求及管理方式应进行简要说明。

4.3.2 确定施工开展程序

施工程序是指装饰工程不同施工阶段，各分部工程之间的先后顺序。

在装饰工程施工组织设计中，应结合具体工程的设计特征、施工条件和建设要求，合理确定该建筑物的各分部工程之间的施工程序。建筑装饰装修工程的施工总的程序一般有先室外后室内、先室内后室外或室内外同时进行三种情况。选择哪一种施工程序，要根据气候条件、工期要求、劳动力的配备情况等因素进行综合考虑。

4.3.2.1 先室外、后室内

一般情况下，室外装饰受外界自然条件（风、雨、高温、冰冻等）影响较大。另外，外装饰的施工一般在脚手架上作业，对室内装饰工程的整体性有一定影响（如拉结杆的设置）。为保证施工生产的顺利进行和工程质量，一般宜采用先外后内的组织方式。

4.3.2.2 先室内、后室外

当室内装饰工程有大量的湿作业或污染性较强的作业项目（如水磨石），对室外装饰工程质量造成影响，或室内空间急需使用时，宜采用先内后外的组织方式。

4.3.2.3 内外同时进行

当工期紧、任务重、而室内外装饰做法相互影响较小、在工程资源供应充分的情况下，可采用内外同时的组织方式，这也是目前采用较多的组织方式之一。

对某些特殊的工程或随着新技术、新工艺的发展，施工程序往往不一定完全遵循一般规律，如单元式玻璃幕墙工程施工，铝单板、铝塑板复合墙面施工等，这些均是打破了一般传统的施工程序。因此，施工程序应根据实际的工程施工条件和采用的施工方法来确定。

4.3.3 划分施工区段

4.3.3.1 划分施工区段的目的

建筑装饰产品生产的单件性决定了它不适合于组织流水作业。但是，由于建筑装饰产品具有体型庞大的固有特征，又为组织流水施工提供了空间条件，可以把一个体型庞大的"单件产品"划分成具有若干个施工段、施工层的"批量产品"，使其满足流水施工的基本要求。在保证工程质量的前提下，使不同工种的专业队在不同的工作面上进行作业，以充分利用空间，使其按流水施工的原理，集中人力、物力，迅速地、依次地、连续地完成各段的任务，为相邻专业工作队尽早地提供工作面，达到缩短工期的目的。

4.3.3.2　划分施工区段的原则

施工段的划分可以是固定的，也可以是不固定的。在固定施工段的情况下，所有施工过程都采用相同的施工段，施工段的分界以所有施工过程来说都是固定不变的。在不固定施工段的情况下，以不同的施工过程分别规定出一种施工段划分方法，施工段的分界对于不同的施工过程是不同的。固定的施工段便于组织流水施工，采用较广，而不固定的施工段则较少采用。

施工段划分的数目要适当，数目过多势必减少工人数面延长工期；数目过少又会造成资源供应过分集中，不利于组织流水施工。因此，为了使施工段划分得更加科学、合理，通常应遵守以下原则。

(1) 专业工作队在各施工段上的劳动量应大致相等，其相差幅度不宜超过 10%～15%。

(2) 从施工整体性角度出发，施工段的分界同施工对象的结构界限（施工层、伸缩缝、沉降缝和建筑单元等）尽可能一致。

(3) 为充分发挥工人、主导机械的效率，应保证每个施工段有足够的工作面且符合劳动组合的要求。

施工段划分得多，在不减少工人数的情况下可以缩短工期。但施工段过多，每施工段上安排的工人数就会增加。从而使每一操作工人的有效工作范围减少，一旦超过最小工作面的要求容易发生安全事故，降低劳动效率，反而不能缩短工期。若为保证最小工作面则必须减少工人数量，同样也会延长工期，甚至会破坏合理的劳动组合。

施工段划分过少，既会延长工期，还可能会使一些作业班组无法组织连续施工。

最小工作面是指生产工人能充分发挥劳动效率、保证施工安全时所需的最小工作空间范围。

最小劳动组合是指能充分发挥作业班组劳动效率时的最少工人数及其合理的组合。

(4) 尽量保证施工段数与施工过程数的相互适应，施工段的数目应满足合理流水施工组织的要求，以保证各专业队连续作业。

对于多层建筑物，施工段数是各层段数之和，各层应有相等的段数和上下垂直对应的分界线，以保证专业工作队在施工段和施工层之间，能进行有节奏、均衡、连续的流水施工。

施工段有空闲停歇，一般会影响工期，但在空闲的工作面上如能安排一些准备或辅助工作，如运输类施工过程，则会使后继工作进展顺利，也不一定有害。而工作队工作不连续，在一个工程项目中是不可取的，除非能将窝工的工作队转移到其他工地进行工地间大流水。

4.3.4　确定施工起点与流向

施工起点及流向是指装饰工程在平面或空间上开始施工的部位及其流动方向，主要取决于合同规定、保证质量和缩短工期等要求。

确定施工流向时，一般应考虑以下几个因素。

（1）施工方法是确定施工流向的关键因素。如对外墙进行施工时，当采用石材干挂时，施工流向是从下向上，而采用喷涂时则自上而下。

（2）单位工程各部位的繁简程度。一般对技术复杂、施工进度较慢、工期较长的工段或部位应先施工。

（3）材料对施工流向的影响。同一个施工部位采用不同的材料施工的流向也不相同，如当地面采用石材，墙面裱糊时，则施工流向是先地面后墙面，但当地面铺实木，墙面用涂料时，施工流向则变为先墙面后地面。

（4）用户对生产和使用的需要。对要求急的应先施工，在高级宾馆的装修改造过程中，往往采取施工一层（或一段）交付一层（或一段），以满足企业经营的要求。

（5）设备管道的布置系统。应根据管道的系统布置，考虑施工流向。如上下水系统，要根据干管的布置方法采考虑流水分段，确定工程流向，以便于分层安装支管及试水。

建筑装饰工程的施工的流向一般可分为水平流向和竖向流向，装饰工程从水平方面看，通常从哪一个方向开始都可以，但竖向流程则比较复杂，特别是对于新建工程的装饰。其室外工程根据材料和施工方法的不同，分别采用自下而上（干挂石材、单元式幕墙等）、自上而下（涂料喷涂、面砖镶贴、元件式幕墙等）。室内装饰装修则有三种方式，分别如下。

① 自上而下　室内装饰工程自上而下的流水施工方案是指主体结构工程封顶、做好屋面防水层后，从顶层开始，逐层向下进行，一般有水平向下进行［图4.2(a)］和垂直向下进行［图4.2(b)］两种形式。

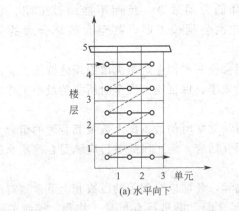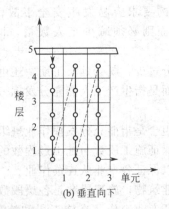

图4.2　自上而下的施工流向图

自上而下流向的优点是：

a. 易于保证质量。新建工程的主体结构完成后，有一定的沉降时间，能保证建筑装饰装修工程的施工质量，做好屋面防水层，可防止在雨季施工时因雨水渗漏而影响施工质量。

b. 便于管理。可以减少或避免各工序之间的交叉相互干扰，便于组织施工，易于从上向下清理装饰装修工程施工现场的建筑垃圾，有利于安全施工。

自上而下流向的缺点是：

a. 施工工期较长。

b. 不能与主体搭接施工，要等主体结构完工后才能进行建筑装饰工程施工。

自上而下的施工流向适用于质量要求高、工期较长或有特殊要求的工程。如对高层酒店、商场进行改造时，采用此种流向，从顶层开始施工，仅下一层作为间隔层，停业面积小，将不会影响大堂的使用和其他层的营业；对上下水管道和原有电器线路进行改造，自上而下进行，一般只影响施工层；对整个建筑的影响较小。

② 自下而上　室内装饰工程自下而上的流水施工方案是指主体结构施工到三层以上时（有两个层面楼板，确保底层施工安全），装修从底层开始逐层向上的施工流向。同样有水平向上［图 4.3(a)］和垂直向上［图 4.3(b)］两种形式。

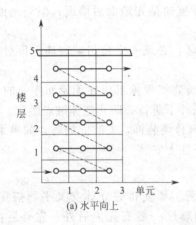 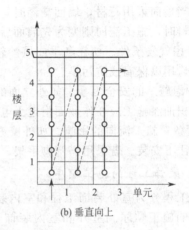

(a) 水平向上　　　　　　　　　(b) 垂直向上

图 4.3　自下而上的施工流向图

自下而上流向的优点是：

a. 工期短。装饰装修工程可以与主体结构平行搭接施工。

b. 工作面扩大。

自下而上流向的缺点是：

a. 增大了组织施工的难度，不易于组织和管理工序之间交叉多。

b. 影响质量和安全的因素增加。例如，为了防止施工用水渗漏，宜先对上层楼面进行处理，再对本层进行装饰施工，以免渗水影响装饰质量。

自下而上的施工流向适用于工期要求紧，特别适用于高层和超高层建筑工程，该类建筑在结构工程还在进行时，底层已装饰完毕，可投入运营，业主提前获得了经济效益。

③ 自中而下，再自上而中　自中而下，再自上而中的施工流向，综合了上述两者优缺点，适用于新建工程的高层建筑装饰工程。

4.3.5　确定施工顺序

施工顺序是指分项工程或工序之间的先后次序。

4.3.5.1　确定施工顺序的基本原则

① 符合施工工艺的要求。这种要求反映了施工工艺上存在的客观规律和相互制约关系，一般是不能违背的。如吊顶工程必须先固定吊筋，再安装主次龙骨；裱糊工程要先进行基层的处理，再实施裱糊。

② 房间的使用功能和施工方法要协调一致。如卫生间的改造施工顺序一般是：旧物拆除—改上下水管道—改管线—地面找坡—安门框……，大厅的施工顺序一般是：搭架子—

墙内管线—石材墙柱面—顶棚内管线……

③ 考虑施工组织的要求。如油漆和安装玻璃的顺序，可以先安装玻璃后油漆，也可先油漆后安装玻璃，但从施工组织的角度看，后一种方案比较合理，这样可以避免玻璃被油漆污染。

④ 考虑施工质量的要求。如对于装饰抹灰，面层施工前必须检查中层抹灰的质量，合格后进行洒水湿润。

⑤ 考虑材料对施工流向的影响。同一个施工部位采用不同的材料，施工的流向也不相同。如当地面采用石材，墙面裱糊时，则施工流向是先地面后墙面；但当地面铺实木，墙面用涂料时，施工流向则变为先墙面后地面。

⑥ 考虑气候条件。如在冬季或风沙较大地区，必须先安装门窗玻璃，再对室内进行装饰施工，用以保温或防污染。

⑦ 考虑施工的安全因素。如外立面的装饰装修工程施工应在无屋面作业的情况下进行，大面积油漆施工应在作业面附近无电焊的条件下进行，防止气体被点燃。

⑧ 设备对施工流向的影响。如外墙进行玻璃幕墙装饰，安装立筋时，如果采用滑架，一般从上往下安装。若采用满堂脚手架，则从下往上安装。

4.3.5.2 装饰工程的施工顺序

装饰工程分为室外装饰工程和室内装饰工程。要安排好立体交叉平行搭接的施工，确定合理的施工顺序。室外和室内装饰工程的顺序一般有先内后外、先外后内和内外同时进行，具体确定哪一种施工顺序应视施工条件、气候条件和合同工期要求来确定。通常外装饰湿作业，涂料等施工过程应尽可能避开冬雨季；高温条件下不宜安排室外金属饰面板的施工，如果为了加速脚手架的周转，缩短工期，则采取先外后内的施工顺序。

室外装饰工程的施工顺序有两种：对于外墙湿作业施工，除石材墙面外，一般采用自上而下的施工顺序；对于干作业施工，一般采用自下而上的施工顺序。

室内装饰工程施工的主要内容有：顶棚、地面、墙面的装饰，门窗安装、油漆、制作家具以及相配套的水、电、风口的安装和灯饰洁具的安装。其施工劳动量大、工序繁杂，施工顺序应根据具体条件来确定，基本原则是："先湿作业、后干作业""先墙顶、后地面""先管线、后饰面"。室内装饰工程的一般施工顺序见图4.4。

① 室内顶棚、墙面及地面　室内同一房间的装饰工程施工顺序一般有两种：一是顶棚＋墙面＋地面，这种施工顺序可以保证连续施工，但在做地面前必须将天棚和墙面上的落地灰和渣滓处理干净，否则将影响地面面层和基层之间的粘接，造成地面起壳现象且做地面时的施工用水可能会污染已装饰的墙面；二是地面＋墙面＋顶棚，这种施工顺序易于清理，保证施工质量，但必须对已完工的地面进行保护。

② 抹灰、吊顶、饰面和隔断工程的施工。一般应待隔墙、门窗框、暗装管道、电线管、预埋件、预制板嵌缝等完工后进行。

③ 门窗及其玻璃工程施工。应根据气候及抹灰的要求，可在湿作业之前完成。但铝合金、塑料、涂色镀锌钢板门及玻璃工程宜在湿作业之后进行，否则应对成品加以保护。

④ 有抹灰基层的饰面板工程、吊顶工程及轻型花饰安装工程，均应在抹灰工程完工后进行。

⑤ 涂料、刷浆工程、吊顶和隔断罩面板的安装。应安排在塑料地板、地毯、硬质纤维板等楼地面面层和明装电线施工之前，以及管道设备试压后进行；对于木地（楼）板面层的最后一道涂料，应安排在裱糊工程完工后进行。

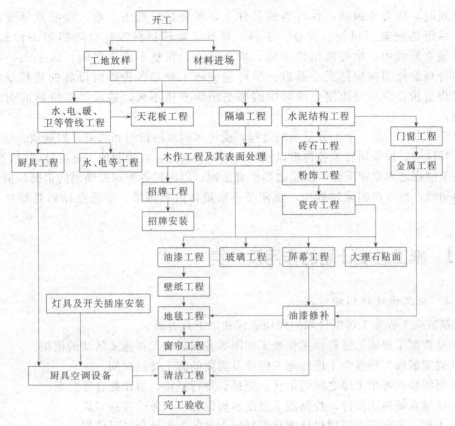

图 4.4　室内装饰工程的一般施工顺序

⑥ 裱糊工程。应安排在顶棚、墙面、门窗及建筑设备的涂料、刷浆工程完工后进行。

例如，客房室内装饰装修改造工程的施工顺序一般是：拆除旧物—改电器管线及通风—壁柜制作、窗帘盒制作—顶内管线—吊顶—安角线—窗台板、暖气罩—安门框—墙、地面修补—顶棚涂料—安踢脚板—墙面腻子—安门扇—木面油漆—贴墙纸—电气面板、风口安装—床头灯及过道灯安装—清理修补—铺地毯—交工验收。

4.4
施工进度计划的编制

建筑装饰工程的施工进度计划，是施工方案在时间上的具体安排，是装饰工程施工组织设计的重要内容之一。其任务是以确定的施工方案为基础，并根据规定的工程工期和技术物资供应条件，遵循各施工过程合理的工艺顺序，统筹安排各项施工活动的原则进行编制的。施工进度计划的任务，既是为各项施工过程明确一个确定的施工期限，又以此确定各施工期内的劳动力和各种技术物资的供应计划。

装饰工程的施工进度计划，事关工程全局和工程效益。所以，在编制装饰工程施工进度计划时，应力争做到：在可能的条件下，尽量缩短施工工期，以便及早发挥工程效益；尽可能使施工机械、设备、工具、模具、周转材料等在合理的范围内最节约，并尽可能重复利用；尽可能组织连续、均衡施工，在整个施工期间，施工现场的劳动人数在合理的范围内保持最小数目；尽可能使施工现场各种临时设施的规模最小，以降低工程造价；应尽可能避免或减少因施工组织安排不善，造成停工待料而引起的时间浪费。

由于工程施工是一个十分复杂的过程，受许多因素的影响和约束，如地质、气候、资金、材料供应、设备周转等各种难以预测的情况。因此，在编制施工进度计划时，既要强调各施工过程之间紧密配合，又要适当留有余地，以应付各种难以预测的情况，避免陷于被动的局面；另外在实施过程中，也便于不断地修改和调整，使进度计划总是处于最佳状态。

4.4.1 施工进度计划的作用及分类

4.4.1.1 施工进度计划的作用

建筑装饰工程施工进度计划的作用表现在以下几方面。

① 是控制工程施工进程和工程竣工期限等各项装饰工程施工活动的依据。

② 确定装饰工程各个工序的施工顺序及需要的施工持续时间。

③ 组织协调各个工序之间的衔接、穿插、平行搭接、协作配合等关系。

④ 指导现场施工安排，控制施工进度和确保施工任务的按期完成。

⑤ 为制订各项资源需用量计划和编制施工准备工作计划提供依据。

⑥ 是施工企业计划部门编制月、季、旬计划的基础。

⑦ 反映了安装工程与装饰工程的配合关系。

因此，装饰工程施工进度计划的编制有助于装饰企业领导抓住关键，统筹全局，合理地布置人力、物力，正确地指导施工生产顺利进行。有利于职工明确工作任务和责任，更好地发挥创造精神，有利于各专业的及时配合、协调组织施工。若装饰工程为新建工程，其施工进度计划应在建筑工程施工进度计划规定的工期控制范围内编制。若为改造项目，应在合同规定的工期内进行编制，以确保装饰工程在施工进度计划内组织施工。

4.4.1.2 施工进度计划的分类

单位工程施工进度计划根据施工项目划分的粗细程度可分为控制性施工进度计划和指导性施工进度计划两类。

(1) 控制性施工进度计划 控制性施工进度计划是以分部工程作为施工项目划分对象，控制各分部工程的施工时间及它们之间相互配合、搭接关系的一种进度计划。它主要适用于结构较复杂、规模较大、工期较长需跨年度施工的工程，同时还适用于虽然工程规模不大、结构不算复杂，但各种资源（劳动力、材料、机械）没有落实，或者由于装饰设计的部位、材料等可能发生变化以及其他各种情况。

(2) 指导性施工进度计划 指导性施工进度计划按分项工程或施工过程来划分施工项目，具体确定各施工过程的施工时间及其相互搭接、相互配合的关系。它适用于任务具体明确、施工条件基本落实、各项资源供应正常、施工工期不太长的工程。

编制控制性施工进度计划的工程，当各分部工程的施工条件基本落实之后，在施工之前还应编制各分部工程的指导性施工进度计划。

4.4.2 施工进度计划的表达形式

施工进度计划的表达方式有多种，常用的有横道图和网络计划两种形式，并附有必要的说明。对于工程规模较大或较复杂的工程，宜采用网络图表示。

4.4.2.1 横道图

横道图通常按照一定的格式编制。如表 4.2 所示，一般应包括下列内容：各分部分项工程名称、工程量、劳动量、每天安排的人数和施工时间等。表格分为两部分，左边是各分部分项工程的名称、工程量等施工参数，右边是时间图表，即画横道图的部位。有时需要绘制资源消耗动态图，可将其绘在图表下方，并可附以简要说明。

表 4.2 装饰装修工程施工进度计划横道图内容

序号	分部分项工程名称	工程量		劳动量		机械需要量		每天工作班	每天工人数	工作天数	×月			
		单位	数量	工种	工日	名称	台班				×日	×日	×日	×日
1	测量防线	m²	1120	测量工	4			1	2	2				
2	抹灰工程	m²	4260	抹灰工	320			1	20	16				
…	…													

4.4.2.2 网络计划

网络计划的形式有两种：一种是双代号网络计划；另一种是单代号网络计划。目前，国内工程施工中所采用的网络计划大都是双代号网络计划，且多为时标网络计划。

4.4.3 施工进度计划的编制依据

编制装饰工程施工进度计划的基本依据如下。

（1）为了编制高质量的装饰装修工程施工组织设计，设计出科学的施工进度计划，必须具备下面的原始资料：经过审批的建筑主体工程验收资料、装饰装修工程全套施工图，以及工艺设计图、设备施工图、采用的各种标准等技术资料。

（2）单位工程施工组织设计中对本装饰装修工程的进度要求。

（3）施工工期要求及开、竣工日期。

（4）当地的气象资料。

（5）确定的装饰装修工程施工方案，包括主要施工机械、施工顺序、施工段划分、施工流向、施工方法、质量要求和安全措施等。

（6）施工条件，劳动力、材料、施工机械、预制构件等的供应情况，交通运输情况，分包单位的情况等。

（7）本装饰装修工程所采用的预算文件，现行的劳动材料消耗定额、机械台班定额、施工预算等。

（8）其他有关要求和资料。如工程承包合同、分包及协作单位对施工进度计划的意见和要求等。

4.4.4　施工进度计划的编制步骤

编制装饰工程施工进度计划的步骤分为：收集编制依据，划分施工过程，计算工程量，确定劳动量和机械台班数量，确定各施工过程的施工天数，编制施工进度计划的初始方案，进行施工进度计划的检查，调整与优化，编制正式施工进度计划表等几个主要步骤，如图4.5所示。

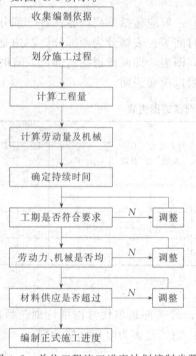

图 4.5　单位工程施工进度计划编制步骤

4.4.5　施工进度计划的编制方法

4.4.5.1　施工项目的划分

施工项目是包括一定工作内容的施工过程，是进度计划的基本组成单元。在编制施工进度计划时，首先应根据图纸和施工顺序将拟建单位工程装饰装修工程的各个施工过程列出，并结合施工方法、施工条件、劳动力组织等因素加以适当调整，使之成为编制施工进度计划所需的施工项目。项目划分的一般要求和方法如下。

（1）明确施工项目划分的内容　应根据施工图纸、施工方案合施工方法，确定拟建工程可划分成哪些分部分项工程，明确其划分的范围和内容。应将一个比较完整的工艺过程划分成一个施工过程，如油漆工程、墙面装饰工程等。

（2）掌握施工项目划分的粗细　施工项目划分的粗细程度应根据进度计划的需要来决定。一般对于控制性施工进度计划，其施工项目可以粗一些，通常只列出施工阶段及各施工阶段的分部工程名称，如群体工程进度计划的项目可划分到单位工程，单位工程进度计划的项目应明确到分项工程或工序；对于指导性施工进度计划，其施工项目的划分可细一些，特别是其中主导工程和主要分部工程，应尽量做到详细、具体、不漏项，以便于掌握施工进度，起到指导施工的作用。

（3）划分施工过程要考虑施工方案和施工机械的要求　由于装饰装修工程施工方案的不同，施工过程的名称、数量、内容也不相同，而且也影响施工顺序的安排。

（4）将施工项目适当合并　为了使计划简明清晰、突出重点，一些次要的施工过程应合并到主要的施工过程中去，如门窗工程可以合并到墙面装饰工程中；而对于在同一时间内由同一施工班组施工的过程可以合并，如门窗油漆、家具油漆、墙面油漆等油漆均可并为一项。

（5）水、电、暖、卫和设备安装等专业工程的划分　水、电、暖、卫和设备安装等专业工程不必细分具体内容，由各个专业施工队自行编制计划并负责组织施工，而在单位建筑装饰装修工程施工进度计划中只要反映出这些工程与装饰装修工程的配合关系即可。

（6）抹灰工程应分合结合的要求　多层建筑的内、外抹灰应分别根据情况列出施工项目，内、外有别，分合结合。外墙抹灰工程可能有若干种装饰抹灰的做法，但一般情况下合并为一项，如有石材干挂等装饰可分别列项；室内的各种抹灰，一般来说，要分别列项，如楼地面（包括踢脚线）抹灰、天棚及地面抹灰、楼梯间及踏步抹灰等，以便组织安排指导施工开展的先后顺序。

（7）区分直接施工与间接施工　直接在拟建装饰装修工程的工作面上施工的项目，经过适当合并后均应列出。不在现场施工而在拟建装饰装修工程工作面之外完成的项目，如各种构件在场外预制及其运输过程，一般可不必列项，只要在使用前运入施工现场即可。

4.4.5.2　确定施工顺序

在合理划分施工项目后，还需确定各装饰装修工程施工项目的施工顺序，主要考虑施工工艺的要求、施工组织的安排、施工工期的规定以及气候条件的影响和施工安全技术的要求，使装饰装修工程施工在理想的工期内，质量达到标准要求。

（1）施工工艺的要求。各种施工过程在客观上存在着工艺顺序关系，这种关系是在技术规律约束下的各划分项目之间的先后顺序，只有充分尊重这种关系，才能保证工程质量和安全。

（2）施工组织的要求。根据施工组织的要求来考虑各项目之间的相互关系，这种关系是可变的，也可进行优化，以提高经济效益。

（3）施工方法和施工机械的要求。装饰装修工程施工方案和施工机械的不同，不仅影响施工过程的名称、数量和内容，而且影响施工内容的安排。

（4）施工工期的要求。合理地安排施工顺序将带来理想的施工工期。

（5）施工质量的要求。不同的施工顺序对施工质量的影响不同，因此，确定施工顺序时要充分考虑，保证施工质量。

（6）气候条件的影响。不同的地理环境和气候条件对施工顺序和施工质量有不同影响，如南方地区施工时主要考虑雨季影响，而北方地区则主要考虑冬季寒冷气候对施工的影响。

（7）安全技术的要求。合理的施工顺序将保证施工过程的安全搭接。

4.4.5.3　计算工程量

工程量的计算应根据有关资料、图纸、计算规则及相应的施工方法进行确定，若编制计划时已经有预算文件，则可以直接利用预算文件中的有关工程量数据。计算工程量应注意如下问题。

（1）各分部分项工程量的计量单位应与现行装饰装修工程施工定额的计量单位一致，以便计算劳动量和机械台班量时直接套用定额。

（2）工程量计算应结合选定的施工方法和安全技术要求，使计算所得工程量与施工实际情况相符合。

（3）结合施工组织的要求，分区、分段、分层计算工程量，以便组织流水作业层，每段上的工程量相等或相差不大时，可根据工程量总数分别除以层数、段数，可得每层、每段上的工程量。因为进度计划中的工程量仅是用来计算各种资源需用量，不作为计算工资或工程结算的依据，故不必进行精确计算。

（4）正确取用预算文件中的工程量，如已编制预算文件，则施工进度计划中的施工项目大多可直接采用预算文件中的工程量，可按施工过程的划分情况将预算文件中有关项目的工程量汇总。如"墙面工程"一项的工程量，可先分析它包括哪些内容，再把这些内容从预算的工程量中查出并汇总求得。如有些施工项目与预算文件中的项目不完全相同或局部有出入（计算规则、计量单位、采用定额不同），则应根据施工中的实际情况加以调整、修改或重新进行计算。

4.4.5.4　施工定额的套用

根据已划分的施工过程、工程量和施工方法，即可套用施工定额，以确定劳动量和机械台班数量。施工定额一般有两种形式，即时间定额和产量定额。时间定额是指某种专业、某种技术等级工人在合理的技术组织条件下，完成单位合格产品所必需的工作时间。它是以劳动工日数为单位，便于综合计算，故在劳动量统计中用得比较普遍。产量定额是指在合理的技术组织条件下，某种专业、某种技术等级工人在单位时间内所完成的合格产品的数量。它以产品数量来表示，具有形象化的特点，故在分配任务时用得比较普遍。时间定额和产量定额互为倒数关系，即：

$$H_i = \frac{1}{S_i} \quad 或 \quad S_i = \frac{1}{H_i} \tag{4.1}$$

式中　S_i——某施工过程采用的产量定额，（m^3、m^2、m、kg…）/工日；

　　　H_i——某施工过程采用的时间定额，工日/（m^3、m^2、m、kg…）。

套用国家或当地颁发的定额，必须结合本单位工人的技术等级、实际施工技术操作水平、施工机械情况和施工现场条件等因素，以确定完成定额的实际水平，使计算出来的劳动量、台班量符合实际需要，为准确编制施工进度计划打下基础。有些采用新技术、新工艺、新材料或特殊施工方法的项目，定额中尚未编入，这样可以参考类似项目的定额、经验资料，按实际情况确定。

4.4.5.5　计算劳动量与机械台班量

劳动量和机械台班数量的确定，应当根据各分部分项工程的工程量、施工方法、机械类型和现行施工定额等资料，并结合当时当地的实际情况进行计算。人工作业时，计算所需的工作日数量；机械作业时，计算所需的机械台班数量。一般可按下式计算：

$$P = \frac{Q}{S} \quad 或 \quad P = QH \tag{4.2}$$

式中　P——完成某施工过程所需的劳动量（工日）或机械台班数量（台班）；

　　　Q——完成某施工过程所需的工程量；

　　　S——某施工过程采用的人工或机械的产量定额；

　　　H——某施工过程采用的人工或机械的时间定额。

工日量计算后往往出现小数位，取数时可取为整数。

在使用定额时，通常采用定额所列项目的工作内容与编制施工进度计划所列项目不一致的情况，可根据实际按下述方法处理。

（1）计划中的某个项目包括了定额中的同一性质的不同类型的几个分项工程，可用其所包括的各分项工程的工程量与其产量定额（或时间定额）分别计算出各自的劳动量，然后求和，即为计划中项目的劳动量。可用下式计算。

$$P = \frac{Q_1}{S_1} + \frac{Q_2}{S_2} + \frac{Q_3}{S_3} + \cdots + \frac{Q_n}{S_n} = \sum_{i=1}^{n} \frac{Q_i}{S_i} \tag{4.3}$$

式中　　　　P——计划中某一工程项目的劳动量；

Q_1，Q_2，…，Q_n——同一性质各个不同类型分项工程的工程量；

S_1，S_2，…，S_n——同一性质各个不同类型分项工程的产量定额。

（2）当某一分项工程由若干个具有同一性质不同类型的分项工程合并而成时，按合并前后总劳动量不变的原则计算合并后的综合劳动定额，计算公式为：

$$S = \frac{\sum\limits_{i=1}^{n} Q_i}{\dfrac{Q_1}{S_1} + \dfrac{Q_2}{S_2} + \cdots + \dfrac{Q_n}{S_n}} = \frac{\sum\limits_{i=1}^{n} Q_i}{\sum\limits_{i=1}^{n} \dfrac{Q_i}{S_i}} \tag{4.4}$$

式中　　　　S——综合产量定额；

Q_1，Q_2，$\cdots$，Q_n——合并前各分项工程的工程量；

S_1，S_2，$\cdots$，S_n——合并前各分项工程的产量定额。

在实际工作中，应特别注意合并前各分项工程工作内容和工程量单位。当合并前各分项工程的工作内容和工程量的计量单位完全一致时，公式中$\sum Q_i$应等于各分项工程的工程量之和；反之应取与综合产量定额单位一致且工作内容也基本一致的各分项工程的工程量之和。

（3）工程施工中有时遇到采用新技术或特殊施工方法的分项工程，因缺乏足够的经验和可靠资料，定额手册中尚未列入，计算时可参考类似项目的定额或经过实际测算，确定临时定额。

（4）对于施工进度计划中的"其他工程"项目所需的劳动量，不必详细计算，可根据其内容和数量，并结合工地具体情况，取总劳动量的10%～20%列入。

（5）水、电、暖、卫和设备安装工程项目，一般不必计算劳动量和机械台班需要量，仅安排其与装饰工程进度的配合关系即可。

4.4.5.6　确定各分部分项工程的持续时间

计算各施工过程的持续时间的方法有三种，分别是经验估算法、定额计算法和倒排计划法。

（1）经验估算法　在施工过程中，当遇到新技术、新材料、新工艺等无定额可循的工种时，可采用经验估算法。即根据过去的施工经验并按照实际的施工条件来估算项目的施工持续时间。在经验估算法中，为了提高其准确程度，往往采用"三时估计法"，分别是完成该项目的最乐观时间、最悲观时间和最可能时间三种施工时间，然后利用三种时间，根据下式计算出该施工过程的工作持续时间。

$$m = \frac{a + 4c + b}{6} \tag{4.5}$$

式中　m——该项目的施工持续时间；

a——工作的乐观（最短）持续时间估计值；

b——工作的悲观（最长）持续时间估计值；

c——工作的最可能持续时间估计值。

（2）定额计算法　根据劳动资源的配备计算施工天数。首先确定配备在该分部分项工程施工的人数或机械台数，然后根据劳动量计算出施工天数。计算公式如下：

$$t = \frac{P}{Rb} \tag{4.6}$$

式中　t——完成某分部分项工程的施工天数；

P——完成某分部分项工程所需完成的劳动量或机械台班数量；

R——每班安排在某分部分项工程上的工人人数或机械台数；

b——每日的工作班数。

例如，某抹灰工程，需要总劳动量为160个工日，每天出勤人数18人（其中技工8人、普工10人），则其施工天数为：

$$t = \frac{P}{Rb} = \frac{160}{18 \times 1} = 9(天)$$

每天的作业班数应根据现场施工条件、进度要求和施工需要而定。一般情况下采用一班制，因其能利用自然光照，适宜于露天和空中交叉作业，利于施工安全和施工质量。但在工期紧或其他特殊情况下可采用两班制甚至三班制。

在安排每班工人人数或机械台数时，应综合考虑各分项工程工人班组的每个工人都有足够的工作面，以充分发挥工人高效率生产，并保证施工安全；应综合考虑各分项工程在进行正常施工时，所必须满足的最低限度的工人队组人数及其合理组合（不能小于最小劳动组合），以达到最高的劳动生产率。

（3）倒排计划法　根据工期要求计算施工天数。首先根据规定的总工期和施工经验，确定各分部分项工程的施工时间，然后再按各分部分项工程需要的劳动量或机械台班数量，确定每一分部分项工程每个工作班所需的工人人数或机械台数。计算公式如下：

$$R = \frac{P}{tb} \tag{4.7}$$

例如，某装饰装修工程的涂料工程采用机械施工，经计算共需要 31 个台班完成，当工期限定为 8 天，每日采用一班制时，则所需的喷涂台数为：

$$R = \frac{P}{tb} = \frac{31}{8 \times 1} = 4(台)$$

通常计算时一般先按每日一班制考虑，如果所需的工人人数或机械台数已超过施工单位现有人力、物力或工作面限制时，则应根据具体情况和条件，从技术和施工组织上采取积极的措施。如增加工作班次，最大限度地组织立体交叉平等流水施工等。

在实际工作中，可根据工作面所能容纳的最多人数（即最小工作面）和现有的劳动组织来确定每天的工作人数。在安排施工工人人数和机械数量时，必须考虑以下条件。

① 最小劳动组合。建筑装饰工程中的许多施工工序都不是一个人所能完成的，而必须有多人相互配合、密切合作进行。如抹灰工程、吊顶工程、搭设脚手架等，必须具有一定的劳动组合时才能顺利完成，才能产生较高的生产效率。如果人数过少或比例不当，都将引起劳动生产率的下降。最小劳动组合是指某一个施工过程要进行正常施工所必需的最少人数及其合理组合。

② 最小工作面。所谓工作面是指工作对象上可能安排工人和布置机械的地段，用以反映施工过程在空间布置的可能性。每一个工人或一个班组施工时，都需要足够的工作面才能开展施工活动，确保施工质量和施工安全。因此，在安排施工人数和施工机具时，不能为了缩短施工工期而无限制地增加工人人数和施工机具，这种做法势必造成工作面不足而产生窝工现象，甚至发生工程安全事故。保证正常施工、安全作业所必需的最小空间，称为最小工作面。最小工作面决定了安排施工人数和机具数量的最大限度。如果按最小工作面安排施工人数和施工机具后，施工工期仍不能满足最短工期要求，可通过组织两班制、三班制施工来解决。

③ 最佳劳动组合。根据某分部分项工程的实际和劳动组合的要求，在最少必需人数和最多可能人数的范围内，安排工人人数，使之达到最大的劳动生产率，这种劳动组合称为最佳劳动组合。最佳劳动组合一定要结合工程特点、企业施工力量、管理水平及原劳动组合对此的适应性，切不可教条。

4.4.5.7 施工进度计划初步方案的编制

在上述各项内容完成后，可以进行施工计划初步方案的编制。在考虑各施工过程合理施工顺序的前提下，先安排主导施工过程的施工进度，并尽可能组织流水施工，力求主要工种的施工班组连续施工，其余施工过程尽可能配合主导施工过程，使各施工过程在工艺和工作面允许的条件下，最大限度地合理搭配、配合、穿插、平行施工。如轻钢龙骨吊顶工程，一般由固定吊挂件、安装调整龙骨、安放面板、饰面处理等施工过程组成，其中安装调整龙骨是主导施工过程。在安排施工进度计划时，应先考虑安装调整龙骨的施工速度，而固定吊挂件、安放面板、饰面处理等施工过程的进度均应在保证安装调整龙骨的进度和连续性的前提下进行安排。

4.4.5.8 施工进度计划的检查和调整

在编制施工进度计划的初始方案后，还需根据合同规定、经济效益及施工条件等对施工进度计划进行检查、调整和优化。首先检查工期是否符合要求，资源供应是否均衡，工作队是否连续作业，施工顺序是否合理，各施工过程之间搭接以及技术间歇、组织间歇是否符合实际情况，然后进行调整，直至满足要求；最后编制正式施工进度计划。

（1）施工工期的检查与调整　施工进度计划安排的施工工期首先应满足施工合同的要求，其次应具有较好的经济效果，即安排工期要合理，并非越短越好。当工期不符合要求时应进行必要的调整。

（2）施工顺序的检查与调整　施工进度计划安排的顺序应符合建筑装饰装修工程施工的客观规律，应从技术上、工艺上、组织上检查各个施工过程的安排是否合理，如有不当之处，应予修改或调整。

（3）资源均衡性的检查与调整　施工进度计划的劳动力、机械、材料等的供应与使用，应避免过分集中，尽量做到均衡。这里主要讨论劳动力消耗的均衡问题。

劳动力消耗的均衡与否，可以通过劳动力消耗动态图来分析。如图 4.6(a) 中出现短时间的高峰，即短时间施工人数剧增，相应需增加各项临时设施为工人服务，说明劳动力消耗不均衡。图 4.6(b) 中出现劳动力长时间的低陷，如果工人不调出，将发生窝工现象；如果工人调出，则临时设施不能充分利用，同样也将产生不均匀。图 4.6(c) 中出现短时期的低陷，即使是很大的低陷，也是允许的，只需把少数工人的工作重新安排一下，窝工情况就能消除。

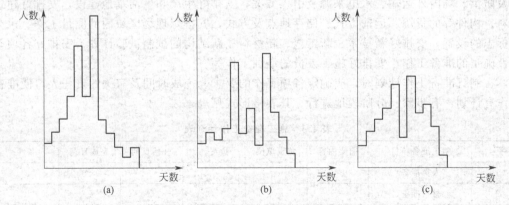

图 4.6　劳动力消耗动态图

劳动力消耗的均衡性可以用均衡系数来表示，其公式如下：

$$K = \frac{R_{max}}{R}$$

式中　K——劳动力均衡系数；

　　　R_{max}——施工期间工人的最大需要量；

　　　R——施工期间工人的平均需要量，即为总工期所需人数除以施工总工日数。

劳动力均衡系数 K 一般应控制在 2 以下，超过 2 则属不正常。K 越接近 1，说明劳动力安排越合理。如果出现劳动力不均衡的现象，可通过调整次要施工过程的施工人数、施工过程的起止时间以及重新安排搭接等方法来实现均衡。

应当指出，建筑装饰装修工程施工过程是一个很复杂的过程，会受到各种条件和因素的影响，每个施工过程的安排都不是孤立的，它们必然是相互联系、相互依赖、相互影响的。在编制施工进度计划时，虽然做了周密的考虑、充分的预测、全面的安排、精心的计划，但在实际的装饰装修工程施工中受客观条件的影响较大，受环境变化的制约因素也很多，故在编制施工进度计划时应留有余地。在施工进度计划的执行过程中，当进度与计划发生偏差时，对施工过程应不断地进行计划→执行→检查→调整→重新计划，真正达到指导施工的目的，增加计划的实用性。

4.5
施工准备与资源配置计划的编制

4.5.1　施工准备工作计划

施工准备工作是完成施工任务是重要保证。全场性施工准备工作应根据已拟订的工程开展程序和主要项目的施工方案来编制，其主要内容是：安排好场地平整方案、全场性排水及防洪、场内外运输、水电来源及引入方案，安排好生产和生活基地建设，安排好建筑材料、构件等的货源、运输方式、储存地点及方式，安排好现场区域内的测量工作、永久性标志的设置，安排好新技术、新工艺、新材料、新结构的试制试验计划，安排好各项季节性施工的准备工作，安排好施工人员的培训工作等。

在制订准备工作计划时，应确定各项工作的要求、完成时间及有关的责任人，使准备工作有计划、有步骤、分阶段地进行。其表格形式见表 4.3。

表 4.3　施工准备工作计划表

序号	施工准备项目	简要内容	负责单位	负责人	开始日期	完成日期	备注
1	人员准备						
2	材料准备						
...	...						

4.5.2 资源配置计划

装饰装修工程施工进度计划编制完成后，可以着手编制各项资源配置计划，这是确定施工现场的临时设施、按计划供应材料、配备劳动力、调动施工机械，以保证施工按计划顺利进行的主要依据。

4.5.2.1 劳动力配置计划

劳动力配置计划，主要是作为安排劳动力的平衡、调配和衡量劳动力耗用指标、安排生活和福利设施的依据。其编制方法是将装饰装修工程施工进度计划表内所列的各施工过程每天（或旬、月）所需工人人数按工种汇总而得。其表格形式如表 4.4 所示。

表 4.4　劳动力配置计划表

序号	工程名称	工种名称	配置量/工日	×月份						
				1	2	3	4	5	6	…

4.5.2.2 主要材料配置计划

主要材料配置计划，是材料备料、计划供料和确定仓库、堆场面积及组织运输的依据。其编制方法是根据施工预算的工料分析表、施工进度计划表、材料的储备量和消耗定额，将施工中所需材料按品种、规格、数量、使用时间计算汇总而得。其表格形式如表 4.5 所示。

对于某分部分项工程是由多种材料组成时，应对各种不同材料分类计算。如混凝土工程应变换成水泥、砂、石、外加剂和水的数量分别列入表格。

表 4.5　主要材料需要量计划表

序号	材料名称	规格	配置量		供应时间	备注
			单位	数量		

4.5.2.3 构件和半成品配置计划

编制构件、配件和其他量计划半成品的配置计划，主要用于落实加工订货单位，并按照所需规格、数量、时间，做好组织加工、运输和确定仓库或堆场等工作，可根据图和施工进度计划编制。表格形式如表 4.6 所示。

表 4.6　构件和半成品配置计划表

序号	品名	规格	图号	配置量		使用部位	加工单位	供应日期	备注
				单位	数量				

4.5.2.4 施工机械配置计划

编制施工机械配置计划，主要用于确定施工机械的类型、数量、进场时间，并可据此落实施工机具的来源，以便及时组织进场。其编制方法是将装饰装修工程施工进度计划表中的每一个施工过程，每天施工所需的机械类型、数量和施工时间进行汇总，便得到施工机械需要量计划。其表格形式如表 4.7 所示。

表 4.7　施工机械配置计划表

序号	机械名称	型号	配置量		货源	使用起止时间	备注
			单位	数量			

4.6
主要施工方案的选择

施工方案的选择是装饰装修工程施工组织设计的重点和核心。选择时必须从装饰装修工程施工的全局出发，慎重研究确定。着重于多种施工方案的技术经济比较，做到方案技术可行、工艺选进、经济合理、措施得力、操作方便。

选择单位工程施工方案时，应按照《建筑工程施工质量验收统一标准》（GB 50300）中分部、分项工程的划分原则，对主要分部、分项工程制订施工方案。施工方案的设计既要考虑施工的技术措施，又必须考虑相应的施工组织措施，确保技术措施的落实。

4.6.1　熟悉施工图纸

熟悉施工图纸是施工方案设计的基础工作。其目的是：熟悉工程概况，领会设计意图，明确工作内容，分析工程特点，提出存在问题，为确定施工方案打下良好基础。在熟悉施工图纸时，一般应注意以下几个方面。

（1）核对施工图纸目录清单，检查施工图纸是否齐全、完备，缺者何时出图。

（2）核对设计构造做法和承载体系采用的计算方法是否符合实际情况，施工时是否有足够的稳定性，是否有利于安全施工。

（3）核对设计是否符合施工条件。若需要特殊施工方法和特定技术措施时，技术和设备上有无困难。

（4）核对生产工艺和使用上对装饰工程有哪些技术要求，施工是否能满足设计规定的质量标准。

（5）核对施工图纸与设计说明有无矛盾，设计意图与实际设计是否一致，规定是否明确。

（6）核对施工图纸中标注的主要尺寸、位置、标高等有无错误。

（7）核对施工图中材料有无特殊要求，其品种、规格、数量等能否满足。

（8）核对装饰施工图和设备安装图有无矛盾，施工时应如何衔接和交叉。

在有关施工技术人员充分熟悉施工图纸的基础上，会同设计单位、建筑单位、监理单位等有关人员进行"图纸会审"。首先，由设计人员向施工单位进行技术交底，讲清设计意图和施工中的主要要求；然后，施工技术人员对施工图纸和工程中的有关问题提出询问或建议，并详细记录解答，作为今后施工的依据；最后，对于会审中提出的问题和建议进行研讨，并取得一致意见，如需变更设计或作补充设计时，应办理设计变更签字手续。但未经设计单位同意，施工单位无权随意修改设计。

在熟悉施工图纸后，还必须充分研究施工条件和有关工程资料。如施工现场的"三通一平"条件；劳动力、主要装饰材料、构件、加工品的供应条件；时间、施工机具和模具的供应条件；施工现场情况；现行的施工规范定额等资料；上级主管部门对该装饰装修工程的指示等。

施工方法和施工机械的选择是施工方案设计的关键问题，它直接影响到施工进度、施工质量、施工成本和施工安全。

施工方法和施工机械的选择是紧密联系的，在技术上它是解决各主要施工过程的施工手段和工艺问题，如玻璃幕墙工程应采用什么机械完成，采取何种外脚手架，石材幕墙的运输采用什么方式，如何现场加工等。这些问题的解决，在很大程度上受到工程构造做法和现场条件的制约。通常所说的构造做法和施工方案的选择是相互联系的，对于大型的装饰装修工程往往在工程设计阶段就要考虑施工方法，并根据施工方法决定构造形式。

对于不同的装饰装修工程，其施工方案设计的侧重点不同。对于湿作业项目施工，以工程的整体性为主，重点是基层的处理和强度的保证，此外还要考虑环境的影响和减少污染；对于外装修工程，应以垂直运输和节点连接为主。而室内精装修项目，则应重视工程效果和细部的处理。另外，施工技术比较复杂、施工难度大或者采用新技术、新材料、新工艺的装饰装修工程，还有专业性很强的特殊工程，也应为施工方案设计的重点内容。

4.6.2　施工方案选择的基本要求

选择施工方案必须从实际出发，结合施工特点，做深入细致的调查研究，掌握主、客观情况，进行综合分析比较，一般应注意的原则有以下几项。

（1）综合性原则　一种装饰施工方法要考虑多种因素，经过认真分析，才能选定最佳方案，达到提高施工速度和质量及节约材料的目的，这就是综合性原则的实质。它主要表现在以下几方面。

① 建筑装饰工程施工的目的性　建筑装饰工程施工的基本要求是满足一定的使用、保护和装饰作用。根据建筑类型和部位的不同、装饰设计的目的不同而引起的施工目的也不同。例如，剧院的观众大厅除了满足美观舒适外，还有吸声、不发生声音的聚焦现象、无回音等要求。装饰装修工程中有特殊使用要求的部位不少，在施工前应充分了解所装饰装修工程的用途，了解装饰的目的是确定施工方法（选择材料和做法）的前提。

② 建筑装饰工程施工的地点性　装饰工程施工的地点性包括两个方面：一是建筑物的所处地区在城市中的位置；二是建筑装饰施工的具体部位。地区所处的位置对装饰装修工程施工的影响在于交通运输条件、市容整洁的要求、气象条件的影响。例如，温度变化影响饰面材料的选用、做法，地理位置所造成的太阳高度角的不同将影响遮阳构件的形式。装饰施工的部位不同也与施工有直接的联系，根据人的视线、视角、视距的不同，装饰部位的精细程度也可有所不同，如近距离要做得精细些，材料也应质量细腻，而视距较大的装饰部位宜做得粗犷有力，室外高处的花饰要加大尺度，线脚的凹凸变化要明显以加强阴影效果。

（2）耐久性原则　建筑装饰并不要求建筑的装饰与主体结构的寿命一样长，一般要求维持3～5年。对于性质重要、位置重要的建筑或高层建筑，饰面的耐久性应相对长些，对量大面广的建筑则不要求过严。室内外装饰材料的耐久年限与其装饰部位有很大关系，必须在施工中加以注意。影响装饰耐久性的主要因素如下。

① 大气的理化作用 大气的理化作用主要包括冻融作用、干湿温变作用、老化作用和盐析作用等，这些都将长期侵蚀建筑装饰面，促使建筑的内外表面、悬吊构件等逐渐失去作用以至损坏。因此，在施工做法的选择上应尽可能避免这些不利影响，如冬季对外墙进行装饰施工，在湿度较大的情况下，防止冻融破坏的措施有：选用抗冻性能好的材料，改善施工做法，在外饰面与墙体结合层采取加胶、加界面剂和挂网的方法。抹灰的外表面不宜压光，用木抹搓出小麻面并设分格线，使其在冻结温度前排出湿气。

② 物体冲击、机械磨损的作用 建筑装饰的内外表面会因各种各样的活动而遭到破坏，对于易受损坏的地方，要加强成品的保护，保证施工质量，合理安排施工顺序，如镜面工程应放在后面，以防成品遭碰撞被破坏。

(3) 可行性原则 建筑装饰工程施工的可行性原则包括材料的供应情况（本地、外地）、施工机具的选择、施工条件（季节条件、场地条件、施工技术条件）以及施工的经济性等。

(4) 先进性原则 建筑装饰工程施工的特点之一是同一个施工过程有不同的施工方法，在选择时要考虑施工方法在技术上和组织上的先进性，尽可能采用工厂化、机械化施工；确定工艺流程和施工方案时，尽量采用流水施工。

(5) 经济性原则 由于建筑装饰工程施工做法的多样化，不同的施工方法其经济效果也不同。因此，施工方案的确定要建立在几个不同而又可行方案的比较分析上，对方案要作技术经济比较，以选出最佳方案。在考虑多工种交叉作业时，需注意避免劳动力的过分集中以免出现材料、劳动力的高峰现象，还要避免工作面的相互干扰，从而做到连续、均衡而又紧张地施工，最大限度地利用时间和空间组织平行流水、立体交叉施工。认真研究并确定装饰材料的配套堆放位置、数量、进场时间，以便减少材料的倒运，降低费用。对施工方法和施工工艺的选择，尽量采用新技术、新工艺，以提高整个工程的经济效果。

4.6.3 主要施工方法的选择

4.6.3.1 确定施工方法应遵守的原则

编制施工组织设计时，必须注意施工方法的技术先进性与经济合理性的统一；兼顾施工机械的适用性，尽量发挥施工机械的性能和使用效率，应充分考虑工程的设计特征、构造形式、工程量大小、工期要求、资源供应情况、施工现场条件、周围环境、施工单位的技术特点和技术水平、劳动组织形式和施工习惯。

4.6.3.2 确定施工方法的重点

拟定施工方法时，应着重考虑影响整个装饰装修工程施工的分部分项工程的施工方法。对于按常规做法和工人熟悉的施工方法，不必详细拟定，只提出应注意的特殊问题即可。对于下列项目，其施工方法则应详细、具体地拟定。

(1) 工程量大、在装饰装修工程中占重要地位、对工程质量起关键作用的分部分项工程，如抹灰工程、吊顶工程、地面工程等。

(2) 施工技术复杂、施工难度大，或采用新工艺、新技术、新材料的分部分项工程，如玻璃幕墙工程、金属幕墙工程等。

(3) 施工人员不太熟悉的特殊结构、专业性很强、技术要求很高及由专业施工单位施工的工程，如仿古建筑、铝塑板、铝单板装饰等。

4.6.3.3　确定施工方法的主要内容

拟定主要的操作过程和施工方法，包括施工机械的选择；提出质量要求和达到质量要求的技术措施；指出可能遇到的问题及防治措施；提出季节性施工措施和降低成本措施；制订切实可行的安全施工措施。

4.6.4　主要施工机械的选择

拟定施工方法后，必然涉及施工机械的选择。施工机械对施工工艺、施工方法有直接的影响。机械化施工是当今的发展趋势，对加快建设速度、提高工程质量、保证施工安全、节约工程成本等起着至关重要的作用。施工机具是装饰工程施工中质量和工效的基本保证。建筑装饰工程施工所用的机具，除垂直运输和设备安装以外，主要是小型电动工具，如电锤、冲击电钻、电动曲线锯、型材切割机、风车锯、电刨、云石机、射钉枪、电动角向磨光机等。因此选择施工机械是确定施工方案的中心环节，应着重考虑以下几个方面。

① 选择适宜的施工机具及其型号。如涂料的弹涂施工，当弹涂面积小或局部进行弹涂施工时，宜选择手动式弹涂器。电动式弹涂器工效高，适用于大面积彩色弹涂施工。不同型号的机具所适用的范围也不同。

② 在同一装饰工程施工现场，应力求使装饰工程施工机具的种类和型号尽可能少一些，选择一机多能的综合性机具，便于机具的管理。

③ 机具配备时注意与之配套的附件。如风车锯片有三种，应根据所锯的材料厚度配备不同的锯片，云石机具可分为干式和湿式两种，根据现场条件选用。

④ 充分发挥现有机具的作用。当本单位的机具能力不能满足装饰工程施工需要时，则应购置或租赁所需机具。

4.7
施工现场平面布置

装饰工程施工平面图设计是根据工程规模、特点和施工现场的条件，按照一定的设计原则，在建筑总平面上布置各种为施工服务的临时设施的现场布置图，以正确解决施工期间各项工程和暂设设施之间的合理关系。它是对建筑物或构筑物的施工现场的平面规划和空间布置，是施工方案在施工现场空间上的体现，是在施工现场布置仓库、施工机械、临时设施、交通通道、构件材料堆放等的依据，是实现文明施工的先决条件，是施工组织设计中的重要组成部分。同时反映了已建工程和拟建工程之间，以及各种临时建筑、临时设施相互之间的空间关系。工程实践证明，施工现场的合理布置和科学管理，会使施工现场井然有序，以便施工顺利进行，对加快施工进度，提高生产效率，降低工程成本，提高工程质量，保证施工安全都有极其重要的意义。因此，每个装饰工程在施工之前都要进行施工现场的布置和规划，在施工组织设计中，均要进行施工平面图设计。

4.7.1　施工平面图的设计内容

装饰工程施工平面图的绘制比例一般为（1∶200）～（1∶500）。一般在图上应标明以下内容。

（1）建筑总平面上已建和拟建的地上、地下的一切建筑物、构筑物以及其他设施（道路和各种管线等）的位置和尺寸。

（2）自行式起重机械的开行路线、轨道布置，或固定式垂直运输设备的位置、数量。

（3）测量轴线及定位线标志，测量放线桩及永久水准点位置，地形等高线，土方取、弃场地。

（4）一切临时设施的布置。主要有以下几类。

① 材料、半成品、构件及机具等的仓库和堆场；

② 生产用临时设施，如加工厂、搅拌站、钢筋加工棚、木工房、工具房、修理站、化灰池、沥青锅等；

③ 生活用临时设施，如现场办公用房、休息室、宿舍、食堂、门卫、围墙等；

④ 临时道路、可利用的永久道路；

⑤ 临时水电气管网、变电站、加压泵房、消防设施、临时排水沟管。

（5）场内外交通布置。包括施工场地内道路的布置，引入的铁路、公路和航道的位置，场内外交通联系方式。

（6）施工现场周围的环境。如施工现场临近的机关单位、道路、河流等情况。

（7）一切安全及防火设施的位置。

4.7.2　施工平面图的设计依据

在进行施工平面图设计前，首先认真研究施工方案，并对施工现场做深入细致的调查研究，然后对施工平面图设计所需要的原始资料认真收集、周密分析，使设计与施工现场的实际情况相符，从而使其确实起到指导施工现场空间布置的作用。装饰工程施工平面图设计所依据的主要材料如下。

4.7.2.1　设计和施工所依据的有关原始资料

（1）自然条件资料。如气象、地形、水文及工程地质资料。主要用于确定临时设施的位置，布置施工排水系统，确定易燃、易爆及妨碍人体健康设施的位置，安排冬雨季施工期间所需设施的地点。

（2）技术经济条件资料。如交通运输、水源、电源、物质资源、生活和生产基地情况等。这些技术经济资料，对布置水、电管线、道路，仓库位置及其他临时设施等具有十分重要的作用。

4.7.2.2　建筑结构设计资料

（1）建筑总平面图。图上包括一切地上、地下拟建和已建的房屋和构筑物，据此可以正确确定临时房屋和其他设施位置，以及布置工地交通运输道路和排水等临时设施。

（2）地上和地下管线位置。在设计平面图时，应根据工地实际情况，对一切已有和拟建的地下、地上管道，考虑是利用，还是提前拆除或迁移，并需注意不得在拟建的管道位置上修建临时建筑物或构筑物。

（3）建筑区域的竖向设计和土方调配图。是布置水、电管线，以及安排土方的挖填、取土或弃土地点的依据。

4.7.2.3 施工技术资料

（1）装饰工程施工进度计划。从中详细了解各个施工阶段的划分情况，以便分阶段布置施工现场。

（2）装饰工程施工方案。据此确定起重机械的行走路线，其他施工机具的位置，吊装方案与构件预制、堆场的布置等，以便进行施工现场的总体规划。

（3）各种资料、构件、半成品等需要量计划。用以确定仓库和堆场的面积、尺寸和位置。

4.7.3　施工平面图的设计原则

装饰工程施工平面图设计应遵循以下原则。

（1）在保证施工顺利进行的前提下，现场平面布置应力求紧凑，尽可能少占施工用地。少占用地除可以解决城市施工用地紧张的难题，还可以减少场内运输距离和缩短管线长度，既有利于现场施工管理，又减少施工材料的损耗。通常可采用一些技术措施减少施工用地，如合理计算各种材料的储备量，某些预制构件采用平卧叠浇方案，尽量采用商品混凝土施工，有些结构构件可采用随吊随运方案，临时办公用房可采用多层装配式活动房等。

（2）在满足施工要求的条件下，尽量减少临时设施。合理安排生产流程，减少施工用管线，尽可能地利用原有的建筑物或构筑物，降低临时设施产生的费用。

（3）最大限度缩短场内运输距离，减少场内二次搬运。各种材料和构配件堆场、仓库位置、各类加工厂和各种机具的位置尽量靠近使用地点，从而减少或避免二次搬运。

（4）施工区域的划分和场地的临时占用应符合总体施工部署和施工流程的要求，减少相互干扰。

（5）临时设施应方便生产和生活，办公区、生活区和生产区宜分离设置；如办公用房应靠近施工现场，福利设施应与施工区分开，设在施工现场附近的安静处，避免人流交叉。

（6）平面布置要符合劳动保护、环境保护、施工安全和消防的要求。木工棚、石油沥青卷材仓库应远离生活区，现浇石灰池、沥青锅应布置在生活区的下风处，主要消防设施、易燃易爆物品场所旁应有必要的警示标志。

（7）遵守当地主管部门和建设单位关于施工现场安全文明施工的相关规定。

装饰工程施工平面图设计时，除考虑上述基本原则外，还必须结合施工方法、施工进度，设计几个施工平面布置方案，通过对施工用地面积、临时道路和管线长度、临时设施面积和费用等技术经济指标进行比较，择优选择。

4.7.4　施工平面图的设计步骤

装饰工程施工平面图设计的一般步骤如图4.7所示。

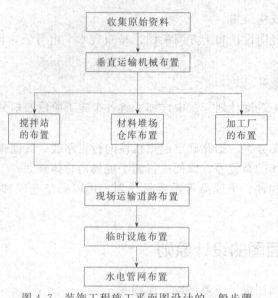

收集原始资料

↓

垂直运输机械布置

↓

搅拌站的布置　　材料堆场仓库布置　　加工厂的布置

↓

现场运输道路布置

↓

临时设施布置

↓

水电管网布置

图 4.7　装饰工程施工平面图设计的一般步骤

4.7.5　垂直运输机械与现场运输道路布置

4.7.5.1　确定起重机械的位置

起重机械的位置直接影响仓库、堆场、砂浆制备站的位置，以及道路和水、电线路的布置等。因此应予以首先考虑。

布置固定式垂直运输设备，如井架、龙门架、施工电梯等，主要根据设备的机械性能、建筑物的平面和大小、施工段的划分、材料进场方向和道路情况而定。其目的是充分发挥起重机械的能力并使地面和楼面上的水平运距最小。一般说来，当建筑物各部位的高度相同时，布置在施工段的分界线附近；当建筑物各部位的高度不同时，布置在高低分界线处。这样布置的优点是楼面上各施工段水平运输互不干扰。若有可能，井架、龙门架、施工电梯布置在建筑的窗口处为宜，以避免砌墙留槎和减少井架拆除后的修补工作。固定式起重运输设备中卷扬机的位置不应距离起重机过近，以便司机的视线能够看到起重机的整个升降过程。

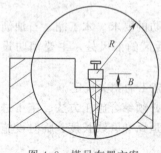

图 4.8　塔吊布置方案

塔式起重机有行走式和固定式两种，行走式起重机由于其稳定性差已逐渐被淘汰。塔吊的布置除了应注意安全上的问题外，还应该着重解决位置的布置。建筑物的平面应尽可能处于吊臂回转半径之内，以便直接将材料和构件运至任何施工地点，尽量避免出现"死角"（见图 4.8）。塔式起重机的安装位置，主要取决于建筑物的平面布置、形状、高度和吊装方法等。塔吊与建筑物的距离（B）应该考虑脚手架的宽度、建筑物悬挑部位的宽度、安全距离、回转半径（R）等内容。

4.7.5.2　运输道路的布置

运输道路的布置主要解决运输和消防两个问题。现场主要道路应尽可能利用永久性道路的路面或路基，以节约费用。布置现场道路时要保证运输工具行驶畅通，使

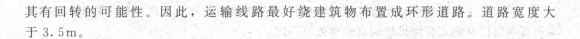

其有回转的可能性。因此，运输线路最好绕建筑物布置成环形道路。道路宽度大于 3.5m。

4.7.6 临时仓库和堆场的设计

砂浆搅拌站的位置要根据房屋类型、现场施工条件、起重运输机械和运输道路的位置等来确定。搅拌站应尽量靠近使用地点或在起重机的服务范围内，使水平运输距离最短，并考虑运输和装卸料的方便；加工场、材料及周转工具堆场、仓库的布置，应根据施工现场的条件、工期、施工方法、施工阶段、运输道路、垂直运输机械和搅拌站的位置及材料储备量综合考虑。

堆场和库房的面积可按式（4.8）计算：

$$F = q/P \tag{4.8}$$

式中　F——堆场或仓库的面积，包括通道面积，m^2；

　　　P——每平方米堆场或仓库面积上可存放的材料数量，见表4.8；

　　　q——材料储备量，可按下式计算。

$$q = \frac{nQ}{T} \tag{4.9}$$

式中　n——储备天数；

　　　Q——计划期内的材料需要量；

　　　T——需用该材料的施工天数，大于 n。

表 4.8　现场作业棚面积参考指标

序号	名称	单位	面积	备注
1	木工作业棚	m^2/人	2	
2	电锯房	m^2	80	34～36in 圆锯一台
3	电锯房	m^2	40	小圆锯一台
4	搅拌棚	m^2/台	10～18	
5	卷扬机棚	m^2/台	6～12	
6	焊工房	m^2	20～40	
7	电工房	m^2	15	
8	白铁工房	m^2	20	
9	油漆工房	m^2	20	

注：1in=0.254m。

根据起重机械的类型，搅拌站、加工场、材料及周转工具堆场、仓库的布置有以下几种。

（1）当起重机的位置确定后，再确定搅拌站、加工场、材料及周转工具堆场、仓库的位置。材料、构件的堆放，应在固定式起重机械的服务范围内，避免产生二次搬运。

（2）当采用固定式垂直运输机械时，首层所用的材料，宜沿建筑物四周布置；二层以上的材料、构件，应布置在垂直运输机械的附近。

（3）当多种材料和构件同时布置时，对量大的、重量大的和先期使用的材料，应尽可能靠近使用地点或起重机械附近布置；而量少的、重量轻的和后期使用的材料，可布置得稍远一些。

（4）当采用自行式有轨起重机械时，材料和构件堆场位置及搅拌站的出口料口位置，应布置在自行有轨式起重机械的有效服务范围内。

（5）在任何情况下，搅拌机应有后台上料的场地，所有搅拌站所用的水泥、砂、石等材料，都应布置在搅拌机后台附近，以减少砂浆的运输距离。

（6）预制构件的堆放位置，要考虑到其吊装顺序，尽量力求做到送来即吊，避免二次搬运。

（7）按不同的施工阶段使用不同的材料的特点，在同一位置上可先后布置不同的材料。

4.7.7 临时设施的布置

临时设施分为生产性临时设施（如石材加工棚、木工棚、水泵房、维修站等）和生活性临时设施（如办公室、食堂、浴室、开水房、厕所等）两类。临时设施的布置原则是使用方便、有利施工、合并搭建、安全防火。一般应按以下方法布置。

（1）生产性临时设施（石材加工棚、木工棚等）的位置，宜布置在建筑物四周稍远的地方，且应有材料和成品的堆放场地。

（2）石灰仓库、淋灰池的位置，应靠近砂浆搅拌站，并应布置在下风向。

（3）焊接加工场的位置，应远离易燃物品仓库或堆放场，并宜布置在下风向。

（4）工地办公室应靠近施工现场，并宜设在工地入口处；工人休息室应设在工人作业区；宿舍应布置在安全、安静的上风向一侧；收发室宜布置在入口处等。

临时宿舍、文化福利、行政管理房屋面积参考定额，如表4.9所示。

表4.9 临时宿舍、文化福利、行政管理房屋面积参考定额表

序号	行政生活福利建筑物名称	单位	面积定额参考
1	办公室	m²/人	3.5
2	单层宿舍（双层床）		2.6～2.8
3	食堂兼礼堂		0.9
4	医务室		0.06（≥30m²）
5	浴室		0.10
6	厕所		0.02～0.07
7	俱乐部		0.10
8	门卫室		6～8

4.7.8 临时供水、供电设施的布置

4.7.8.1 施工水网的布置

现场临时供水包括生产用水、生活用水、消防用水等。通常施工现场临时用水应尽量利用工程的永久性供水系统，以减少临时供水费用。因此在做施工现场准备工作时，应先修建永久性给水系统的干线，至少把干线修至施工工地入口处。若施工对象为高层建筑，必要时可增加高压泵以保证施工对水压的要求。

（1）施工用临时给水管一般由建设单位的干管或自行设置的干管接到用水地点，布置时力求管网的总长度最短。管线不应布置在将要修建的建筑物或室外管沟处，以免这些项

目施工时因切断水源而影响施工用水。管径的大小和水龙头的数量，应根据工程规模大小和实际需要经计算后确定。管道最好敷设于地下，以防机械在其上行走时将其压坏。施工水网的布置形式有环形、枝形和混合式三种。

（2）供水管网应按防火要求布置室外消火栓。消火栓应沿道路设置，距路边不应大于2m，距建筑物外墙应不小于5m，也不得大于25m，消火栓的间距不得超过120m，工地消火栓应设有明显的标志，且周围2m以内不准堆放建筑材料和其他物品，室外消火栓管径不得小于100mm。

（3）为保持在干燥环境中施工，提高生产效率，缩短施工工期，应及时排除地面水和地下水，修通永久性下水道，并结合施工现场的地形情况，在建筑物的周围设置排泄地面水和地下水的沟渠。

（4）为防止用水的意外中断，可在建筑物附近设置简易蓄水池，储备一定数量的生产用水和消防用水。

4.7.8.2　施工用电的布置

随着机械化程度的不断提高，施工中的用电量也在不断增加。因此，施工用电的布置关系到工程质量和施工安全，必须根据需要正确计算用电量，符合规范和总体规划，并合理选择电源。

（1）为了维修方便，施工现场一般应采用架空配电线路。架空配电线路与施工建筑物的水平距离不小于10m，与地面距离不小于5m，跨越建筑物或临时设施时，垂直距离不小于2.5m。

（2）现场供电线路应尽量架设在道路的一侧，以便线路维修；架设的线路尽量保持水平，以避免电杆和电线受力不均；在低压线路中，电杆的间距一般为25～40m；分支线及引入线均应由电杆处接出，不得在两杆之间接线。

（3）装饰装修工程的施工用电，应在全工地施工总平面图进行布置。一般情况下，计算出施工期间的用电总量，提供给建设单位解决，不另设变压器。独立的单位工程施工时，应当根据计算出的施工总用电量，选择适宜的变压器，其位置应远离交通要道口处，布置在施工现场边缘高压线接入处，距地面大于30cm，在四周2m外用高于1.7m钢丝网围绕，以避免发生危险。

4.7.8.3　施工现场平面图实例

【工程背景】某工程为17层板式住宅，其现场情况如图所示，其装饰施工现场平面布置图如图4.9所示。

4.7.9　施工平面图的评价指标

施工现场科学合理的布局是保证单位工程工期、质量、安全和降低成本的重要手段。施工平面图不但要设计好，且应管理好，忽视任何一方面，都会造成施工现场混乱，使工期、质量、安全受到严重影响。因此，加强施工现场管理对合理使用场地，保证现场运输道路、给水、排水、电路的通畅，建立连续均衡的施工顺序，都有很重要的意义。要做到严格按施工平面图布置施工道路，水电管网、机具、堆场和临时设施；道路、水电应有专人管理维护；各施工阶段和施工过程中应做到工完料尽、场清；施工平面图必须随着施工的进展及时调整补充，以适应变化情况。

必须指出，建筑装饰施工是一个复杂多变、动态的生产过程，各种施工机械、材料、

装修施工平面布置图

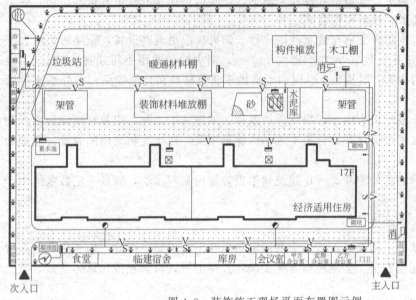

图例

水　源
施工用水
阀　门
消火栓
消防器具架
电　源
施工用电
配电箱
原有围墙
混凝土搅拌机
施工电梯
道　路
临时绿化

图 4.9　装饰施工现场平面布置图示例

构件等，随着工程的进展而逐渐进场，又随着工程的进展而不断消耗、变动，因此工地上的实际布置情况会随时改变。同时，不同的施工对象，施工平面图布置也不尽相同。但是对整个施工期间使用的一些主要道路、垂直运输机械、临时供水供电线路和临时房屋等，则不要轻易变动以节省费用。设计施工平面图时，还应广泛征求各专业施工单位的意见，充分协商，以达到最佳布置。

4.8
建筑装饰工程施工组织设计实例

4.8.1　编制依据

① ××省××学校提供的设计、施工图纸。
② 国家现行施工及验收规程、操作规范、技术标准及质量验评标准。

4.8.2　工程概况

① 工程名称：××学校教学楼装修工程。
② 建设单位：××省××学校。
③ 工程地点：××市××路与××大街交叉口向北200m。
④ 质量要求：合格。

⑤ 承包方式：包工包料。

⑥ 计划开工日期：2019 年 8 月 1 日；计划竣工日期：2019 年 8 月 31 日；总工期：31 日历天。

4.8.3　施工准备及施工部署

4.8.3.1　施工准备

① 组建××学校教学楼改造装修工程项目经理部，配备各工种施工技术人员、管理人员和各工种施工作业队，建立以项目经理为主的现场施工管理系统和以项目工程师为主的现场技术管理系统。

② 由预算人员根据施工图纸、相关图集和施工规范，参考施工组织设计编制施工预算，制订材料、成品、半成品采购计划，报公司材料采购人员组织采购、订货、进货。

③ 接通施工用水、用电设施，将各种施工机械设备安装到位，施工用具提前进场。

④ 做好各种原材料的准备，进场前必须进行检验的材料，应提前进行检验和试验，合格后方能进入场地。

⑤ 编制详细的施工方案、质量计划及特殊关键工作施工过程作业指导书并逐级交底落实。

4.8.3.2　施工部署

① 劳力准备　公司将调集技术熟练的各专业施工队伍组成本工程的施工作业队伍。

② 物资准备　开工前做好物资准备工作，对工程材料的来源进行考察、落实，以便根据工程需要及时采购，组织好工程所需的机械、工具、材料和临时设施所需各类物资。

4.8.4　施工方案及主要技术措施

4.8.4.1　外墙铝塑板施工

(1) 施工工序　基层处理→防潮层→弹线→安装龙骨→安装基板→铝板加工→安装铝塑板→板面保护→板面打胶→清理护保。

(2) 基层处理　将残存在墙面上的砂浆、灰尘、油污清理干净，基层刷防潮层二度，干透。

(3) 吊直、套方、找规矩、弹线　首先根据设计图纸的要求和几何尺寸，要对镶贴金属饰面板的墙（顶）面进行吊直、套方找规矩并一次实测和弹线，确定饰面墙板的尺寸和数量。

(4) 固定骨架的连接件　骨架的横竖杆件（如金属骨架）的连接件与结构固定，可在结构基层上打膨胀螺栓或射钉。螺栓位置应画线，按线开孔。木骨架可在结构墙上打木钉，固定木龙骨。

(5) 固定骨架　如木骨架应在未靠基板面刷防火涂料。安装骨架位置要准确。结合要牢固。安装后应全面检查中心线、表面平整度等。高度超过 3m 时，为保证饰面板的安装精度，宜用经纬仪对横、竖杆件进行贯通。遇有变形缝、沉降缝等应妥善处理。

（6）金属饰面安装　墙板的安装顺序是从每面墙的边部竖向第一排下部第一块板开始，自下而上安装。应随时吊线检查，以便及时消除误差。面板与骨架（如钢骨架）固定时，如采用拉铆钉，应注意安装前认真调整板面垂直度与平整度。板与板之间的缝隙一般为 10～20mm，多用橡胶条或密封胶弹性材料处理。

（7）收口处理　遇有收口处时，两种不同材料的交接不仅关系到装饰效果，而且对使用功能也有较大的影响。因此，一般多用特制的两种材质性能相似的成型金属板进行妥善处理。

（8）板口封胶　面层板施工完成后，经检查验收无误，方可进行板口封胶。封胶口半填弹线性圆形发泡嵌缝条，嵌缝条外硅胶根据设计选定使用。通常情况下，封胶口采用半圆形。

（9）成品保护　板口封胶前应将板口处用纸胶带封贴，待胶打好、检查无误后拆除。打胶后剩余的胶应随时用胶桶收好，避免浪费并污染板面及环境。面板全部施工完后应及时做好成品保护工作，可挂警示板、牌，亦可采用塑料布，板保护，铝板保护膜可待交工前拆除。

4.8.4.2　外墙玻璃幕工程

（1）材料供应及质量要求

① 铝型材　铝材选用 LD31RCS 表面阳极氧化处理方式，要求符合国家标准《铝合金建筑型材》（GB/T 5237.2）规定的高精级和《铝及铝合金阳极氧化 阳极氧化膜的总规范》（GB 8013）的规定。阳极氧化膜厚度不低于 AA15 级。铝材表面银灰色处理，永久性保证外表面不褪色，不脱落，不产生色差。化学成分符合《铝及铝合金加工产品的公学成分》（GB 3190）。

② 玻璃　幕墙单片镀膜和白色钢化玻璃应符合国家标准《钢化玻璃》（GB 9963）的有关规定，镀膜玻璃采用真空磁控阴极溅射法镀膜。用于单片镀膜玻璃的浮法玻璃外观质量和技术指标，应符合国家标准《浮法玻璃》（GB 11614）中的优等品或一等品规定。安装使用时，严格检查表面质量，外观几何尺寸偏差须符合有关标准规定。钢化玻璃表面不得有伤痕。

③ 硅酮结构胶和耐候胶为中性，在同类产品中它具高抗拉强度、极佳的粘接附着力和相容性能，以及很强的变位能力，能在复杂和恶劣环境中使用，保存期较长，性能稳定。使用该胶时，必须由供货厂家提供相容性试验报告，质量保证书和耐用年限质保书。

④ 钢结构件　所有预埋件、连接和固定用钢件，除不锈钢外，均应进行表面热镀锌处理。钢构件与墙体连接均采用化学药剂锚栓。

⑤ 五金配件　不锈钢四连杆、支撑、窗锁均采用国产高级五金配件，所有螺栓、螺钉均用冷挤压不锈钢产品，具备质保书和维护操作说明。

⑥ 密封保温、防火材料、幕墙胶条、泡沫棒、石棉垫、防火岩棉等均采用优质产品。

（2）玻璃幕墙安装施工

① 施工程序　预埋件埋设→预埋件修补及测量→立柱安装→横梁安装→防火、防雷安装→玻璃板块制作、安装→附属装置安装→收尾处理、清洁。

② 主要施工工艺

a. 预埋件修补及测量　预埋件是幕墙主要受力构件之一，其强度、准确度直接关系到幕墙的安全和质量。测量时用经纬仪和水准仪来确定尺寸和定位点，标识清楚，基准统一，标高偏差不应大于 10mm，埋件位置与设计位置的偏差不应大于 20mm。焊接时通过分段对称施焊减小残余应力。

b. 立柱安装　竖向构件立柱安装的准确和质量，影响整个幕墙的安装质量，是幕墙安装施工的关键之一。玻璃幕墙立柱的安装以已确定的预埋件定位线为基准定位，将立柱先与钢角码连接，然后钢角码再与主体预埋件连接，并进行调整和固定，使同层立柱端头保持在一个水平面上。立柱安装标高偏差不应大于 3mm，轴线前后偏差不应大于 2mm，左右偏差不应大于 3mm。相邻两根立柱安装标高偏差不应大于 3mm，同层立柱的最大标高偏差不应大于 5mm，相邻两根立柱的距离偏差不应大于 2mm。

c. 横梁安装　先用水准仪和卷尺测出横梁位置点，再统一用水准仪校对其误差。横梁用角铝固定于两立柱间，安装牢固，接缝严密，相邻两根横梁的水平标高偏差不应大于 1mm。同层标高偏差：当一幅幕墙宽度小于或等于 35m 时，不应大于 5mm；当一幅幕墙宽度大于 35m 时，不应大于 7mm。同一层横梁安装应由下向上进行。当安装完一层高度时，应进行检查、调整、校正、固定，使其符合质量要求。

d. 防火、防雷安装　框架安装完成后，应在幕墙与外圈梁间隙处设立防火层和防雷节点。

e. 玻璃板块制作、安装　在搭设的加工车间内，按图纸要求加工好玻璃托，用丙酮倒在干洁布上顺一方向依次清洁，将玻璃与玻璃托用双面胶条固定，定位偏差控制在 ±0.5mm 内，用结构胶粘接为一体而成为玻璃板块。在打胶平台上注胶时必须是在干净无尘条件下，按顺序均匀打胶，排走空隙空气，不允许出现气泡。已注胶的板块 7 天后才能移动，14 天后才能安装。注胶期间应密切注意胶的固化情况，检查其粘接性和相关参数。养护 21 天后，用剥离法检测粘接强度，检测合格后方能投入使用。固化好的玻璃板块运送至工地时应妥善保护，避免被损坏、划伤或变形。竖、横缝用泡沫条填充并注耐候胶，注胶表面平顺，线条整齐一致，保持胶缝 15mm。

f. 附属装置、收尾处理、清洁　至此，幕墙已大部分安装完毕，但隔离层、地弹门、幕墙四周封边收口、表面金属板及装饰带、条、格栅等均要认真处理，严格按施工图施工。交验前全面检查，发现不合格或不妥之处，立即调整、修改，直至达到标准所规定的要求。清洗玻璃及金属板面，除去砂浆、多余的胶和灰尘，准备交验。

③ 玻璃幕墙质量控制

a. 技术质量标准　JGJ 102《玻璃幕墙工程技术规范》及有关标准，工程图纸，设计要求。

b. 建立以项目经理为核心的质量责任制，层层把关。

c. 质量保证措施

A. 施工技术交底　在施工前有书面技术交底，每班上工前有口头交底。使操作人员、质量检查人员知晓各工序、各节点安装的详细要求和质量标准。技术交底应涉及各主要施工工艺。

B. 施工过程控制

（a）对进场原材料、胶质材料、构配件进行检查验收，对重要材料、部位和没有把握的环节进行试验。

（b）对重要部位和影响质量的操作，质检人员、技术人员要旁站监控。

（c）严格进行工序检查，并对工序质量进行评定验收。每道工序验收合格后，才能进行下道工序作业。

C. 检查与试验

(a) 原辅材料、构配件、半成品的检验和试验 对所有的原辅材料、构配件、半成品、外协件均应进行检验和试验，不合格的坚决不能投入生产和使用。按有关规定对重要材料（铝材、胶、玻璃、预埋件）及其他较重要的五金附件和密封材料进行全检或一定数量抽检，做好检验记录，查看质量证书和性能指标。

(b) 生产施工过程中的检查和试验 工程施工时应具备如下资料和文件：原辅材料、半成品出厂质量证明书，检验报告，相容性试验合格报告，施工记录，隐蔽工程验收记录，各项工程安装记录，工程质量检查评定记录等。

隐框幕墙玻璃结构组件切开剥离试验。将已固化的结构装配组件的结构胶部位切开，在切开剥离后的玻璃和铝框上进行结构胶的剥离试验。方法是用力将胶切断并用手捏住，以大于90°的角度向后顺着长度方向撕扯结构胶，观察其剥离情况。如结构胶与基材剥离，此组件为不合格；如沿胶体撕开则判为合格，同时可观察结构胶的宽度、厚度及固化情况。

现场雨水渗漏性检测的标准方法。将20mm直径的普通软管装上喷嘴，要求水能直接射在指定的接缝处。一般情况下要求在幕墙组装两个层高，以20m长度作为一个试验段，要在进行镶嵌密封后，并在接缝上按设计要求先进行防水处理后缓缓移动，每处喷射时间约为5min（水压力至少达210kPa）。试验时在墙内侧要安排人员检查是否存在渗漏现象。经渗漏检查无问题后方可砌筑内墙。

(c) 不合格品的控制措施 当发现原辅材料、半成品、成品、工序间不满足或可能不满足规定要求时，要隔离鉴定。确认为不合格时，必须退出施工过程和生产过程，明确进行识别标记，并做好记录。作限期拆除、调整、返修或退货处理，同时采取适当的步骤以防不合格品再次出现。

(d) 工程竣工检验和测试 完成合同中规定的工程项目后，提交竣工报告，由业主组织验收。主要竣工检验和试验的记录有分项工程质量评定记录，分部工程质量评定记录，工程观感质量评定记录，质保资料核查记录，工程质量竣工核定证书等。

D. 产品的维护和保养 本工程所用材料需二次搬运才能达到作业面，生产施工中的搬运、储存、临时防护包装、交付使用是重要环节。吊装搬运均应临时包装，绑扎结实牢固，安全可靠，防止其变形、被划伤或破裂。流体材料和易燃材料（如胶、二甲苯等）应专门管理，定期检查，防止其变质、被污染或发生危险。在工程项目未竣工或在施工期间，对已完成的分项成品应进行保护，并制订合理的保护措施。保护标志应明确醒目，必要时设专人看护。一旦受到污染必须立即清洗，重新保护。

4.8.4.3 外墙面砖工程

(1) 施工工艺 基层处理→吊垂直、套方、找规矩→贴灰饼→20厚1∶3水泥砂浆找平→弹格分线→1∶1水泥砂浆粘贴墙砖→白水泥擦缝。

(2) 施工方法

① 将原装修层铲除，清理干净，浇水湿润。

② 沿墙面和四角、门窗口边弹线找规矩。

③ 根据设计要求贴灰饼，找平抹灰墙面。

④ 待找平层六七成干后根据墙面尺寸准确计算所需整砖数，半砖尽量赶到不显眼的地方。根据地面标高要求，弹出首排砖的铺贴水平线和垂直控制线，再在墙上钉钉子，拉

出贴面砖的水平和垂直控制线。

⑤ 面砖在铺贴前，首先要将其清理干净，在水中浸泡 2h 以上取出，待表面晾干或擦干后方可使用。

⑥ 铺贴面砖应自下而上，铺贴首排砖时，先在找好水平线的地方沿砖下线固定一条水平的木条，在木条的衬托下铺首排砖。铺贴方法：在砖粘贴面满刮 10mm 厚 1∶1 水泥砂浆加水重 20％的 107 胶，对正，可用皮锤轻轻敲击，使之符线。

⑦ 勾缝与擦缝应随抹随擦，用棉丝粘白水泥进行擦拭。

（3）铺贴要求

① 墙砖颜色、质量、规格必须符合设计要求，表面洁净，图案清晰，色泽一致，砖本身无裂纹、掉角和缺棱现象。

② 面层与基层结合牢固，无空鼓。

③ 接缝应平直、光滑，填嵌应连续、严密；宽度和深度应符合设计要求。

④ 板块挤靠紧密，表面平整洁净，无划痕，周边顺直方正。

（4）质量标准　质量标准见表 4.10 所示。

表 4.10　质量标准

项次	项目	允许偏差/mm	检验方法
1	表面平整度	3	用 2m 靠尺和塞尺检查
2	立面垂直度	2	用 2m 靠尺和检测尺检查
3	接缝直线度	2	拉 5m 线,不足 5m 拉通线,用钢直尺检查
4	阴阳角方正	3	用直角检测尺检查
5	接缝高低差	0.5	用钢直尺和塞尺检查
6	接缝宽度	1	用钢直尺检查

4.8.4.4　主教学楼屋面挑檐立柱做法

根据施工图纸确定女儿墙中构造柱位置所在，将构造柱周围的女儿墙体剔除，使用 4 根 3m 长 80×80 角钢包在构造柱四角，用螺栓固定，外围用 20mm 厚方钢焊接加固，构造柱处理后截面如图 4.10 所示。

高出女儿墙的 80×80 角钢，使用 30×30 角钢焊接连接成桁架形式，于上端留出 350mm 距离以备横向连接用。将钢板打眼用膨胀螺栓固定于屋顶矮墙上（避开防水层），再使用槽钢斜拉将延伸出的角钢行架固定于钢板上。如图 4.11 所示。

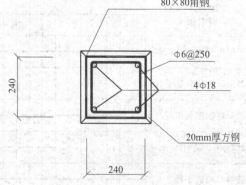

图 4.10　构造柱处理后截面图

4.8.4.5　脚手架方案

针对本工程的施工特点，对于教学楼外立面铝塑板施工工作，采用双排脚手架，外墙砖施工采用吊篮进行施工。如果需要使用防尘网和安全网进行封闭施工的必须封闭，满足施工要求。

脚手架依据《建筑施工手册》《建筑安全手册》和《建筑工程施工安全操作规程》（DBJ 01-62）等有关规定编制搭设方案。

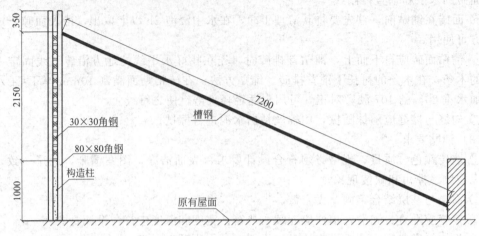

图 4.11 装饰细部图

4.8.5 施工工期、施工进度计划及工期保证措施

4.8.5.1 施工工期

计划施工工期 31 天。如图 4.12 所示。

4.8.5.2 工期保证措施

建立计划体系，以控制计划为龙头，支持性计划为补充，为有效控制提供保证。利用科学的管理方法，采用新技术、新工艺等措施进行施工，配齐管理人员，投入足够的精干队伍，采取立体交叉、流水作业缩短工期，保证工程进度。

（1）工期管理措施

① 组成以公司生产经理和项目经理为主体的两级施工计划保证体系。分公司劳资科、材料动力科做好劳动力、机具设备和材料的供应。工长安排好现场各班组的任务分配、协调、督促，以保证工期目标的实现（施工计划保证体系见框图 4.13）。

分项工程名称	施工进度计划																														
	1	2	3	4	5	6	7	8	9	10	11	12	13	14	15	16	17	18	19	20	21	22	23	24	25	26	27	28	29	30	31
顶层屋面挑檐主体工程																															
顶层屋面挑檐外装工程																															
外墙干挂铝塑板工程																															
玻璃幕墙工程																															
外墙湿贴墙砖工程																															
清理验收																															

图 4.12 施工进度计划表

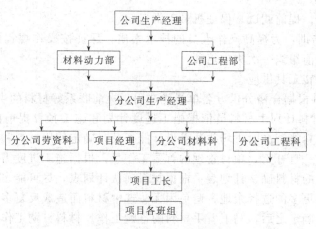

图 4.13 施工计划保证体系图

② 推行"项目管理"，配齐管理人员，投入足够的精干队伍，从组织上保证工程进度的如期实现，采取有力措施，加强宣传教育，开展劳动竞赛，充分调动职工的积极性，提高劳动效率。

③ 项目在总控制计划的实施下，制订月计划，合理安排旬计划和日计划。施工员根据月计划进一步细化成周计划，在每月 24 日前上报分公司、业主，并根据施工实际情况及时调整，保证计划的实现。

④ 建立施工协调会制度。例会每周一次，总结本周的计划落实情况，并制订下一周的作业计划，总结经验，查找原因，吸取教训，排除影响进度的障碍。项目部勤开碰头会，发现问题及时解决，以保证各项计划的顺利实现。

⑤ 合理安排人力、物力，确保各流水段施工达到均衡。

⑥ 在施工工艺上不断创新、改革，提高劳动效率，对施工进度实行阶段目标管理，以加快施工速度。

（2）工期保证技术措施

① 组织施工管理人员了解施工中的重点、难点，制订相应措施，认真阅读图纸，及时进行图纸会审，认真领会工程内容和要求，并进行施工组织设计交底。

② 编制相应的特殊工序和关键工序作业指导书，并及时到有关部门审批、认可，严格按作业指导书施工。

③ 项目工程师将主要分项工程施工人员进行培训和书面交底。

④ 分段进行流水作业，合理地安排施工工序，实现快节拍，均衡流水施工。

⑤ 严把质量关、安全关，采取有效的成品保护措施，避免损坏、污染等造成的返工、修补。

（3）劳动力配备

① 按施工进度计划提前向劳资科报所需的工种人数，选择技术实力雄厚的班组。

② 特殊工种持证上岗，不准无证的非技术工人进行特殊工种作业以保证施工质量和施工安全，杜绝返工和安全事故的出现。

（4）机具设备供应

① 机械设备的及时供应是保证项目工期目标实现的基础，施工中由项目及时申报项目设备需用计划。

② 公司材料动力科根据项目设备需用计划提供装备先进、性能优越、状态良好、经

济合理的施工机械，提前调试，保证机械正常运转。

③ 操作人员培训：为提高操作人员的技术素质，保证按操作规程作业，避免机械事故，操作人员上岗前组织一次集中培训。

（5）材料、周转工具供应

① 材料动力科根据合格分供方名单择优选用，提前联系好材料的供应渠道。

② 项目需用材料计划由材料员依据施工进度计划和施工预算提前向材料动力科提供下月材料计划。材料能否准时进场往往受设计能否及时确定使用材料和材料固有的加工周期所影响。为此，一旦开工，项目管理的首要工作是：根据施工进度需要的缓急程度，排列一张需设计确认的材料确认计划表；根据材料确认计划表，尽可能多地向设计提供材料小样，以便设计有更多的选择余地，避免因无法选中材料而造成反复多次送审，出现耽误时间的现象；材料确定之后，马上着手材料的订购工作。材料订购工作一定要确保材料在材料进场计划中规定的时间内进场。

③ 特殊材料提前 5 天报所需材料计划，以保证材料及时进场。

4.8.6　质量目标及保证措施

4.8.6.1　质量目标

合格。

4.8.6.2　质量保证措施

（1）质量保证体系　严格建立并执行各级人员的岗位责任制，要求全体施工人员牢固树立"质量第一，为用户服务"的思想，充分发挥各级质量保证体系的作用（见图 4.14）。

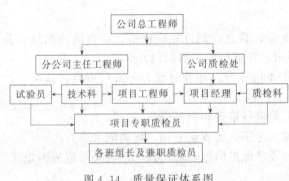

图 4.14　质量保证体系图

（2）质量管理措施

① 施工人员素质保证　本工程组织精明强干、组织纪律严明、素质好、觉悟高、具有多年的施工经验的施工班组，从根本上保证项目所需劳动者的素质，从而为工程质量奠定坚实的基础。

② 采购物资质量保证　材料动力科负责物资统一采购、供应与管理，并根据质量标准及《物资采购工作程序》，对本工程所需采购和分供方供应的物资进行严格的质量检验和控制，主要采取的措施如下。

a. 采购物资时，必须在确定合格的分供厂家或有信誉的商店中采购，所采购的材料必须有出厂合格证、材质证明和使用说明书。

b. 材料的供应在合格的分供厂家中选择，事先对其进行认可和评价，并建立合格的分供厂家档案。

c. 实行动态管理，材料动力科、项目经理部等主管部门定期对分供厂家的实绩进行评审、考核，并做记录，不合格的分供厂家从档案中除名。

d. 加强计量检测，采购物资根据国家、市主管部门规定、标准、规范或合同规定要求及按经批准的质量计划要求抽样检验和试验，做好标记，当对其质量有怀疑时，加倍抽样或全数检验。

e. 现场做好与其他专业的配合工作，部分工序适当调整以确保工程进度和质量。

（3）施工过程中质量控制

① 过程控制

a. 认真抓好职工质量意识教育，使精品意识深入到每个岗位、每个员工。

b. 认真进行图纸会审、预检复核、施工操作材质检验、成品保护等关键工作，确保工程质量。严格执行设计采用的规范和经审批的施工方案。严格按设计要求及施工规范进行施工，若需修改原设计，应经设计、监理同意后，方可施工。

c. 严格样板引路，以样板指导施工，建设高标准的样板工程。

d. 合理选择先进施工机械，搞好维护保养工作，确保机械设备处于良好状态。

e. 各工序施工完后，施工班组要进行自检，合格后才能进行下道工序，并将自检数据填写在自检记录上。班组每个操作人员，要严格按施工图和标准规范施工。

f. 项目工程师针对本工程的重点分项工程编制作业指导书，作为施工操作的依据，其内容符合分公司编制的《特殊工序、关键工序作业指导书编制管理规定》。

g. 项目部针对工程重点、难点成立专项 QC 小组，开展科技攻关活动。

h. 对所有进入施工现场的施工材料、管件要认真核对，看是否有质量证明书、材质合格证等。如无上述证明，需对其进行验证和检验，凡发现不符合要求的应通知项目经理停止使用；并报请监理验收。

i. 建立定期质量检查制度。

（a）施工班组日检制。

（b）各专业质量管理人员及专职质量员巡回检查制。

（c）分公司质量科旬检制。

j. 发现问题和质量隐患立即采用质量整改通知单形式通知项目负责人和施工班组，限期整改。

对各分部分项工程，进行划分验评，设重点部位质量预控方案，监督上道工序、服务下道工序。

② 追溯过程的控制　隐蔽工程在隐蔽前应由专业技术负责人会同质检人员、甲方代表对所施工的工程进行中间验收并填写隐蔽工程记录，写明工程质量状况。

4.8.7　主要机具装备及劳动力安排计划

公司将调集技术熟练的各专业施工队伍组成本工程的施工作业队，确保工程质量和进度。详见主要施工机具设备表（见表 4.11）和劳动力计划表（见表 4.12）。

表 4.11　主要施工机具设备表

序号	机械或设备名称	型号规格	数量	国别或产地	制造年份	额定功率/kW	生产能力	备注
1	气泵	B-0.25/T	2	上海	2004	3.3	良好	
2	手枪钻	EDEGF30	4	江苏	2003		良好	
3	蚊钉枪	MATN033241	2	江苏	2004		良好	
4	电焊机	3703FdDDN	2	石家庄	2003	11	良好	
5	电锤	4DFE	2	长春	2004	0.8	良好	

序号	机械或设备名称	型号规格	数量	国别或产地	制造年份	额定功率/kW	生产能力	备注
6	气枪	AEG-6	6	南京	2004	0.8	良好	
7	电锯	5103N	2	无锡	2003	1.1	良好	
8	水准仪	DS2	3	江苏	2004		良好	
9	云石机	Z1E-150	4	石家庄	2004		良好	
10	砂轮切割机	DE230—ES	3	无锡	2004		良好	
11	木工刨	GH020—82	4	德国	2003	0.2	良好	
12	钻孔机	DD80—E	6	瑞士	2003	0.9	良好	
13	角向磨光机	DE230	4	瑞士	2005	0.2	良好	
14	电动旋具	TKD3000	18	瑞士	2004	0.2	良好	

表 4.12　劳动力计划表　　　　　　　　　　　单位：人

序号	工种	人数
1	木工	40
2	电工	8
3	油工	6
4	抹灰工	10
5	瓦工	35
6	电焊工	12
7	架子工	18
8	壮工	25
合计		154

4.8.8　材料采购程序

（1）工程开工后的一周内提供主要装饰材料的样本，质量保证书和采购计划书，送交业主审定。

（2）物资采购及外加工制品工作流程（见图 4.15）。

4.8.9　安全生产及文明施工措施

4.8.9.1　安全生产目标

安全目标：安全生产无事故。

4.8.9.2　安全生产措施

（1）成立项目安全生产领导小组，安全组织机构框图见图 4.16。

（2）现场设置醒目安全标语，加强对施工人员的安全教育，坚持每周开安全例会，强化全员的安全防护意识，杜绝现场的一切违章和隐患。

（3）施工现场的临时用电装置要执行三相五线制，执行一机一闸保护，手持电动工具必须执行两极保护，全面执行《施工现场临时用电安全规范》。

（4）特殊工种必须持有上级主管单位考核的合格证才能操作，充分利用安全"三宝"即安全帽、安全带、安全网。

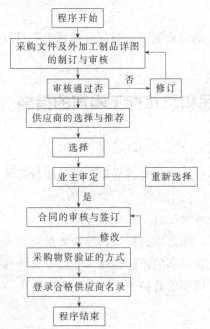

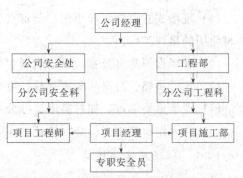

图 4.15 物资采购及外加工制品工作流程图   图 4.16 安全组织机构框图

（5）临时设施及灭火器必须符合防火要求，现场用火需经保卫部门批准签发动火证。

（6）油漆工作业时在条件允许的情况下，施工现场要通风，以防中毒。

（7）安排好职工生活，严防食物中毒，保证职工身体健康。

（8）严格按安全生产管理规定进行检查、考核，按条例规定实行奖惩。

（9）加强职工安全教育和安全培训工作，做好十大教育。

4.8.9.3　文明施工措施

（1）严格按照公司 ISO 14000、ISO 18000 环境、职业、健康、安全体系标准组织文明施工，遵守市环卫、场容管理的有关规定，加强现场用水、排污的管理，保证排水畅通无积水，场地整洁无垃圾，搞好现场清洁卫生。

（2）物件、机具、大宗材料要按指定的位置堆放，临时设施要求搭设整齐，小型工具应分类码放整齐。

（3）坚决杜绝浪费现场，禁止乱丢材料和工具，现场设施要求做到整洁有序。

（4）做到活完脚底清，工完场地清，工具及时清理，整齐堆放在平面布置规定的范围内。

（5）加强劳动保护，合理安排作息时间，配备施工补充预备力量，保证职工有充分的休息时间，尽可能控制施工现场的噪声，减少对周围环境的干扰。

4.8.9.4　协调措施

（1）根据工程施工项目内容，明确相应的各专业施工队及分项负责人联系办法、综合要求和职责。

（2）提出总体形象进度计划和各专业具体详细实施计划，提出相应的质量要求并组织实施。

（3）定期召开有各专业负责人参加的会议，提出施工中存在的质量问题和需要协调的问题，并落实解决措施，限期完成。

（4）组织由各专业人员组成的检查组，坚持定期检查制度，督促分项施工项目按期完成，确保工程总体形象进度。

4.8.10 消防、环保、环卫、减少扰民和防止施工噪声的措施

4.8.10.1 消防措施

（1）现场成立消防领导小组，负责日常监督检查，并做好入场职工的消防教育及消防器材使用的培训工作。

（2）现场设消防办公室，设消防器材陈列架及各种工具、灭火器等。

（3）现场易燃、易爆品隔离存放，有专用仓库，做好醒目标识，严禁吸烟及烟火。

（4）现场重要部位，如材料库、办公室等均配备足够的消防器材，并设专人管理。

（5）明火作业施工人员必须持证上岗，并做好周围的防护工作，防止火灾发生。

4.8.10.2 环保及实施措施

（1）施工现场应经常保持整洁卫生，并设专人负责打扫。

（2）木工电锯设置分隔区和隔音屏障，减少粉尘和噪声污染。

（3）现场建立垃圾点，严禁随意凌空抛撒，及时清运垃圾。适量洒水，减少扬尘。

（4）现场搞好文明施工，设工地文明施工宣传栏，并每周对工人进行一次文明施工教育，强化施工意识，定期消毒。

（5）划分卫生责任区，确定责任人，并保持场区的清洁，饮水要有开水，饮水器具洁净卫生，定期消毒。

4.8.10.3 减少扰民和防止施工噪音措施

（1）现场应遵照《中华人民共和国建筑施工界噪声限值》（GBJ 2523）制定降低噪音的相应制度的措施。

（2）凡进行强噪声作业时必须严格控制作业时间，尽量安排在晚上六点至十点进行。必须昼夜连续作业时，尽量安排噪声小的工序在夜间进行施工，必要时使用消声设备或隔声屏障，并采取隔噪措施以防扰民。

（3）长时间使用的机械采取隔声降噪措施。

（4）教育职工作业时避免大声喧哗，禁止乱敲工具。

（5）所有垃圾清运均装垃圾袋，运到临时堆放点、并及时利用晚上时间运离现场。

（6）拆除及清运垃圾过程中做好防尘处理，适当洒水湿润。

 小结

装饰工程施工组织设计是以一个单位工程为编制对象，用以指导整个装饰工程施工全过程的各项施工活动的技术、经济和组织的综合性文件。其内容包括工程概况及特点分

析、施工部署和主要工程项目施工方案、施工进度计划、施工资源需要量计划、施工准备工作计划、施工总平面图和主要技术经济指标等。

施工部署是对整个工程项目进行的统筹规划和全面安排，是编制施工进度计划的前提。其内容主要包括明确施工任务的组织分工和工程开展程序、拟定主要工程项目的施工方案、编制施工准备工作计划等。

施工进度计划是以拟装饰工程项目交付使用的时间为目标而确定的控制性施工进度计划，是施工组织设计的中心工作，也是施工部署在时间上体现，对资源需要量计划的编制、施工总平面图的设计和大型临时设施的设计具有重要的决定作用。

施工平面布置图是装饰工程施工组织设计的一个重要组成部分，是具体指导现场施工部署的平面布置图，也是施工部署在空间上的反映，对于有组织、有计划地进行文明和安全施工，节约施工用地，减少场内运输，避免相互干扰，降低工程费用具有重大的意义。

 思考与练习

1. 简述编制单位装饰工程施工组织设计的依据。
2. 单位装饰装修工程的工程概况包括哪些内容？
3. 简述建筑装饰工程总的施工程序。
4. 试述选择施工方案的基本要求。
5. 确定建筑装饰工程流向时，需考虑哪些因素？
6. 选择施工机械应着重考虑哪些问题？
7. 如何选择建筑装饰工程的施工方法？
8. 装饰工程施工进度计划的作用有哪些？可分为哪两类？
9. 试述装饰工程施工进度计划的编制依据。
10. 施工项目划分时应注意哪些问题？
11. 如何确定一个施工项目的劳动量、机械台班量？
12. 试述施工平面图的设计步骤和依据。

5

建筑装饰工程施工方案

学习目标

1. 了解装饰工程施工方案编制依据和方法。

2. 掌握装饰工程专项工程施工安排的主要内容，以及施工方法及工艺要求。

3. 掌握装饰工程专项工程施工进度计划、施工准备与资源配置计划的主要内容。

4. 能正确地编制装饰工程专项施工方案。

施工方案是以分部（分项）工程或专项工程为主要对象编制的施工技术与组织方案，用以具体指导其施工过程。施工方案包括下列三种情况。

（1）专业承包公司独立承包（分包）项目中的分部（分项）工程或专项工程所编制的施工方案。

（2）作为单位工程施工组织设计的补充，由总承包单位编制的分部（分项）工程或专项工程施工方案。

（3）按规范要求单独编制的强制性专项方案。

《建设工程安全生产管理条例》（国务院第 393 号令）规定：对下列达到一定规模的危险性较大的分部（分项）工程编制专项施工方案，并附具安全验算结果，经施工单位技术负责人、总监理工程师签字后实施。

① 基坑支护与降水工程；

② 土方开挖工程；

③ 模板工程；

④ 起重吊装工程；

⑤ 脚手架工程；

⑥ 拆除爆破工程；

⑦ 国务院建设行政主管部门或者其他有关部门规定的其他危险性较大的工程。

对前款所列工程中涉及高层脚手架、起重吊装工程的专项施工方案，装饰施工单位应当组织专家进行论证、审查。除上述《建设工程安全生产管理条例》中规定的分部（分项）工程外，施工单位还应根据项目特点和地方政府部门有关规定，对具有一定规模的重点、难点分部（分项）工程进行相关论证。

在装饰施工阶段，有些分部（分项）工程或专项工程如超高层的外装饰工程，其幕墙分部规模很大且在整个工程中占有重要的地位，需另行分包，遇有这种情况的分部（分项）工程或专项工程，其施工方案应按施工组织设计进行编制和审批。

装饰施工阶段需编制专项施工方案的项目一般包括脚手架工程、幕墙工程、楼地面工程、门窗工程、吊顶工程、设备安装工程以及使用"四新"技术的专项工程等。

5.1

工程概况与施工安排

5.1.1 工程概况

施工方案的工程概况一般比较简单，有些内容已经在单位工程施工组织设计中包含，应对工程主要情况、设计简介和工程施工条件等重点内容加以说明。

（1）工程主要情况 工程主要情况应包括分部（分项）工程或专项工程名称，工程参建单位的相关情况，工程的施工范围，施工合同、招标文件或总承包单位对工程施工的重点要求等。

（2）设计简介　设计简介应主要介绍施工范围内的工程设计内容和相关要求。

（3）工程施工条件　工程施工条件应重点说明与分部（分项）工程或专项工程相关的内容。

（4）工程示例　某工程位于×××地段，精装修内容包括：轻钢龙骨石膏板吊顶，铝质天花吊顶，墙面石材、瓷砖镶贴，麦哥利木板材墙面、19厚强化玻璃墙施工、各种石材、板材门及玻璃门（包括门套、实木线条）施工。地面为西班牙米黄花岗石、西施红花岗石、网纹花岗石等铺贴材料。另有电气照明设施的敷设及家具的制作与布置。

施工条件：该工程土建及外窗已施工完毕，现场水电供应齐备，加工场地充足。

5.1.2　施工安排

专项工程的施工安排包括专项工程的施工目标、施工顺序与施工流水段、施工重难点分析及主要管理与技术措施、工程管理组织机构与岗位职责等内容。施工安排是施工方案的核心，关系专项工程实施的成败。

5.1.2.1　工程施工目标

工程施工目标包括进度质量、安全、环境和成本等目标，各项目标应满足施工合同、招标文件和总承包单位对工程施工的要求。

（1）质量目标

① 按照项目具体要求确定质量目标并进行目标分解，质量指标应具有可测量性；

② 建立项目质量管理的组织机构并明确职责；

③ 制订符合项目特点的技术保障和资源保障措施，通过可靠的预防控制措施，保证质量目标的实现。

（2）安全目标

① 确定项目重要危险源，制订项目职业健康安全管理目标；

② 建立有管理层次的项目安全管理组织机构并明确职责；

③ 根据项目特点，进行职业健康安全方面的资源配置；

④ 工程示例，例如某装饰工程的安全、消防目标为：无重大人员伤亡事故和重大机械设备事故，轻伤频率控制在1.5‰以内。消除现场消防隐患，无火灾事故，无违法犯罪案件。防止食物中毒，积极预防传染病。

（3）环境目标

① 确定项目重要环境因素，制订项目环境管理目标；

② 建立项目环境管理的组织机构并明确职责；

③ 根据项目特点进行环境保护方面的资源配置。

（4）成本目标

① 根据项目施工预算，制订项目施工成本目标；

② 根据施工进度计划，对项目施工成本目标进行阶段分解；

③ 建立施工成本管理的组织机构并明确职责，制订相应管理制度。

5.1.2.2　施工顺序及施工流水段

（1）专项工程施工顺序及施工流水段的确定　为保证建筑装饰专项工程的施工质量，一般采取样板先行，在专项工程大面积施工前，先做出样板，等把装修材料、装修风格、颜色搭配、施工作法无误、质量达到优良后，对各种做法进行总结，形成标准后再开始大面积施工。

对专项装饰工程施工顺序主要是确定施工工艺流程。其施工顺序及施工流水段的确定原则和方法与单位工程基本相同，这里不再赘述。

（2）工程示例　下面以玻璃幕墙安装工艺为例加以说明。

明框玻璃幕墙安装的工艺流程为：检验、分类堆放幕墙部件→测量放线→主次龙骨装配→楼层紧固件安装→安装主龙骨（竖杆）并找平、调整→安装次龙骨（横杆）→安装保温镀锌钢板→在镀锌钢板上焊铆螺钉→安装层间保温矿棉→安装楼层封闭镀锌板→安装单层玻璃窗密封条、卡→安装单层玻璃→安装双层中空玻璃密封条、卡→安装双层中空玻璃→安装侧压力板→镶嵌密封条→安装玻璃幕墙铝盖条→清扫、验收、交工。

单元式玻璃幕墙现场安装的工艺流程为：测量放线→检查预埋 T 形槽位置→穿入螺钉→固定牛腿→牛腿找正→牛腿精确找正→焊接牛腿→将 V 形和 W 形胶带大致挂好→起吊幕墙并垫减振胶垫→紧固螺钉→调整幕墙平直→塞入和热压接防风带→安设室内窗台板、内扣板→填塞与梁、柱间的防火、保温材料。

5.1.2.3　重难点分析与主要管理技术措施

（1）工程重点和难点分析　针对专项工程的重点和难点进行分析，设置工程施工重点，做出有效的施工安排是装饰工程专项施工方案的重要一环。工程的重点和难点设置的原则，是根据工程的重要程度，即质量特征值对整个工程质量的影响程度来确定。设置工程的重点和难点时，首先要对施工的工程对象进行全面分析、比较，以明确工程的重点和难点，然后进一步分析所设置的重点和难点，及在施工中可能出现的问题或造成质量安全隐患的原因，针对隐患的原因相应的提出对策实施用以预防。

专项施工方案的技术重点和难点应该有设计、有计算、有详图、有文字说明。

（2）主要管理和技术措施　任何一个工程的施工，都必须严格执行现行的建筑安装工程施工及验收规范、建筑安装工程质量检验及评定标准、建筑安装工程技术操作规程、建筑工程建设标准强制性条文等有关法律法规，并根据工程特点、施工中的难点和施工现场的实际情况，制订相应技术组织措施。

① 技术措施　对采用新材料、新结构、新工艺、新技术的工程，以及高耸、大跨度、重型构件等特殊工程，在施工中应制订相应的技术措施。其内容一般包括：要表明的平面、剖面示意图以及工程量一览表；施工方法的特殊要求、工艺流程、技术要求；冬雨季施工措施；材料、构件和机具的特点、使用方法及需用量。

② 保证和提高工程质量措施　保证和提高工程质量措施，可以按照各主要分部分项工程施工质量要求提出，也可以按照工程施工质量要求提出。保证和提高装饰工程质量措施，可以从以下几个方面考虑：保证定位放线、轴线尺寸、标高测量等准确无误的措施；保证装修工程施工质量的措施；保证采用新材料、新结构、新工艺、新技术的工程施工质量的措施；保证和提高工程质量的组织措施，如现场管理机构的设置、人员培训、建立质量检验制度等。

③ 确保施工安全措施　加强劳动保护和保障安全生产，是保障劳动人民生命安全的一项重要政策，也是进行工程施工的一项基本原则。为此，应提出有针对性的施工安全保障措施，从而杜绝施工中安全事故的发生。装饰工程施工安全措施，可以从以下几个方面考虑：脚手架、吊篮、安全网的设置及各类洞口防止人员坠落措施；外用电梯、井架及塔

吊等垂直运输机具的拉结要求和防倒塌措施；安全用电和机电设备防短路、防触电措施；易燃、易爆、有毒作业场所的防火、防爆、防毒措施；季节性安全措施。如雨期的防洪、防雨，夏期的防暑降温，冬期的防滑、防火、防冻措施等；现场周围通行道路及居民安全保护隔离措施；确保施工安全的宣传、教育及检查等组织措施。

④ 降低工程成本措施　应根据工程具体情况，按装饰工程的分部分项工程提出相应的节约措施，计算有关技术经济指标，分别列出节约工料数量与金额数字，以便衡量降低工程成本的效果。其内容一般包括：综合利用吊装机械，减少吊次，以节约台班费；砂浆中掺加外加剂或掺混合料，以节约水泥；采用先进的钢材焊接技术以节约钢材；构件及半成品采用预制拼装、整体安装的方法，以节约人工费、机械费等。

⑤ 现场文明施工措施　现场文明施工措施包括：施工现场设置围栏与标牌，出入口交通安全，道路畅通，场地平整，安全与消防设施齐全；临时设施的规划与搭设应符合生产、生活和环境卫生要求；各种建筑材料、半成品、构件的堆放与管理有序；散碎材料、施工垃圾的运输及防止各种环境污染；及时进行成品保护及施工机具保养。

（3）工程示例　某装饰工程施工在以下环节进行重点控制。

① 施工前各种放线图、测量记录；

② 原材料的材质证明、合格证、复试报告；

③ 各工序质量标准。

该工程由于属于精装修一步到位，装修做法复杂，种类较多，且大部分做法根据甲方功能定位变化较大，因此施工中一定要注意图纸及洽商等技术文件的要求。室内做法较多，如楼地面、墙面、隔断、顶棚、设备基础、水电专业配件等，都要求墙砖排布、地砖排布、石材排布、吊顶排布、外装幕墙铝板排布、隔断安装排布、管道井管道排布、设备基础排布、电气设备及配件排布、屋面坡度排水及平面布置排布等。排布后要求整砖、整板、对称、取中、成线等，达到外观效果美观，观感质量合格，故给施工带来了较大的困难。

走廊和卫生间排砖要从二次结构砌筑、抹灰开始考虑预留做法尺寸、门窗洞口对称、墙地砖对缝。

5.1.2.4　组织机构及岗位职责

工程管理的组织机构及岗位职责应在施工安排中确定，并应符合总承包单位的要求。根据分部（分项）工程或专项工程的规模、特点、复杂程度、目标控制和总承包单位的要求设置项目管理机构，该机构各种专业人员配备齐全，完善项目管理网络，建立健全岗位责任制。

（1）项目经理岗位职责　项目经理是工程质量第一责任人，负责项目施工管理的全面工作。制订工程的质量目标，并组织实施；认真贯彻执行国家和上级部门颁发的有关质量的政策、法规和制度。

① 实施项目经理负责制，统一领导项目施工并对工程质量负全面责任。

② 组建、保持工程项目质量保证体系并对其有效运行负责。

③ 按施工组织设计组织施工，对施工全过程进行有效控制，确保工程质量、进度、安全符合规定要求。

④ 合理调配人、财、物等资源，决策施工生产中出现的问题，满足施工生产需要。

⑤ 组织进行工程试运及交付工作，确保工程质量符合设计规定和合同内容，满足顾客要求。

（2）项目副经理岗位职责

① 负责施工管理，合理组织施工，对施工全过程进行有效控制。

② 协助项目经理调配人、财、物等资源，解决施工生产中存在的问题，满足施工生产需要。

③ 组织进行工程试运转及交付工作，确保工程质量符合设计规定和合同要求。

（3）项目总工（技术负责人）

① 负责项目技术工作，对施工质量安全生产技术负责。

② 组织编制项目施工组织设计，并对其实施效果负责。

③ 组织编制并审核交工技术资料，对其真实性、完整性负责。

④ 组织技术攻关，处理重大技术问题，具有质量否决权。

（4）施工员、技术员岗位职责

① 严格按规定组织开展施工工作，并对其过程控制和施工质量负责，认真学习图纸和设计说明，熟悉设计要求，参加图纸会审并在施工中严格遵照执行，并组织各工种工人严格按图和有关施工规范进行施工。

② 编制有关施工技术文件，进行技术交底，办理设计变更文件。

③ 负责确定施工过程控制点的控制时机和方法，负责对产品标识与追溯、工程防护的实施计划；要随时检查施工方案和施工质量是否符合图纸及施工验收规范的要求，坚持质量"三检"制度，做到文明施工管理。

④ 发现不合格品或由违章操作或出现不合格品时，有权停止施工并采取措施进行纠正，有权进行不合格品的标识、记录、隔离和处置，并对纠正（预防）措施的实施效果负责。

⑤ 合理安排各施工班组之间工序搭接，工种之间的交叉配合，组织进行隐蔽工程验收及分项、分部工程质量验评等各种检验、试验工作。

⑥ 记好施工日志和各项技术资料，做到内容完整、真实、数据准确并按时上交，及时办理现场经济签证，并参加工程竣工验收工作。

（5）质检员岗位职责

① 对工程项目实施全过程监督并进行抽查，实行质量否决权。

② 发现不合格品或有违章操作的，有权暂停施工并责令进行纠正。

③ 跟踪监督、检查不合格品处置及纠正和预防措施的实施结果。

④ 参加隐蔽工程验收及其他检验、试验工作，把好质量关。

⑤ 参加工程验评，即竣工验收工作，检验工程质量结果。

⑥ 做好专检记录、及时反馈质量信息。

（6）安全员岗位职责

① 认真落实国家、地方、企业有关安全生产工作规程、安全施工管理规定和有关安全生产的批示要求，在上级领导和安监部门领导下，做好本职工作。

② 负责监督、检查所管辖施工现场的安全施工、文明施工，对查出的事故隐患，应立即督促班组整改。

③ 制止违章违纪行为，有权对违章违纪人员进行经济处罚。严重隐患，冒险施工，有权先行停工，并报告领导研究处理。

④ 参加现场各项目开工前的安全交底，检查现场开工前安全施工条件，监督安全措施落实。检查周安全日活动，督促班组进行每天班前安全讲话。

⑤ 参加现场生产调度会和安全会议，协助领导布置安全工作，参加现场安全检查，对发现的问题按"三定"原则督促整改。

⑥ 按"四不放过"原则，协助现场领导，组织事故的调查、处理、记录工作。

（7）材料员岗位职责

① 根据施工进度计划，编制顾客提供产品和自行采购材料分批分期进厂计划。

② 负责对送检物资的报送工作。

③ 根据批准的采购范围所确定的零星物资采购计划，开展采购工作。

④ 负责顾客提供产品的调拨和外观验证。

⑤ 负责仓储物资管理和标识。

⑥ 负责施工生产用料的发放和回收管理。

⑦ 负责物资质量证明文件的登录和保管工作。

⑧ 参加不合格物资的评审处置。

（8）资料员岗位职责

① 负责现场的图纸、设计变更、规范、标准的管理。

② 负责收集、整理、汇总、装订工程竣工资料。

③ 负责和公司、监理、建设单位、设计单位联系，及时传递文件。

5.2

施工进度计划与资源配置计划

5.2.1 专项工程施工进度计划的编制

分部（分项）工程或专项工程施工进度计划应按照施工安排，并结合总承包单位的施工进度计划进行编制。

进度计划的实施与落实，不仅是施工单位一家所能控制和实现的，而是由总承包与分包、施工单位与业主、施工单位与设计单位紧密配合协调，共同努力才能得以实施的。为此，施工方案中将以施工总进度计划为推算依据，并请业主和土建单位按时做好装饰施工进场前必要的施工手续，为装饰工程施工创造必备的条件。

施工进度计划的编制应内容全面、安排合理、科学实用，在进度计划中应反映出各施工区段或各工序之间的搭接关系，施工期限和开始、结束时间。同时，施工进度计划应能体现和落实总体进度计划的目标控制要求，通过编制分部（分项）工程或专项工程进度计划进而体现总进度计划的合理性。

施工进度计划可采用网络图或横道图表示，并附必要说明。具体格式见本书第4章。

5.2.2 施工准备与资源配置计划

5.2.2.1 施工准备的主要内容

（1）技术准备 包括施工所需技术资料的准备、图纸深化和技术交底的要求、试验检验和测试工作计划、样板制作计划以及与相关单位的技术交接计划等。

专项工程技术负责人认真查阅设计交底、图纸会审记录、变更洽商、备忘录、设计工作联系单、甲方工作联系单、监理通知等资料，看是否与已施工的项目有出入的地方，发现问题立即处理。

组织管理人员进行有关装修方面的规范、规程、标准的学习，及时掌握其装修规范要求。

施工方案针对的是分部（分项）工程或专项工程，在施工准备阶段，除了要完成本项工程的施工准备外，还需注重与后工序的相互衔接。

（2）现场准备　包括生产、生活等临时设施的准备以及与相关单位进行现场交接的计划等。

（3）资金准备　编制资金使用计划等。

5.2.2.2　资源配置计划的主要内容

（1）劳动力配置计划　根据工程施工计划要求确定工程用工量并编制专业种劳动力计划表，见表 5.1。

表 5.1　某幕墙工程劳动力计划表

序号	工　种	A 段	B 段	C 段
1	架子工	7	7	10
2	机械工	6	6	6
3	信号工	2	2	2
4	电焊工	4	4	6
5	电工	4	4	6
6	油漆工	4	4	4
7	幕墙	15	15	40
8	弱电	10	10	15
9	消防	10	10	15
10	其他	30	30	50

（2）物资配置计划　包括工程材料和设备配置计划、周转材料和施工机具配置计划及计量、测量和检验仪器配置计划等，见表 5.2。

表 5.2　某装饰工程机具配置计划

序号	机械名称	规格型号	数量
1	电焊机	AX-320	3 台
2	木工圆锯	MJ114	3 台
3	木工平刨床	MB504A	3 台
4	双面木工刨	MB106A	2 台
5	无齿锯	J3G-400	2 台
6	室外电梯	SCD200	1 部
7	提升架	JK-150	2 台

5.3

施工方法及工艺要求

5.3.1　施工方法

施工方法是工程施工期间所采用的技术方案、工艺流程、组织措施、检验手段等。它直接影响施工进度、质量、安全以及工程成本。

专项工程施工方案应明确施工方法并进行必要的技术核算，对主要分项工程（工序）明确施工工艺要求。

专项工程施工方案的施工方法应比施工组织总设计和单位工程施工组织设计的相关内容更细化。

5.3.2 施工重点

专项工程施工方案对易发生质量通病、易出现安全问题、施工难度大、技术含量高的分项工程（工序）等应做出重点说明。例如，某吊顶工程施工要点为：

（1）应与安装工程进行良好的配合，使吊顶内设备定位、美观合理。

（2）不同的吊顶材料要进行翻样，吊顶要整齐、美观。

（3）根据设计标高在四周墙上弹线，弹线应清晰，位置准确，便于查找，其水平允许偏差±5mm。

（4）主龙骨吊点间距应按设计系列选择，中间部分稍起拱，起拱高度不小于于房间纵向跨度的 1/300～1/200（±10）。大面积吊顶应适当起拱，从而确保整体平面水平，也保证了平顶的整体美观。

（5）吊杆距主龙骨端部距离不得超过 300mm，否则应增加吊杆。当吊杆与设备相遇时，应适当调整吊点构造或增设吊杆，必要时加设角钢结构形式。当主龙骨与主龙骨连接，且在吊杆线附近时，这时也应当增加吊杆（在上人龙骨吊顶），以保证吊顶的平整度。

（6）连接件要错位安装，明龙骨系列应校正纵向龙骨的直线度，直线度应目测或两端拉线到无明显弯曲，保证在允许偏差值以内即可。

（7）所有连接件和吊杆系列要经过防锈处理。

（8）对装配式吊顶，其每个方格尺寸符合图纸及规范要求。主龙骨与次龙骨安装都必须两端拉线进行操作。方格尺寸大小要均匀，易于安装面板，且固定牢靠。对不上人吊顶，施工过程必须在隐蔽项目完成后进行，不得随意踩踏主次龙骨，以防龙骨变形，所造成的返工及延误工期的后果。

（9）石膏板前，先将石膏板倒缝，弹自攻螺纹线，以便螺钉准而快地固定在龙骨上；封面板板缝要均匀，面板板缝宽度要控制在 3mm（5mm 以内），以便嵌腻子，贴玻璃纤维接缝带，再用腻子刮平整。

5.3.3 新技术的应用

对开发和使用的新技术、新工艺以及采用的新材料、新设备，应通过必要的试验或论证并制订计划。

对于工程中推广应用的新技术、新工艺、新材料和新设备，可以采用目前国家和地方推广的，也可以根据工程具体情况由企业自主创新；对于企业创新的技术和工艺，要制定理论和试验研究实施方案，并组织鉴定评价。

5.3.4 季节性施工措施

对季节性施工应提出具体要求。根据施工地点的实际气候特点，提出具有针对性的施工措施。在施工过程中，还应根据气象部门的预报资料，对具体措施进行细化。例如，某装饰工程冬季施工安全措施有以下几方面。

（1）入冬前组织项目部职工和施工队伍进行冬施安全教育。

（2）冬季脚手架必须采取防滑措施，搭设上下斜道，钉防滑条，设防护栏杆，雪天脚手架走道及时打扫干净。

（3）切实做好防火工作，架设的火炉必须设专人看护，禁止随便点火取暖，现场的乙炔瓶、氧气瓶等易燃物要分类堆放，集中管理。在仓库、木工车间、易燃物品存放等处设置灭火器、水源等灭火物品。

（4）对于各种线路、电器应重新检查、维修，按安全用电的标准进行线路布置；严禁乱拉乱接；大风或雪天后，必须检查线路，防止电线短路，发生火灾。

（5）机械设备所用的润滑油、柴油、机油、液压油、水按冬季规定使用掺加防冻剂或使用冬季特种油品。机器没有掺加防冻液的冷却水在机械使用完后立即放空冷却水。

5.4
专项工程施工方案实例

以某幕墙工程施工方案为例进行介绍。

5.4.1 工程概况

5.4.1.1 工程基本情况

（1）工程名称　××大学第三医院教学科研楼幕墙及外墙铝合金窗工程。

（2）工程地点　××市××街。

（3）工程性质　公建。

（4）建设单位　××大学。

（5）设计单位　××国际工程设计研究院。

（6）结构型式　框架结构。

（7）抗震设防烈度　8度。

（8）计划工期　90个日历天。

（9）工程质量目标　合格。

（10）工程内容　玻璃幕墙。

5.4.1.2 本幕墙工程主要项目

（1）玻璃幕墙　2560m²，为隐框形式。

（2）玻璃　采用6mm钢化LOW-E镀膜玻璃＋9A＋6mm钢化透明浮法玻璃。

（3）铝型材　采用断桥铝材，表面氟碳喷涂处理。

5.4.1.3　工程主要特点

本工程位于××市××街，抗震设防烈度为 8 度。新建结构类型为框架剪力墙结构。设计使用年限为 50 年。市区基本风压 $W_0 = 0.45\mathrm{kN/m^2}$（50 年一遇），本次设计建筑地区粗糙度为 C 类。本工程抗震设防烈度为 8 度。

5.4.1.4　工程采用新技术、新材料、新工艺

（1）框架玻璃幕墙，采用定距压块安装，连接可靠，板块受力合理，安装简便，安全可靠，同时具有可更换性，即板块破损后更换非常容易。

（2）玻璃幕墙，采用三元乙丙胶条密封，提高了幕墙水密性和气密性。

（3）所有型材接合部位均设有弹性胶垫。横竖框连接采用浮动式伸缩结构，可以从根本上消除冷热变形伸缩噪声，同时可吸收一定的横竖框安装误差，抗震能力强。

5.4.2　施工安排

5.4.2.1　质量目标

按照合格验收标准严格要求，确保本工程按标准一次验收合格。

5.4.2.2　工期目标

总体根据总包的计划开工日期，外装施工周期控制在 90 个日历天内。

5.4.2.3　资金成本目标

"人、机、料、法、环"全方面、全过程实行工程预算目标宏观控制与施工过程微观调节相结合，确保工程总成本达到预期目标。

严格按总进度计划合理调配资金，确保工程按期优质完成。

5.4.2.4　环境保护目标

符合国家及××市有关环保的法律法规要求，并严格按 ISO 14001 环保标准及公司 ISO 14001 环保管理程序进行施工作业，施工噪声遵守《建筑施工场界噪声限值》（GB 12523），满足有关洁净工程特殊环保要求。

5.4.2.5　文明施工目标

贯彻公司 CI 战略要求，强化现场文明、场容管理，确保施工现场达到××市级文明施工工地标准。创建××市文明施工标杆样板工地，并配合总承包方目标实施。

5.4.2.6　安全目标

符合国家及××市有关安全要求的有关法律法规规定，并严格按 OHSMS 18001 职业健康安全标准及公司的 OHSMS 18001 职业健康安全管理程序进行施工作业，确保无重大工伤事故，杜绝死亡事故，轻伤频率控制在 2‰以内。

5.4.3　施工进度计划

5.4.3.1　一级进度控制计划

本计划是表述分项工程的阶段目标，是提示业主、设计、监理及总包高层管理人员进行工程总体部署的表达方式。主要实现对分项工程计划，进行实时监控、动态关联。本次

提交外装饰工程施工计划是"装饰工程总体形象进度控制计划"（图略）。全部外装饰工程于计划总工期 90 天，进场时间为进场施工之日起。

5.4.3.2　二级进度控制计划

以分项工程的阶段目标为指导，分解形成具体实施步骤，以达到满足一级总控计划的要求，便于业主、监理与总包管理人员对该单项工程进度的总体控制及施工现场进度控制计划。主要有埋件安装计划、龙骨安装计划、装饰面材安装计划。

5.4.3.3　三级进度控制计划，即周、日作业计划

周、日作业计划是当周（当日）操作计划，公司随工程例会发布并总结，采取日保周、周保月、月保阶段的控制手段，使计划阶段目标分解至每一日、每一周。

5.4.4　施工准备与资源配置计划

5.4.4.1　人力资源使用计划

根据该工程的工期要求和工作量，提前落实人力资源的来源，做好人力资源的统筹安排，选用素质和技术水平高，并与我公司多年合作的施工队伍，做到既保证人力资源充足又不窝工。需用高峰期人力资源 65 人，见表 5.3。

表 5.3　人力资源专业工种配备表

序号	工　种	配置人数/人	备　注
1	施工队长	3	
2	电工	1	
3	电焊工	8	
4	玻璃板块安装工	12	1. 特殊工种具有专业工种上岗证书
5	铝合金安装工	16	2. 现场施工劳动力组织按进度计划进行动态管理
6	其他安装工	8	
7	龙骨安装工	10	
8	测量	2	
9	打胶	5	
	合计	65	

5.4.4.2　机械、机具设备计划

（1）垂直运输设备　总承包商负责提供垂直升降梯。

（2）施工用小型设备　按照预选文件提出的施工内容，配备足够数量的装饰施工用的小型机械。考虑到工期、工程质量及施工现场场地紧张状况及本工程施工现场周围环境，施工时间控制及施工噪声管理将成为施工的重点，届时将能够在加工厂完成的加工任务，全部安排在加工厂内，施工现场只安排极少量的修补及组装工作，组装工作在安装工作面完成。

现场主要配备一些临时修补钢构件加工和一些打孔、连接等小型机械，应注意以下几方面。

① 进场后各种机具必须经检验合格，履行验收手续后方可使用；

② 小型机械由专业人员使用操作，按操作规程使用，并负责维护保养；

③ 建立机具、设备安全操作制度，并将安全操作制度牌挂在机具明显位置处，做到有标识、有制度、有专人负责；

④ 机具、设备的安全防护装置必须按规定要求配备，且齐全、完好、安全有效并达到环保要求；

⑤ 户外设置的机具、设备应有防雨、防砸等防护措施；

⑥ 机械设备应定期进行检查，并在每日上班前进行普检，保证施工时不会出现故障或安全问题。

（3）拟投入的施工现场机械、机具设备　本工程的加工及施工安装设备是由德国某公司引进的多条铝合金型材加工流水线和加工中心及意大利石材加工流水线组成。是玻璃幕墙和石材幕墙现代化生产基地，具有加工玻璃幕墙、铝板幕墙、铝合金门窗 $8×10^5 m^2$ 的生产能力。

5.4.4.3　工程主要材料计划

（1）铝合金型材　选用 6063-T5 型材，符合国家标准《铝合金建筑型材　第 1 部分：基材》（GB 5237），为优质高级铝型材。

本工程铝型材推荐选用广东兴发公司生产的优质高精级铝型材。

本工程铝合金型材氟碳喷涂处理，涂层厚度 $45～60\mu m$。型材符合国家标准《铝合金建筑型材》（GB/T 5237.1～5237.5）《一般工业用铝合金热挤压型材》（GB 6892）的规定。

（2）玻璃　本工程玻璃推荐选用南玻公司/上海耀皮生产的玻璃。产品符合《建筑用安全玻璃　第 3 部分：夹层玻璃》（GB 15763.3）规范要求。

① 玻璃种类

a. 玻璃幕墙　6mm 钢化 LOW-E 玻璃＋9A＋6mm 净白钢化中空玻璃；

b. 外窗　5mm LOW-E 玻璃＋9A＋5mm 净白中空玻璃。

② 本工程对玻璃加工要求

a. 玻璃尺寸偏差不大于 2mm。

b. 钢化玻璃应经过二次热处理。

c. LOW-E 膜玻璃不应有变色、脱落、褪色、孔洞、色差等缺陷。

d. 中空玻璃不应出现内部雾化、水汽、结露、结冰等现象。

e. 钢化玻璃不应有彩虹现象。

（3）硅酮胶

① 本工程一般要求　选用道康宁或美国 GE 产品，密封胶应符合《硅酮建筑密封胶》（GB/T 14683）的规定，结构胶应符合《建筑用硅酮结构密封胶》（GB 16776）的规定，中高弹性模量，具有良好的黏着力和延伸，抗气候变化，抗紫外线破坏，抗撕裂和耐老化，黑色。幕墙防火层与楼板接缝处使用阻燃防火密封胶。

② 密封胶条　三元乙丙材料（EPDM）为人工合成橡胶，有以下优点。

a. 耐候性能好　乙丙橡胶耐候性能好，能长期在阳光、潮湿、寒冷的环境中使用。含炭黑的乙丙橡胶硫化胶在阳光下暴晒三年后未发生龟裂，物理力学性能变化很小。乙丙橡胶制品在自然状态下可使用 30～50 年。

b. 耐老化性能　乙丙橡胶具有极高的化学稳定性，在通用橡胶中，其耐老化性能最好。

（4）附件

① 本工程五金附件采用国产优质不锈钢制品，钢材采用首钢产品。

② 所有螺栓、螺母、螺钉、垫圈等，应选用不锈钢件，且采用的不锈钢件应符合规范要求。

5.4.5 施工方法与工艺要求

5.4.5.1 施工要点

玻璃幕墙的安装由以下几方面工作组成。

（1）放线 放线是指将骨架的位置弹到主体结构上。放线工作及根据图纸所提供中心线及标高进行，实际放线时应对中心线及标高控制点予以复核。主体结构与玻璃幕墙之间一般还应留出一定的间隔，以保证安装工作顺利进行。

对于由横竖杆组成的幕墙骨架，一般先弹出竖向杆位置，再确定竖向杆件的锚固点。横向杆件一般固定在竖向杆件上，等竖向杆件通长布置完毕，横向杆件的放线则可再弹到竖向杆件上。

（2）骨架安装 骨架的安装按放线的具体位置进行。骨架是通过连接件与主体结构相连的，而连接件与主体结构的固定，一般多采用连接件与主体结构上预埋铁件相焊接，或在主体结构上钻孔并通过膨胀螺栓将连接件与主体结构相固定的办法。后一种方法较为机动灵活，但钻孔工作量甚大，如有可能，应尽量采用预埋铁件法。全部连接件应确保焊接或锚的质量，切实地固定在结实的位置上。

连接件安装完毕后，即可安装骨架。一般竖向杆件先行安装，竖向杆件就位后，再安装横向杆件。竖向杆件与主体结构之间的连接，可用角钢固定，角钢的一肢与主体结构相连，另一肢与竖向杆件相连，连接的螺栓宜用不锈钢螺栓。安装的骨架如系钢骨架，应涂刷防锈漆；如系铝合金骨架，还须注意在其与混凝土直接接触部位对氧化膜进行防腐处理。

骨架中的空腹薄壁铝合金竖向杆件接长，应采用稍小于竖向杆件截面的空腹方钢连接件，分别穿上、下杆件端部，然后用不锈钢螺栓穿孔拧紧。型钢杆件接长较易处理，在此不再赘述。

横向杆件安装，可与竖杆焊接，也可用螺栓连接，由于焊接易导致骨架受热不均而变形，就特别注意焊接的顺序及操作，或者尽量减少现场焊接工作。

骨架安装完后，应对横竖杆件中心线进行校验，对高度较高的竖向杆件，还应用经纬仪进行中心线校正。

（3）玻璃安装 对于钢结构骨架，因型钢没有镶嵌玻璃的凹槽，故多用铝合金窗框过渡，一个骨架网格内可以是单独窗框，也可并连几樘窗框。玻璃可先安装在窗框上，然后再将窗框与骨架连接。

铝合金型材骨架的玻璃安装，可分为安装玻璃、嵌橡胶压条、注封缝料三个步骤。在横向杆件上安装玻璃时，应注意在玻璃下方如设定位垫块。凹槽两侧的填缝隙材料，一般用通长的橡胶压条，然后在压条上面注一道防水密封胶，其注入深度约5mm。

幕墙玻璃一般都较大，较大面积玻璃的吊装须借助吊装机并配以专门的起吊环。加较小面积的玻璃也可用人力搬动。实际工程中，多用提升机做垂直搬运，用轻便小车做楼层的水平方向搬运。玻璃的移动、就位要借助吸盘，手工搬运用的手工吸盘有单脚、双腿、三腿等。

玻璃的安装过程，应充分注意利用外墙脚手架，玻璃就位后应及时用填缝材料固定和密封，切不可明摆浮搁。玻璃安装完毕后要注意保护，在易于碰撞的部位应有木栏或护板等保护措施。在玻璃附近电焊时，应将玻璃加以覆盖，防止火花溅落引起烧痕。

沉降缝处的玻璃幕墙，一般做成两个独立的幕墙骨架体系。图中的防水处理为内、外两道防水做法，铝板相交处用密封胶封闭处理。

玻璃幕墙的安装是一项极细致且技术性又高的工作，因而施工之前应首先制订稳妥的方案，在操作中也应有专人负责。

5.4.5.2　玻璃幕墙工艺要求

（1）具备材料出厂质量证书、结构聚硅氧烷密封胶相容性试验报告及幕墙物理性能检验报告。

（2）明框幕墙框料应竖直横平；单元式幕墙的单元拼缝或隐框幕墙分格玻璃拼缝应竖直横平，缝宽应均匀，并符合设计要求。

（3）玻璃的品种、规格与色彩应与设计相符，整幅幕墙玻璃的色泽应均匀，不应有析碱、发霉和镀蜡脱落等现象。

（4）玻璃的安装方向应正确。

（5）幕墙材料的色彩应与设计相符，并应均匀，铝合金料不应有脱膜现象。

（6）装饰压板表面应平整，不应有肉眼可察觉的变形、波纹或局部压砸等缺陷。

（7）幕墙的上下边及侧边封口、沉降缝、伸缩缝、防震缝的处理及防雷体系应符合设计要求。

（8）幕墙隐蔽节点的遮封装修应整齐美观。

（9）幕墙不得渗漏。

（10）玻璃幕墙工程抽样检验应符合下列要求。

① 铝合金料及玻璃表现不应有铝屑、毛刺、油斑和其他污垢；

② 玻璃应安装或粘接牢固，橡胶条和密封胶应镶嵌密实、填充平整；

③ 钢化玻璃表面不得有伤痕，擦伤不大于 $500mm^2$。

小结

施工方案是以分部（分项）工程或专项工程为主要对象编制的施工技术与组织方案，用以具体指导其施工过程。其内容包括工程概况、施工安排、施工准备与资源配置计划、施工进度计划、施工方法和工艺要求等。

工程概况应包括工程主要情况、设计简介和工程施工条件等。

工程施工目标包括进度质量、安全、环境和成本等目标，各项目标应满足施工合同、招标文件和总承包单位对工程施工的要求。

施工准备工作包括技术准备、现场准备、资金准备等。

施工方法是工程施工期间所采用的技术方案、工艺流程、组织措施、检验手段等。它直接影响施工进度、质量、安全及工程成本。

专项工程施工方案应明确施工方法并进行必要的技术核算，对主要分项工程（工序）明确施工工艺要求。

专项工程施工方案的施工方法应比施工组织总设计和单位工程施工组织设计的相关内容更细化。

思考与练习

1. 简述编制专项工程施工方案的依据。
2. 专项工程施工方案的工程概况包括哪些内容？
3. 简述专项工程施工方案的施工安排。
4. 确定专项工程施工方案的施工准备工作有哪些？
5. 选择施工机械应着重考虑哪些问题？
6. 如何选择专项工程施工方案的施工方法？

6

建筑装饰工程采购与合同管理

学习目标

1. 了解装饰工程的采购原则、合同的种类、合同的订立原则。
2. 熟悉装饰工程采购方法、合同的履约管理内容。
3. 掌握装饰工程合同的变更程序、合同索赔的程序。
4. 能够根据合同管理的知识解决实际装饰现场中合同的变更、索赔的处理；能够运用适时的采购方法进行采购管理。

6.1
建筑装饰工程采购管理

6.1.1 采购管理概述

6.1.1.1 装饰工程采购范围

装饰工程的采购主要集中在现场的装饰材料、设备及成品或成套的家具设施等。在这些物质中尤以材料和设备所占的比例较大。

材料和设备的采购主要以装饰施工图为依据，根据工程的特点、材料的性能、质量标准、适用范围和业主的要求进行采购。施工方需要掌握材料的最新动态、质量、价格、供货能力的信息，优选供货厂家，确保质量好、价格低的材料资源，从而保证工程的质量，降低工程造价。

6.1.1.2 项目采购管理的工作程序

为了规范项目部的采购管理活动，采购部门应该制订详细的采购管理工作程序，一般分为以下程序。

① 明确采购产品或服务的基本要求，明确采购分工以及有关责任。

② 进行合理的采购策划，编制采购计划。

③ 进行市场调查，选择合格的产品供应商或者分供方，建立项目部的采购台账。

④ 采用规范化的方式，如项目的招标或者协调等方式确定供应或服务单位。

⑤ 签订采购合同。

⑥ 进行采购产品，即标的物的运输、检验、移交。

⑦ 不合格产品的处理或不符合要求的分供方的处理。

⑧ 相关资料的收集和归档。

6.1.1.3 采购管理的作用

由于项目采购活动要占用大量的资源，包括人力、财力等来获取工程项目，以及项目实施相关的货物与服务等，因此，对这一过程的管理不仅关系到工程项目的质量、进度等，而且关系到工程项目投入与产出的关系，从而直接影响到项目收益，影响到各参与方的经济利益。

6.1.2 采购计划

采购计划是指企业采购部门通过识别确定项目所包含的需从项目实施组织外部得到的产品或服务，并对其采购内容做出合乎要求的计划，以利于项目能够更好地实施。

6.1.2.1 采购计划的编制依据

编制采购计划的依据是项目合同、设计文件、采购管理制度、项目管理实施规划（含进度计划）、工程材料需求或备料计划等。

6.1.2.2　项目采购计划的内容

产品的采购应按计划内容实施，在品种、规格、数量、交货时间、地点等方面应与项目计划相一致，以满足项目需要。项目采购计划应包括：项目采购工作范围、内容及管理要求；项目采购信息，包括产品或服务的数量、技术标准和质量要求；检验方式和标准；供应方资质审查要求；项目采购控制目标及措施。

6.1.2.3　采购计划的编制结果

采购计划编制完成后就会形成采购管理计划和采购工作说明书。

采购管理计划是管理采购过程的依据，应指出采购采用的合同类型、如何对多个供货商进行良好的管理等。

采购工作说明书应详细说明采购项目的有关内容，为潜在的供货商提供一个自我评判的标准，以便确定是否参与该项目。

6.1.3　采购方式

在装饰工程项目的实施过程中，对物资采购的方式的选取一般分为招标和非招标方式。

6.1.3.1　招标采购

（1）招标采购范围　《中华人民共和国招标投标法》明确规定："在中华人民共和国境内进行下列工程建设项目，包括项目的勘察、设计、施工、监理及与工程建设有关的重要设备、材料等的采购，必须进行招标。"

① 大型基础设施、公用事业等关系社会公共利益、公众安全的项目。

② 全部或部分使用国有资金投资或者国家融资的项目。

③ 使用国际组织或者外国政府贷款、援助资金的项目。

为了进一步明确招标范围，《工程建设项目招标范围和规模标准规定》规定以上招标范围的项目勘察设计、施工、监理以及与工程有关的重要设备、材料等的采购，达到下列标准之一的必须进行招标：

① 施工单项合同估算价在200万元人民币以上的；

② 重要设备、材料等货物的采购，单项合同估算价在50万元人民币以上的；

③ 勘察、设计、监理等服务的采购，单项合同估算价在100万元人民币以上的；

④ 单项合同估算价低于①、②、③项规定的标准，但项目总投资额在3000万元人民币以上的。

（2）招标采购的程序

① 刊登采购公告　可分为两步：刊登采购总公告；刊登具体招标公告。对于国内竞争性招标，其投标机会只需以国内广告的形式发出。

② 资格预审

a. 资格预审的内容　根据《建设工程施工招标文件范本》中关于建设工程施工招标资格预审文件的规定，投标人应当提交如下资料以方便招标人进行资格预审。

有关确立法律地位原始文件的副本（包括营业执照、资质等级证书和非本国注册的企业经建设行政主管部门核准的资质条件）；

企业在过去3年完成的与本合同相似的工程的情况和现在正在履行的合同的工程情况；

管理和执行本合同拟配备的人员情况；

完成本合同拟配备的机械设备情况；

企业财务状况资料，包括最近 2 年经过审计的财务报表，下一年度财务预测报告；

企业目前和过去 2 年参与或涉及诉讼的材料；

如为联合体投标人，还应提供联合体协议书和授权书。

b. 资格预审的程序

编制资格预审文件；

邀请有资格参加预审的单位参加资格预审；

发售资格预审文件；

提交资格预审申请；

资格评定、确定参加投标的单位名单。

③ 编制招标文件　项目采购单位或项目采购单位委托的招标代理机构应充分利用已出版的各种招标文件范本，从而加快招标文件编制的速度，提高招标文件编制的质量。

④ 刊登具体招标通告　项目采购单位或项目采购单位委托的招标代理机构在发行资格预审文件或招标文件之前，必须在借款者国内广泛发行的报纸或官方杂志上刊登资格预审或招标通告作为具体采购通告。招标通告应包括以下内容：

借款国名称；

项目名称；

采购内容简介（包括工程地点、规模、货物名称、数量）；

资金来源；

交货时间或竣工工期；

对合格货源国的要求；

发售招标文件的单位名称、地址以及文件售价；

投标截止日期和地点的规定；

投标保证金的金额要求；

开标日期、时间、地点。

⑤ 发售招标文件。

⑥ 投标

a. 投标准备　为了招标工作的顺利进行，项目采购单位或项目采购单位委托的招标代理机构一定要做好投标前的准备工作。

项目采购单位或项目采购单位委托的招标代理机构要根据以往经验和实际情况合理确定投标文件的编制时间。

对大型工程和复杂设备的招标采购工作，项目采购单位或项目采购单位委托的招标代理机构要组织标前会和现场考察。

项目采购单位或项目采购单位委托的招标代理机构对投标人提出的书面问题要及时予以答复，并以答疑书的形式发给所有投标人，以示公平。

b. 投标文件的提交

投标文件需在招标文件中规定的投标截止时间之前予以提交。

项目采购单位或项目采购单位委托的招标代理机构在收到投标书后，要进行签收，并做好相应记录。

为了与招标中公开、公平、公正和诚实信用的原则相一致，投标截止时间与开标时间应保持统一。

⑦ 开标

a. 开标应符合招标通告的要求。

b. 开标时要公开宣读投标信息。

c. 开标要做好开标记录。

⑧ 评标

a. 评标依据　评标唯一的依据是招标文件。

b. 评标程序　初评主要是审查投标文件是否对招标文件做出了实质性的响应，以及投标文件是否完整，计算是否正确等。对投标文件的具体评价主要包括技术评审和商务评审。

（a）技术评审　技术评审主要是为了确认备选的中标人完成生产项目的能力以及他们的供货方案的可靠性，技术评审可从以下方面进行：技术资料是否完备；施工方案是否可行；施工进度计划是否可靠；施工质量是否保证；工程材料和机器设备供应的技术性能符合设计技术要求；分包商的技术能力和施工经验；对投标文件中按招标文件规定提交的建议方案进行技术评审。

（b）商务评审　商务评审主要是从成本、财务等方面评审投标报价的正确性、合理性、经济效益和风险等，估量授标给不同投标人产生不同的后果。商务评审可从以下几方面进行：报价的正确性和合理性；投标文件中的支付和财务问题；价格的调整问题；审查投标保证金；对建议方案的商务评审。

c. 评标结果　选出合适的中标人。中标人的投标应当符合下列条件之一。

能最大限度地满足招标文件中规定的各项综合评价标准。

能满足招标文件各项要求，并且经评审的投标价格最低，但投标价格低于成本除外。

⑨ 授标　在评标报告和授标建议书经世界银行批准后，项目采购单位或项目采购单位委托的招标代理机构可向具有最低投标价格的投标人发出中标通知书，并在投标有效期内完成合同的授予。

6.1.3.2　非招标采购

非招标采购主要包括询价采购、竞争性谈判和单一来源采购。

（1）询价采购　询价采购是指对几家（通常至少三家）供应商的报价进行比较以确保价格具有竞争性的一种采购方式。每一供应商或承包商只许提出一个报价，而且不许改变其报价。不得同某一供应商或承包商就其报价进行谈判。询价采购的特点如下。

① 邀请报价的供应商数量至少为三家。

② 报价的提交形式可以采用电传或传真形式。

③ 报价的评审应按照买方公共或私营部门的良好惯例进行。采购合同一般授予符合采购实体需求的最低报价的供应商或承包商。

询价采购的适用条件包括以下两个。

① 采购现有的并非按采购实体的特定规格特别制造或提供的货物或服务。

② 采购合同的估计价值低于采购条例规定的数额。

（2）竞争性谈判　竞争性谈判是指采购人或者采购代理机构直接邀请三家以上供应商就采购事宜进行谈判的方式。

竞争性谈判采购方式的特点如下。

① 可以缩短准备期，能使采购项目更快地发挥作用。

② 减少工作量，省去了大量的开标、投标工作，有利于提高工作效率，减少采购成本。

③ 供求双方能够进行更为灵活的谈判。

④ 有利于保护民族工业。

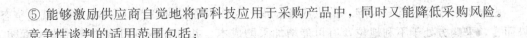

⑤ 能够激励供应商自觉地将高科技应用于采购产品中，同时又能降低采购风险。

竞争性谈判的适用范围包括：

① 依法制订的集中采购目录以内，且未达到公开招标数额标准的货物或服务；

② 依法制订的集中采购目录以外、采购限额标准以上，且未达到公开招标数额标准的货物或服务；

③ 达到公开招标数额标准、经批准采用非公开招标方式的货物或服务；

④ 按照招标投标法及其实施条例必须进行招标的工程建设项目以外的政府采购工程。

竞争性谈判的适用条件包括：

① 招标后没有供应商投标或者没有合格标的，或者重新招标未能成立的；

② 技术复杂或者性质特殊，不能确定详细规格或者具体要求的；

③ 非采购人所能预见的原因或者非采购人拖延造成采用招标所需时间不能满足用户紧急需要的；

④ 因艺术品采购、专利、专有技术或者服务的时间、数量事先不能确定等原因不能事先计算出价格总额的。

竞争性谈判的基本程序如下。

① 采购预算与申请　采购人编制采购预算，填写采购申请表并提出采用竞争性谈判的理由，经上级主管部门审核后提交财政局采购管理部门。

② 采购审批　财政行政主管部门根据采购项目及相关规定确定竞争性谈判这一采购方式，并确定采购途径——是委托采购还是自行采购。

③ 代理机构的选定　其程序与公开招标的相同。

④ 组建谈判小组。

⑤ 编制谈判文件　谈判文件应明确谈判程序与内容、合同草案条款以及评定成交的标准等事项。

⑥ 确定参与谈判的供应商名单　谈判小组根据采购需求，从符合相应资格条件的供应商名单中确定并邀请不少于三家的供应商进行谈判。若公开招标的货物、服务采购项目，招标过程中提交投标文件或者经评审实质性响应招标文件要求的供应商只有两家时，采购人、采购代理机构经本级财政部门批准后可以与该两家供应商进行竞争性谈判采购。

⑦ 谈判　谈判小组所有成员集中与每一个被邀请的供应商分别进行谈判。在谈判中任何一方不得透露与谈判有关的其他供应商的技术资料、价格和其他信息。若谈判文件有实质性变动，谈判小组应以书面形式通知所有参加谈判的供应商。可以按照供应商提交投标文件的逆序或以抽签的方式确定谈判顺序。

⑧ 确定成交供应商　谈判结束后，谈判小组应要求所有参加谈判的供应商在规定时间内进行最后报价，采购人从谈判小组提出的成交候选人中根据符合采购需求、质量和服务相等且报价最低的原则确定成交供应商，并将结果通知所有参加谈判的未成交的供应商。要求供应商尽早报价可防止串标。

⑨ 评审公示　公示内容包括成交供应商名单、谈判文件修正条款、各供应商报价、谈判专家名单。

⑩ 发出成交通知书　公示期满无异议，即可发出成交通知书。

（3）单一来源采购　单一来源采购是指只能从唯一供应商处采购、不可预见的紧急情况、为了保证一致或配套服务从原供应商添购原合同金额 10% 以内的情形的政府采购项目，采购人向特定的一个供应商采购的一种政府采购方式。该采购方式的最主要特点是没有竞争性。

由于单一来源采购只同唯一的供应商、承包商或服务提供者签订合同，所以就竞争态势而言，采购方处于不利地位，有可能增加采购成本。并且在谈判过程中容易滋生索贿、受贿现象，所以对这种采购方法的使用，国际规则都规定了严格的适用条件。一般而言，这种方式的采用都是出于紧急采购的时效性或者只能从唯一的供应商或承包商取得货物、工程或服务的客观性。

《中华人民共和国政府采购法》对单一来源采购方式的程序作了规定，即采取单一来源采购方式采购的，采购人与供应商应当遵循采购法规定的原则，在保证采购项目质量和双方商定合理价格的基础上进行采购。

采取单一来源采购方式应当遵循的基本要求如下。

① 遵循的原则。采购人与供应商应当坚持《中华人民共和国采购法》第三条规定的"政府采购应当遵循公开透明原则、公平竞争原则、公正原则和诚实信用原则"开展采购。单一来源采购是政府采购方式之一，尽管有其特殊性和缺乏竞争，但仍然要尽可能地遵循这些原则。

② 保证采购质量。政府采购的质量直接关系到政府机关履行行政事务的效果，因此，保证采购质量非常重要。虽然单一来源采购供货渠道单一，但也要考虑采购产品的质量，否则实行单一来源政府采购本身就没有意义。

③ 价格合理。单一来源采购虽然缺乏竞争性，但也要按照物有所值原则与供应商进行协商，本着互利原则，合理确定价格。

单一来源采购的流程如下。

① 采购预算与申请　采购人编制采购预算，填写采购申请表并提出采用单一来源采购方式的理由，经上级主管部门审核后提交财政管理部门。其中，属于因货物或者服务使用不可替代的专利、专有技术，或者公共服务项目具有特殊要求，导致只能从唯一供应商处采购的，且达到公开招标数额的货物、服务项目的，应当由专业技术人员论证并公示，公示情况一并报财政部门。

② 采购审批　财政行政主管部门根据采购项目及相关规定确定单一来源采购这一采购方式，并确定采购途径——是委托采购还是自行采购。

③ 代理机构的选定　其程序与公开招标的相同。

④ 组建协商小组　由于单一来源采购缺乏竞争性，在协商中应确保质量的稳定性、价格的合理性、售后服务的可靠性。由于经过了技术论证，因而，价格是协商的焦点问题，协商小组应通过协商帮助采购人获得合理的成交价并保证采购项目质量。协商情况记录应当由协商小组人员签字认可。对记录有异议的协商小组人员，应当签署不同意见并说明理由。由代理机构协助组建协商小组。一般由代理机构协助组建协商小组。

⑤ 签发成交通知书　将谈判确定的成交价格报采购人，经采购人确认后签发成交通知书。

6.2
建设工程合同概述

合同管理是工程项目管理中的重要内容。施工合同管理是对工程施工合同的签订、履行、变更、解除等进行策划和控制的过程，其主要内容有：根据装饰项目的特点和要求确定施工承发包模式以及合同结构、选择合同的文本、确定合同的计价方式和支付方式、合同履行过程中的管理与控制、合同索赔和第三方索赔等一系列事项。

6.2.1 建设工程合同主要内容

在建设工程领域，常用的建设工程合同有很多类型，有勘察设计合同、建设工程总承包合同、建设施工合同、劳务分包合同、物资采购合同等。因此在这里主要介绍施工合同的内容，因为装饰项目采用的多是施工合同文本。

6.2.1.1 建设施工合同的结构

合同的结构由合同首部、合同条款、合同尾部构成。

（1）合同首部　合同名称，当事人双方的完整名称，法定代表人的名称，合法代理人的名称，合同标的的过渡，合同法律背景陈述。

（2）合同条款　合同条款分为主要条款、一般条款、选用条款。主要条款（一般应具备的条款）如下。

① 当事人的名称（或姓名）和场所；

② 标的（即客体）；

③ 数量；

④ 质量；

⑤ 价款和报酬；

⑥ 履行的期限、地点和方式；

⑦ 违约责任以及争议解决的途径。

其中必备条款有：标的和数量；一般条款包含有风险条款，合同的适用法律条款，争议的解决方式条款，合同转让条款；选用条款包含有定义条款，合同所使用的语言文字条款，合同前文件条款等。

（3）合同尾部　合同尾部为当事人双方签字或盖章，法定代表人签字或盖章；合法代理人的签字或盖章，依法必须办理的相关手续业已办理的证据，其他相关信息等。

6.2.1.2 建设施工合同的基本形式

建设施工合同的基本形式是合同关系，包括直接的合同关系和间接的合同关系，即建立在法律基础上的权利义务关系（债权债务关系）。

6.2.1.3 建设施工合同示范文本的组成

（1）施工合同文件的组成及解释顺序

① 履约中洽商、变更等书面协议或文件；

② 施工合同协议书；

③ 中标通知书；

④ 投标书及其附件；

⑤ 施工合同专用条款；

⑥ 施工合同通用条款；

⑦ 标准、规范及有关技术文件；

⑧ 图纸；

⑨ 工程量清单；

⑩ 工程报价单或预算书。

（2）施工合同文件的通用条款的主要内容 为了规范和指导合同当事人双方的行为，避免合同纠纷，解决合同文本不规范、条款不完备、执行过程纠纷多等一系列问题，国际工程界许多著名组织（如 FIDIC——国际咨询工程师联合会、AIA——美国建筑师学会、AGC——美国总承包商会、ICE——英国土木工程师学会、世界银行等）都编制了指导性的合同示范文本，规定了合同双方的一般权利和义务，对引导和规范建设行为起到非常重要的作用。

1991 年 12 月 24 日，建设部和国家工商行政管理总局根据工程建设的有关法律、法规，总结我国 1991 年版《建设工程施工合同示范文本》（GF-91-0201）推行的有关经验，结合我国建设工程施工合同的实际情况，并借鉴国际上通用的土木工程施工合同的成熟经验和有效做法，颁发了修改的《建设工程施工合同示范文本》（GF-99-0201）。该文本适用于各类公用建筑、民用住宅、工业厂房、交通设施及路线、管道的施工和设备安装等工程。装饰合同示范文本也一直沿用此文本。

6.2.2　建设工程项目合同类型

建设工程项目的合同形式如图 6.1 所示，在这里主要讲述工程施工合同的分类。

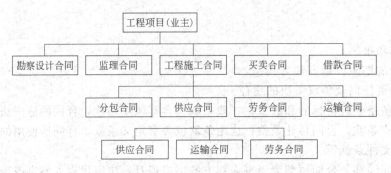

图 6.1　建设工程项目的合同形式

建设工程施工合同可以按照不同的方法加以分类，按照施工合同的计价方式可以分为单价合同、总价合同和成本加酬金合同三大类。

6.2.2.1　单价合同

当发包工程的内容和工程量以及时间尚不能明确、具体地点难以确定时，则可以采用单价合同形式，即根据计划工程内容和估算工程量，在合同中明确每项工程合同内容的单位价格（如每米、每平方米或者每立方米的价格），实际支付时则根据实际完成的工程量乘以合同单价计算应付的工程款。

（1）单价合同的特点 单价合同的特点是单价优先，例如 FIDIC 土木工程施工合同中，业主给出的工程量清单表中的数字是参考数字，而实际工程款则按实际完成的工程量和承包商投标时所报的单价计算。虽然在投标报价、评标以及签订合同中，人们常常注重总价格，但在工程款结算中单价优先，对于投标书中明显的数字计算错误，业主有权利先做修改再评标，当总价和单价的计算结果不一致时，以单价为准调整总价。例如，某装饰工程分项报价汇总见表 6.1。

表 6.1　某装饰工程分项报价汇总表

单　价	工程分项	单位	数量	单价/元	合　价
1					
2					
⋮					
×	楼地面花岗石	m²	1000	300	30000
⋮					
总报价					8100000

根据投标人的投标单价，楼地面花岗石的合价应该是 300000 元，而实际只写了 30000 元，在评标时应该根据单价优先原则对总报价进行修正，所以正确的报价应该是 8100000＋（300000－30000）＝8370000（元）。

在实际施工时，如果实际工程量是 1500m³，则楼地面花岗石分项的价款金额应该是 300×1500＝450000（元）。

由于单价合同允许随工程量变化而调整工程总价，业主和承包商都不存在工程量方面的风险，因此对合同双方都比较公平。另外，在招标前，发包单位无需对工程范围作出完整的、详尽的规定，从而可以缩短招标准备时间，投标人也只需要对所列工程内容报出自己的单价，从而缩短投标时间。

（2）单价合同的分类　单价合同可以分为固定单价合同和变动单价合同。

① 固定单价合同　无论发生哪些影响价格的因素都不对单价进行调整，因而对承包商而言就存在一定的风险。在固定单价合同条件下，其一般适用于工期较短、工程量变化幅度不会太大的项目。

② 变动单价合同　当采用变动单价合同时，合同双方可以约定一个估计的工程量，当实际工程量发生较大变化时可以对单价进行调整，同时还应该约定如何对单价进行调整；当然也可以约定，当通货膨胀达到一定水平或者国家政策发生变化时，可以对哪些工程内容的单价进行调整以及如何调整等。因此，承包商的风险就相对较小。

在工程实际中，采用单价合同有时也会根据估算的工程量计算一个初步的合同总价，作为投标报价和签订合同之用。但是当上述初步合同的总价与各项单价乘以实际完成工程量之和发生矛盾时，则肯定以后者为准，即单价优先。实际工程款的支付也将以实际完成工程量乘以合同单价进行计算。

6.2.2.2　总价合同

（1）总价合同的特点　所谓总价，是指根据合同规定的工程施工内容和有关条件，业主应付给承包商的款额是一个规定的金额，即明确的总价。总价合同也称为总价包干合同，即根据施工招标时的要求和条件，当施工内容和有关条件不发生变化时，业主付给承包商的价款总额就不发生变化。如果由于承包方的失误导致投标价计算错误，合同总价也不予调整。总价合同的特点如下。

① 发包单位可以在报价竞争状态下确定项目的总造价，可以较早确定或者预测工程成本；

② 业主的风险较小，承包方将承担较多的风险；

③ 评标时易于迅速确定最低报价的投标人；

④ 在施工进度上能极大地调动承包方的工作；

⑤ 发包单位能更容易、更有把握地对项目进行控制；

⑥ 必须完整而明确地规定承包方的工作；

⑦ 必须将设计的施工方面的变化控制在最小限度内。

（2）总价合同的分类　总价合同又分固定总价和变动总价合同两种。

① 固定总价合同　固定总价合同的价格计算是以图纸及规定、规范为基础，工程任务和内容明确，业主的要求和条件清楚，合同总价一次包死，固定不变，即不以人为环境的变化和工程量的增减而变化。在这类合同中承包商承担了全部的工作量和价格的风险，因此，承包商在报价时对一切费用的价格变动因素以及不可预见因素都做了充分估计，并将其包含在合同价格之中。

采用固定总价合同，双方结算比较简单，但是由于承包商承担了较大的风险，因此报价中不可避免地要增加一笔较高的不可预见风险费。承包商的风险主要有两方面：一是价格风险，二是工作量风险。价格风险有报价计算错误、漏报项目、物价和人工费上涨等；工作量风险有工程量计算错误、工程范围不确定、工程变更或者由于设计深度不够所造成的误差等。固定总价合同适用以下情况。

工程量小、工期短，估计在施工过程中环境因素变化小，工程条件稳定并合理；

工程设计详图，图纸完整、清楚，工程任务和范围明确；

工程结构和技术简单，风险较小；

投标期相对宽裕，承包商可以有充足的时间详细考察现场，复核工程量，分析招标文件，拟定施工计划；

合同条件中双方的权利和义务十分清楚，合同条件完备。

② 变动总价合同　变动总价合同又称为可调总价合同，合同价格是以图纸及规定、规范为基础，按照时价进行计算，得到包括全部工程任务和内容的暂定合同价格。

（3）总价合同的应用　显然，采用总价合同时，对发包工程内容及其各种条件都应基本清楚、明确；否则，承包和发包双方都有蒙受损失的风险。因此，一般在施工图设计完成，施工任务和范围比较明确，业主的目标、要求和条件都清楚的情况下才采用总价合同，对业主来说，由于设计花费时间长，因而开工时间较晚，开工后的变更容易带来索赔，而且在设计工程中也难以吸收承包商的建议。

总价合同和单价合同有时在形式上很相似。例如，在有的总价合同的招标文件中也有工程量表，也要求承包商提出各分项工程的报表，与单价合同在形式上很相似，但两者在性质上是完全不同的。总价合同是总价优先，承包商报总价，双方商讨并确定合同总价，最终也按总价结算。

6.2.2.3　成本加酬金合同

（1）成本加酬金合同的定义　成本加酬金合同也成为成本补偿合同，这是与固定总价合同正好相反的合同，工程施工的最终合同价格将按照工程的实际成本加上一定的酬金进行计算。在签订合同时，工程实际成本往往不能确定，只能确定酬金的取值比例或者计算原则。

（2）成本加酬金合同的特点

① 工程特别复杂，工程技术、结构方案不能预先确定；或者尽管可以确定工程技术的结构方案，但是不可能进行竞争性的招标活动并以总价合同或单价合同的形式确定承包商，如研究开发性质的工程项目。

② 时间特别紧迫，如抢险、救灾工程，来不及进行详尽的计划和商谈。

对业主而言，这种合同形式也有一定的优点，如可以通过分段施工缩短工期，而不必等待所有施工图完成才开始招标施工；可以减少承包商的对立情绪，承包商对工程变更和不可预见条件的反应比较积极；可以利用承包商的施工技术专家，帮助改进或弥补设计中的不足；业主可以根据自身力量和需要，较深入地介入和控制工程施工和管理；也可以通

过确定最大保证价格约束工程成本不超过某一限值，从而转移一部分风险。

对承包商来说，这种合同比固定总价合同的风险低，利润比较有保证，因而比较有积极性。其缺点是合同的不确定性大，由于设计未完成，无法准确确定合同的工程内容、工程量以及合同的终止时间，有时难以对工程计划进行合理安排。

（3）成本加酬金合同的形式　主要有以下几种。

① 成本加固定费用合同；

② 成本加固定比例费用合同；

③ 成本加奖金合同；

④ 最大成本加费用合同。

（4）成本加酬金合同的应用　当实行施工总承包管理模式或 CM 模式时，业主与施工总承包管理单位或 CM 单位的合同一般采用成本加酬金合同。

在国际上，许多项目管理合同、咨询服务合同等也多采用成本加酬金合同方式。

6.2.2.4　三种合同计价方式的比较与选择

不同的合同计价方式具有不同的特点、应用范围，以及对设计深度的要求也是不同的，其比较见表 6.2。合同类型的选择见表 6.3。

表 6.2　三种合同计价方式的比较

项目	总价合同	单价合同	成本加酬金合同
应用范围	广泛	工程量暂不确定的工程	紧急工程、保密工程等
业主的投资控制工作	容易	工作量较大	难度大
业主的风险	较小	较大	很大
承包商的风险	大	较小	无
设计深度要求	施工图设计	初步设计或施工图设计	各设计阶段

表 6.3　合同类型的选择

合同类型		总价合同	单价合同	成本加酬金合同
风险分担		风险由承包人分担	风险由承发包双方分担	风险由业主分担
选择标准	规模和工期长短	规模小、工期短	规模和工期适中	规模大、工期长
	竞争情况	激烈	正常	不激烈
	复杂程度	低	中	高
	单项工程的明确程度	类别和工程量都很清楚	类别清楚，工程量有出入	类别、工程量都不甚清楚
	准备时间的长短	高	中	低
	外部环境因素	良好	一般	恶劣
备注			实行工程量清单计价的工程，宜采用单价合同	

注：1. 可调价合同：通货膨胀的风险转嫁给发包人。

2. 单价合同中的量——估算量，结算按实际发生的量。

6.2.3　建设工程项目合同的订立

施工合同的订立，是指发包人和承包人之间为了建立承发包合同关系，通过对施工合同具体内容进行协商而形成合意的过程。

6.2.3.1　订立施工合同的基本原则及具体要求

（1）平等、自愿原则　所谓平等，是指当事人在合同的订立、履行和承当违约责任等方面都处于平等的法律地位，彼此的权利、义务对等。所谓自愿，是指是否订立合同、与谁订立合同、订立合同的内容以及变更合同等，都要由当事人依法自愿决定。

（2）公平原则　所谓公平，是指当事人在订立合同的过程中以利益均衡作为评判标准。该原则最基本的要求是发包人与承包人的合同利益、义务、承担责任要对等，不能显失公平。

（3）诚实信用原则　诚实信用，主要是指当事人在缔约时诚实并不欺不诈，在缔约后守信并自觉履行。

（4）合法原则　所谓合法，主要是指在合同法律关系中，合同主体、合同的订立形式、订立合同的程序、合同的内容、履行合同的方式、对变更或者解除合同权力的行使等都必须符合我国的法律、行政法规。

6.2.3.2　订立工程合同的形式和程序

（1）订立工程合同的形式　当事人订立合同，有书面形式、口头形式和其他形式。法律、行政法规规定采用书面形式的，当事人约定采用书面形式的，应当采用书面形式。书面形式是指合同书、信件和数据电文（包括电报、电传、传真、电子数据交换和电子邮件）等可以有形地表现所载内容的形式。

建设工程合同涉及面广、内容复杂、建设周期长、标的金额大，《中华人民共和国合同法》规定建设工程合同应当采用书面形式。

（2）订立工程合同的程序　建设工程合同订立的一般程序是要约、承诺。

① 要约　要约是希望和他人订立合同的意思表示，该意思表示应当符合下列规定：内容具体确定，表明经受要约人承诺，要约人即受该意思表示约束。

要约邀请不同于要约，要约邀请是希望他人向自己发出要约的意思表示，寄送的价目表、拍卖公告、招标公告、招股说明书、商业广告等为要约邀请。

② 承诺　承诺是受要约人同意要约的意思表示。承诺应当具备以下条件：承诺必须由受要约人或其代理人做出；承诺的内容与要约的内容应当一致；承诺要在要约的有效期内作出；承诺要送达要约人。

承诺可以撤回但是不能撤销。承诺通知到达受要约人时生效；不需要通知的，根据交易习惯或者要约的要求做出承诺的行为时生效。承诺生效时，合同成立。

6.3

工程合同的履约管理

合同的履行是指合同各方当事人按照合同的规定，全面履行告知的义务，实现各自的权利，使各方的目的得以实现的行为。

订立合同的目的就在于履行，通过合同的履行而实现各自的某种权益。

合同的履行，是合同当事人双方都应尽的义务。任何一方违反合同，不履行合同义务，或者未完成履行合同义务，给对方造成损失时，都应当承担赔偿责任。

6.3.1　工程合同跟踪与控制

合同签订以后，当事人必须认真分析合同条款，向参与项目实施的有关负责人做好合同交底工作，在合同履行过程中进行跟踪与控制，并参加合同的变更管理，保证合同的顺利履行。

合同中各项任务的执行要落实到具体的项目经理部或具体的项目参与人员身上，承包单位作为履行合同义务的主体，必须对合同执行者（项目经理部或项目参与人）的履行情况进行跟踪、监督和控制，确保合同义务的完全履行。

6.3.1.1 施工合同跟踪

施工合同跟踪包括两个方面内容：一是承包单位的合同管理职能部门对合同执行者的履行情况进行的跟踪、监督和检查；二是合同执行者本身对合同计划的执行情况进行的跟踪、检查和对比。

对合同执行者而言，应该掌握合同跟踪以下几方面的内容。

（1）合同跟踪的依据　合同跟踪的重要依据是合同以及依据合同而编制的各种计划文件；其次，还要依据各种实际工程文件，如原始记录、报表、验收报告等；另外，还要依据管理人员对现场情况的直观了解，如现场巡视、交谈、会议、质量检查等。

（2）合同跟踪的对象

① 承包的任务

工程施工的质量　包括材料、构件、制品和设备等的质量，以及施工或安装的质量，是否符合合同要求等；

工程进度　是否在预定期限内施工，工期有无延长，延长的原因是什么等；

工程数量　是否按合同要求完成全部施工任务，有无合同规定以外的施工任务等；

成本的增加和减少。

② 工程小组或分包人的工程和工作内容　可以将工程施工任务分解交由不同的工程小组或发包给专业分包单位完成，工程承包方必须对这些工程小组或分包人及其所负责的工程进行跟踪检查，协调关系，提出意见、建议或警告，保证工程总体质量和进度。

对专业分包人的工作和负责的工程，总承包商负有协调和管理的责任，并承当由此造成的损失，所以专业分包人的工作和负责的工程必须纳入总承包工程计划和控制中，防止因分包人工程管理失误而影响全局。

③ 业主和其委托的工程师的工作

业主是否及时、完整地提供了工程施工的实施条件，如场地、图纸、资料等；

业主和工程师是否及时给予了指令、答复和确认等；

业主是否及时并足额地支付了应付的工程款项。

6.3.1.2 合同控制

通过合同跟踪，可能会发现合同实施中存在着偏差，即工程实施实际情况偏离了工程计划和工程目标，应该及时分析原因，采取措施，纠正偏差，避免损失实施偏差分析，从而进行有效控制。

（1）合同实施偏差分析的内容

① 产生偏差的原因分析　通过对合同执行实际情况与实施计划的对比分析，不仅可以发现合同实施的偏差，而且可以探索引起差异的原因。原因分析可以采用鱼刺图，因果关系分析图（表），成本量差、价差、效率差分析等方法定性或定量地进行。

② 合同实施偏差的责任分析　即分析产生合同偏差的原因是由谁引起的，应该由谁承担责任。责任分析必须义和合同为依据，按合同规定落实双方的责任。

③ 合同实施趋势分析　针对合同实施偏差情况，可以采取不同的措施，应分析在

不同措施下合同执行的结果与趋势，如最终的工程状况，包括总工期的延误、总成本的超支、质量保准、所能达到的生产能力（或功能要求）等；承包商将承担什么样的后果，如被罚款、被清算，甚至被起诉，对承包商资信、企业形象、经营战略的影响等。

（2）合同实施偏差处理　根据合同实施偏差分析的结果，承包商应该采取相应的调整措施，调整措施可以分为：

① 组织措施　如增加人员投入，调整人员安排，调整工作流程和工作计划等；

② 技术措施　如变更技术方案，采用新的高效率的施工方案等；

③ 经济措施　如增加投入，采取经济激励措施等；

④ 合同措施　如进行合同变更，签订附加协议，采取索赔手段等。

6.3.2　工程合同变更与管理

合同变更是指合同成立以后和履行完毕以前由双方当事人依法对合同内容进行的修改，包括合同价款、工程内容、工程的数量、质量要求和标准、实施程序等的一切改变都属于合同变更。

工程变更一般是指在工程施工过程中，根据合同约定对施工的程序，工程的内容、数量、质量要求及标准等做出的变更。工程变更属于合同变更，合同变更主要是由于工程变更引起的，合同变更的管理也主要是进行工程变更的管理。

6.3.2.1　工程变更的原因

工程变更一般主要有以下几个方面的原因。

（1）业主新的变更指令，对建筑新的要求。如业主有新的意图，业主修改项目计划、消减项目预算等。

（2）由于设计人员、业主方员、承包商事先没有很好地理解业主的意图，或设计的错误，导致图纸修改。

（3）工程环境的变化，预定的工程条件不准确，要求变更实施方案或实施计划。

（4）由于产生新技术，有必要改变原设计、原实施方案或实施计划，或由于业主指令及业主责任的原因造成承包商施工方案的改变。

（5）有关部门对工程新的要求，如国家计划变化、环境保护要求、城市规划变动等。

（6）由于合同实施出现问题，必须调整合同目标或修改合同条款。

6.3.2.2　变更的范围和内容

根据国家发展和改革委员会等九部委联合编制的《标准施工招标文件》中的通用合同条款的规定，除专用合同条款另有约定外，在履行合同中发生以下情形之一，应该按照本条规定进行变更。

（1）取消合同中任何一项工作，但被取消的工作不能转由发包人或其他人实施；

（2）改变合同中任何一项工作的质量或其他特性；

（3）改变合同工程的基线、标高、位置或尺寸；

（4）改变合同中任何一项工作的施工时间或改变一批准的施工工艺或顺序；

（5）为完成工程需要追加的额外工作。

在履行合同过程中，承包方可以对发包人提供的图纸、技术要求以及其他方面提出合理化建议。

6.3.2.3 变更权

根据《标准施工招标文件》中通用合同条款的规定，在履行合同工程中，经发包人同意，业主方可按合同约定的变更程序向承包方作出变更指示，承包方应遵照执行。没有业主方的变更指示，承包方不得擅自变更。

6.3.2.4 变更程序

根据《标准施工招标文件》中通用合同条款的规定，变更的程序如下。

（1）变更的提出 在合同履行过程中，可能发生合同的变更，承包方可能会接到变更意向书。变更意向书应说明变更的具体内容和发包人对变更的时间要求，并附必要的图纸和相关资料。变更意向书应要求承包方提交包括拟实施变更工作的计划、措施和竣工时间等内容的实施方案。发包人同意承包方根据变更意向书要求提交的变更实施方案的，由变更方按合同约定的程序发出变更指示。

（2）承包方收到变更方按合同约定发出的图纸和文件，经检查认为其中存在相关情形的，可向业主方提出书面变更建议。变更建议应阐明要求变更的依据，并附必要的图纸和说明。业主方收到承包方书面建议后，应与发包人共同研究，确认存在变更的，应在收到承包方书面建议后的 14 天内作出变更指示。经研究后不同意作为变更的，应由业主方书面答复承包方。

（3）若承包方收到业主方的变更意向书后认为难以实施此项变更，应立即通知业主方，变更指示应说明变更的目的、范围、变更内容以及变更的工程量及其进度和技术要求，并附有关图纸和文件。承包方收到变更指示后，应按变更指示进行变更工作。

6.3.2.5 承包方的合理化建议

在履行合同过程中，承包方对发包人提供的图纸、技术要求以及其他方面提出的合理化建议，均应以书面形式提交业主方。合理化建议书的内容应包括建议工作的详细说明、进度计划和效益以及与其他工作的协调等，并附必要的设计文件。业主方应与发包人协商是否采纳建议。建议被采纳并构成变更的，应按合同约定的程序向承包方发出变更指示。

承包方提出的合理化建议降低了价格、缩短了工期或者提高了工程经济效益的，发包人可按国家有关规定在专用合同条款中约定予以奖励。

6.3.2.6 变更估价

《标准施工招标文件》中通用合同条款有以下规定。

（1）除专用合同条款对期限另有约定外，承包方应在收到变更指示或变更意向书后的 14 天内，向业主方提交变更报价书，报价内容应根据合同约定的估价原则，详细开列变更工作的价格组成及其依据，并附必要的施工方法说明和有关图纸。

（2）因变更工作影响工期的，承包方应提出调整工期的具体细节。业主方认为有必要时，可要求承包方提交要求提前或延长工期的施工进度计划及相应施工措施等详细资料。

（3）除专用合同条款对期限另有约定外，业主方收到承包方变更报告书后 14 天内，根据合同约定的估价原则，按照总业主工程师与合同当事人商定或确定变更价格。

6.3.3 工程合同的信息管理

6.3.3.1 工程合同信息管理的内容

工程合同信息包括合同前期信息、合同原始信息、合同跟踪信息、合同变更信息、合同结束信息。合同前期信息主要包括工程项目招标信息；合同原始信息包括合同名称、合同类型、合同编码、合同主体、合同标的、商务条款、技术条款、合同参与方、关联合同等静态数据；合同跟踪信息包括合同进度、合同费用（投资／成本）、合同确定的项目质量等动态数据；合同变更信息包括合同变更参与方提出的变更建议、变更方案、变更指令、变更引起的标的变更；合同结束信息包括合同支付、合同结算、合同评价信息、合同归档信息。

6.3.3.2 工程合同信息管理的特点

（1）工程合同信息管理的生命周期　包括合同前期的工程招投标阶段、项目合同执行阶段、项目合同结束阶段。因此，工程合同管理信息系统的信息管理应覆盖从招投标到合同结束的全过程。

（2）工程合同信息管理是工程项目管理信息系统的一个组成部分　工程项目管理信息系统包括工程项目范围管理、进度管理、费用管理、质量管理、合同管理、安全管理、质量管理等子系统。

（3）工程合同信息管理涉及项目各参与方　工程合同根据不同的类型，有两方合同、三方合同；围绕一个工程项目合同，有多个合同的参与方。

（4）工程合同信息管理的动态性　工程合同信息在全生命周期中不是静态的，随着项目的进展，合同的目标信息（进度信息、费用信息、质量信息）不断更新。如果合同条件发生变化，合同信息也就随之发生变更。为了控制合同执行，需要根据合同的实际信息和合同变更信息对合同风险进行分析，调整项目管理对策。因此，合同信息的动态特性是合同信息管理系统设计的重要依据。

（5）工程合同信息管理的"协同性"　工程合同信息管理的"协同性"体现在，项目各参与方围绕同一个合同协同处理合同信息。合同信息管理必须与进度信息管理、费用信息管理、质量信息管理等进行协同；合同信息管理应该与知识库管理、数据库管理、沟通管理等进行协同。

（6）工程合同信息管理的网络特性　合同各参与方的办公地点不在同一个区域，而合同管理的"协同"又要求他们打破"信息孤岛"，同时进行信息处理，共享合同信息。因此，合同信息管理要求各参与方通过网络联通，共同处理相关的合同信息。合同信息管理系统的网络可以是"广域网"，可以是各参与方的"intranet"组成的合同管理的"extranet"，可以是"虚拟专用网络VPN"，也可以通过"合同信息管理门户网站""项目管理门户网站"进行合同信息管理，甚至可以通过"项目管理信息门户PIP"进行合同信息管理。

6.4
工程合同的索赔管理

工程合同索赔通常是指在工程合同履行过程中，合同当事人一方因对方不履行或未能正确履行合同，或者由于其他非自身因素而受到经济损失或权利损害，通过合同规定的程序向对方提出经济或时间补偿要求的行为。索赔是一种正当的权利要求，它是合同当事人之间一项正常而且普遍存在的合同管理业务，是一种以法律和合同为依据的合情合理的行为。

工程施工承包合同执行过程中，业主可以向承包商提出索赔要求，承包商也可以向业主提出索赔要求，即合同的双方都可以向对方提出索赔要求。当一方向另一方提出索赔要求，被索赔方采取适当的反驳、应对和防范措施，称为反索赔。

6.4.1 索赔的概念与分类

索赔是当事人在合同实施过程中，根据法律、合同的规定及惯例，对不应由自己承担责任的情况造成的损失，向合同的另一方当事人提出给予补偿或补偿要求的行为。

在工程建设的各个阶段，都有可能发生索赔，但在施工阶段发生索赔的较多。对施工合同的双方来说，都有通过索赔维护自己合法利益的权利，依据双方约定的合同责任，构成正确履行合同义务的制约关系。

6.4.1.1 索赔的特征

从索赔的基本概念的理解，可以看出索赔具有以下基本特征。

(1) 索赔是双向的，不仅承包人可以向发包人索赔，发包人同样也可以向承包人索赔。

(2) 只有实际发生了经济损失或权力受害，一方才能向对方索赔。经济损失是指因对方因素造成合同外的额外支出，如人工费、材料费、管理费等额外开支；权利受损害是指虽然没有经济上的损失，但造成了一方权力上的损害，如由于恶劣气候条件对工程进度的不利影响，承包人有权要求工程延长等。

(3) 索赔是一种未经对方确认的单方行为，它与通常所说的工程签证不同，在施工过程中签证时承发包双方就额外费用补偿或工期延长等达成一致的书面证明材料和补充协议。它可以直接做成工程款结算或最终增减工程造价的依据，而索赔只是单方面行为，对对方尚未形成约束力，这种索赔要求能否得到最终实现，必须要通过确认（如双方协商、谈判、调解或仲裁、诉讼）后才能实现。

6.4.1.2 施工索赔的分类

(1) 按索赔的合同依据分类

① 合同中明示的索赔；

② 合同中默示的条款。

(2) 按索赔目的的分类

① 工期索赔；

② 费用索赔。

(3) 按索赔事件的性质分类

① 工程延误索赔；

② 工程变更索赔；

③ 合同被迫终止的索赔；

④ 工程加速索赔；

⑤ 意外风险和不可预见因素索赔；

⑥ 其他索赔　如因货币贬值、汇率变化、物价、工资上涨、政策法令变化等原因引起的索赔。

6.4.1.3 索赔的起因

(1) 引起工程索赔的原因非常多，并且复杂，主要有以下几方面。

① 工程项目的特殊性。

② 工程项目内外部环境的复杂性和多变性。

③ 参加建设主体的多元性。

④ 工程合同的复杂性极易出错性。

（2）在装饰工程领域中，最常见的索赔的原因有以下几种。

① 工程项目自身特点　如货币的贬值、地质条件的变化、自然条件的变化等。

② 当事人违约　发包人违约主要表现为未按照合同约定的期限为承包人提供合同约定的施工条件和一定数额的付款等。工程师未能按照合同约定及时发出图纸、指令等也视为发包人违约。承包人违约的表现主要是没有按照合同约定的期限、质量完成施工，或由于不当行为给发包人造成其他损害。

③ 不可抗力事件　不可抗力事件可以分为社会事件和自然事件。社会事件主要包括国家政策、法令、法律的变化，战争，罢工等。自然事件则是指不利的客观障碍和自然条件，在工程项目施工过程中遇到了经现场调查无法发现、业主提供的资料中也没有提到的、无法预料的情况，如地质断层、地下水等。

④ 合同缺陷　表现为合同文件规定的不严谨甚至先后矛盾，合同中的遗漏或错误。双方对合同理解的差异，常会对合同的权利和义务的范围、界限的划定不一致，导致合同争执，而引起索赔事件的发生。

⑤ 合同变更　主要有施工图设计变更、施工方法变更、合同其他规定变更、追加或者取消某些工作等。

⑥ 工程师指令　如工程师指令承包人更换某些材料、进行某项工作、加速施工、采取某些施工措施等。

6.4.2　索赔的依据与证据

6.4.2.1　索赔的依据

（1）索赔的依据主要有：合同文件，法律、法规、工程建设惯例。

（2）提出索赔的依据有以下几个方面。

① 招标文件、施工合同文本及附件，其他各签约（如备忘录、修正案等），经认可的工程实施计划，各种工程图纸、技术规范等。

② 双方的往来信件及各种会谈纪要。

③ 进度计划和具体的进度以及项目现场的有关文件。

④ 气象资料、工程检查验收报告和各种技术鉴定报告，工程中送停电、送停水、道路开通和封闭的记录和证明。

⑤ 国家有关法律、法令、政策文件，官方的物价指数、工资指数，各种会计核算资料，材料的采购、订货、运输、进场、使用方面的凭据。

6.4.2.2　索赔的证据

索赔证据是当事人用来支持其索赔成立或索赔有关的证明文件和资料。索赔证据作为索赔文件的组成部分，在很大程度上关系到索赔的成功与否。证据不全、不足或没有证据，索赔是很难获得成功的。

6.4.2.3　索赔成立的条件

索赔的成立，应该同时具备以下三个前提条件。

① 与合同对照，事件已造成了承包人工程项目成本的额外支出，或直接工期损失；

② 造成费用增加或工期损失的原因，按合同约定不属于承包人的行为责任或风险责任；

③ 承包人按合同规定的程序和时间提交索赔意向通知和索赔报告。

以上三个条件必须同时具备，缺一不可。

6.4.3 索赔的程序

如前所述，工程施工过程中承包人向发包人索赔、发包人向承包人索赔以及分包人向承包人索赔的情况都有可能发生，以下主要说明承包人向发包人索赔的一般程序。

6.4.3.1 索赔意向通知

在工程施工过程中发生索赔事件以后，或者承包人发现索赔机会，首先要提出索赔意向，即在合同规定时间内将索赔意向用书面形式通知发包人或者工程师，向对方表明索赔愿望、要求或者声明保留索赔权利，这是索赔工作程序的第一步。在索赔资料准备阶段，主要工作有以下几方面。

① 跟踪和调查干扰事件，掌握事件产生的详细经过；

② 分析干扰事件产生的原因，划清各方责任，确定索赔根据；

③ 损失或损害调查分析与计算，确定工期索赔和费用索赔值；

④ 收集证据，获得充分而有效的各种证据；

⑤ 起草索赔文件（索赔报告）。

索赔程序流程图如图 6.2 所示。

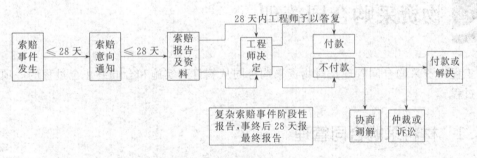

图 6.2 索赔程序流程图

6.4.3.2 索赔资料的准备

（1）索赔文件

① 总述部分。

② 论证部分 论证部分的索赔报告的关键部分，其目的是说明自己有索赔权，是索赔能否成立的关键。

③ 索赔款项（或工期）计算部分 如果说索赔报告论证部分的任务是解决索赔权能否成立，则款项计算是为解决能多少款项。前者定性，后者定量。

④ 证据部分 要注意引用的每个证据的效力或可信程度，对重要的证据资料最好附以文字说明，或附以确认件。

（2）编写索赔文件（索赔报告） 应该注意以下几个方面的问题。

① 责任分析应清楚、准确。应该强调：引起索赔的事件不是承包商的责任，事件具

有不可预见性，事发以后尽管采取了有效措施也无法制止；索赔事件导致承包商工期拖延、费用增加的严重性，索赔事件与索赔额之间的直接应该关系等。

② 索赔额的计算依据要准确，计算结果要准确。要用合同规定或法规规定的公认合理的计算方法，并进行适当的分析。

③ 提供充分有索赔文件效的证据材料。

6.4.3.3 索赔文件的提交

索赔文件应按照规定的时间按时提交。

6.4.3.4 索赔文件的审核

对于承包人向发包人的索赔请求，索赔文件应该交由工程师（监理人）审核。工程师（监理人）根据发包人的委托或授权，对承包人的索赔要求进行审核和质疑，其审核的质疑主要围绕以下几个方面。

① 索赔事件是属于业主，监理工程师的责任，还是第三方的责任；

② 事实和合同的依据是否充分；

③ 承包商是否采取了适当的措施避免或减少损失；

④ 是否需要补充证据；

⑤ 索赔计算是否正确、合理。

6.5
物资采购合同管理

工程物资采购合同管理是对物资采购合同从签订到实施和合同终止全过程的一项综合管理过程。

6.5.1 材料采购合同管理

6.5.1.1 工程物资采购合同概述

（1）物资采购合同的概念 是指平等主体的自然人、法人、其他组织之间，为实现建设工程物资买卖，设立、变更、终止相互权利义务关系的协议。

物资采购合同属实于买卖合同，具有买卖合同的一般特点。

① 出卖人与买受人订立买卖合同，是以转移财产所有权为目的。

② 买卖合同的买受人取的财产所有权，必须支付相应的价款；出卖人转移财产所有权，必须以买受人支付价款为对价。

③ 买卖合同是双务，有偿合同。所谓双务有偿是指合同双方互负一定义务，出卖人应当保质、保量，按期交付合同订购的物资、设备，买受人应当按合同约定的条件接收货物并及时支付货款。

④ 买卖合同是诺成合同。除了法律有特殊规定的情况外，当事人之间意思表示一致，买卖合同即可成立，并不以实物的交付为合同成立的条件。

（2）物资采购合同的特点　物资采购合同与项目的建设密切相关，其特点主要表现为以下四点。

① 物资采购合同的当事人　物资采购合同的买受人即采购人，可以是发包人，也可以是承包人，依据施工合同的承包方式来确定。永久工程的大型设备一般情况下由发包人采购。施工中使用的建筑材料采购责任，按照施工合同专用条款的约定执行。通常分为发包人负责采购供应；承包人负责采购，包工包料承包。

采购合同的出卖人即供货人，可以是生产厂家，也可以是从事物资流转业务的供应商。

② 物资采购合同的标的　物资采购合同的标的品种繁多，供货条件差异较大。

③ 物资采购合同的内容　物资采购合同视标的特点，合同涉及的条款繁简程度差异较大。材料采购合同的条款一般限于物资交货阶段，主要涉及交接程序、检验方式和质量要求、合同价款的支付等。大型设备的采购，除了交货阶段的工作外，往往还需要包括设备生产阶段、设备安装调试阶段、设备试运阶段、设备性能达标检验和保修等方面的条款约定。

④ 物资采购供应合同与施工精度密切相关，出卖人必须严格按照合同约定的时间交付订购的货物。延误交货将导致工程施工的停工待料，不能使建设项目及时发挥效益。提前交货通常买受人也不同意接受，一方面货物将占用施工现场有限的场地影响施工，另一方面增加了买卖人的仓储保管费用。如出卖人提前将 500t 水泥发运到施工现场，而买卖人仓库已满，只好露天存放，为了防潮则需要投入很多物资进行维护保管。

6.5.1.2　材料采购合同的主要内容

按照《中华人民共和国合同法》的分类，材料采购合同属于买卖合同。国内物资购销合同的示范文本规定，合同条款应包括以下几方面内容。

① 产品名称、商标、型号、生产厂家、订购数量、合同金额、供货时间及每次供应数量；

② 质量要求的技术标准、供货方对质量负责的条件和期限；

③ 交（提）货地点、方式；

④ 运输方式及到站、港和费用的负担责任；

⑤ 合理损耗及计算方法；

⑥ 包装标准、包装物的供应与回收；

⑦ 验收标准、方法及提出异议的期限；

⑧ 随机备品、配件工具数量及供应方法；

⑨ 结算方式及期限；

⑩ 如需提供担保，另立合同担保书作为合同附件；

⑪ 违约责任；

⑫ 解决合同争议的方法；

⑬ 其他约定的事项。

6.5.2　设备采购合同管理

6.5.2.1　设备采购合同的主要内容

设备采购合同指采购方（通常为业主，也可能是承包人）与供货方（大多为生产厂家，也可能是供货商）为提供工程项目所需的大型复杂设备而签订的合同。设备采购合同的标的物可能是非标准产品，需要专门加工制作，也可能虽为标准产品，但技术复杂而市场需求量较小，一般没有现货供应，待双方签订合同后由供货方专门进行加工制作，因此属于承揽合同的范畴。一个较为完备的设备采购合同，通常由合同条款和附件组成。

（1）合同条款的主要内容　当事人双方在合同内根据具体订购设备的特点和要求，约定以下几方面的内容：合同中的词语定义；合同标的；供货范围；合同价格；付款；交货和运输；包装与标记；技术服务；质量监督与检验；安装、调试、运行和验收；保证与索赔；保险；税费；分包与外购；合同的变更、修改、中止和终止；不可抗力；合同争议的解决；其他。

（2）主要附件　为了对合同中某些约定条款涉及内容较多部分做出更为详细的说明，还需要编制一些附件作为合同的一个组成部分。附件通常可能包括：技术范围；供货范围；技术资料的内容和交付安排；交货进度；质量监督、检验和性能验收试验；价格表；技术服务的内容；分包和外购计划；大部件说明表等。

6.5.2.2　承包的工作范围

复杂设备的采购在合同内约定的供货方承包范围可能包括以下内容。

① 按照采购方的要求对生产厂家定型设计图纸的局部修改；

② 设备制造；

③ 提供配套的辅助设备；

④ 设备运输；

⑤ 设备安装（或指导安装）；

⑥ 设备调试和检验；

⑦ 提供备品、备件；

⑧ 对采购方运行的管理和操作人员的技术培训等。

由于在装饰工程项目的设备采购涉及的金额数量在总价中所占份额不高，这里不展开介绍。

6.5.2.3　设备管理的主要工作内容

其工作内容主要指采购方委托有资质的建造单位对供货方提供合同设备的制造、施工和安装过程进行监督和协调。

6.6
建筑装饰工程采购与合同管理案例

6.6.1　采购方法应用

在装饰项目进行材料采购的过程中，可根据项目装饰材料的数量及分布进行不同方法的材料采购，在这里不一一罗列。下面只介绍一种装饰项目中常用的采购方法——ABC分类法的应用。

6.6.1.1　材料采购批量的计算

（1）项目材料采购的要求

① 项目所需的主要材料、大宗材料，项目经理部应编制材料需要量计划，由企业物

资部门订货或采购。

② 材料采购应按照企业质量管理体系和环境管理体系的要求，依据项目经理部提出的材料计划进行采购。选择企业发布的合格分供方名册的厂家；对企业合格分供方名册以外的厂家，在必须采购其产品时，要严格按照"合格分供方选择与评定工作程序"执行，即按企业规定经过对分供方审批合格后，方可签订采购合同进行采购。对于不需要进行合格分供方审批的一般材料，采购金额在 5 万元以上的（含 5 万元），必须签订订货合同。

③ 材料采购要注意采购周期、批量、库存量，满足使用要求，并使采购费和储存费之和最低。

（2）项目材料采购的公式　在进行材料采购时，应进行方案优选，选择采购费和储存费之和最低的方案。其计算方式为：

$$F = Q/2PA + S/QC \tag{6.1}$$

式中　F——采购费和储存费之和；

Q——每次采购量；

P——采购单价；

A——仓库储存费率；

S——总采购量；

C——每次采购费。

（3）最优采购批量的计算　最优采购批量，也称最优库存量，或称经济批量，是指采购费和储存费之和最低的采购批量，其计算公式如下：

$$Q_0 = \sqrt{2SC/PA} \tag{6.2}$$

式中　Q_0——最优采购量。

$$年采购次数 = S/Q_0$$
$$采购间隔期 = 365/年采购次数$$

因此，项目的年材料费用总和就是材料费、采购费和仓库储存费三者之和。

6.6.1.2　ABC 分类法的应用

【例 6.1】　某学校教学楼为 7 层框架结构建筑，建筑高度 26m，建筑面积 19120m²。其中教学楼工程中的多媒体教室的装饰装修施工任务由鼎新建筑装饰公司承担，为做好装饰材料的质量管理工作，在建筑装饰装修工程施工前，根据材料清单购买的材料见表 6.4。

表 6.4　建筑装饰材料清单

序　号	材料名称	材料数量	计量单位	材料单价/元
1	细工木板	12	m³	930.0
2	砂	32	m³	24.0
3	实木装饰门扇	120	m²	200.0
4	铝合金窗	100	m²	130.0
5	白水泥	9000	kg	0.4
6	乳白胶	220	kg	5.6
7	石膏板	350	m²	12.0
8	地板	93	m²	62.0
9	醇酸磁漆	80	kg	17.08
10	瓷砖	290	m²	34.0

【问题】 在本工程项目中，试述 ABC 分类法的计算步骤，并简述应如何对建筑装饰材料进行科学管理。

【解】 计算步骤如下：

（1）计算出材料价款和该种材料占总价的百分比，见表 6.5。

表 6.5 装饰材料占材料总价款的百分比表

序号	材料名称	材料数量	计量单位	材料单价/元	材料价款/元	所占比例/%
1	细工木板	12	m³	930.0	11160	15.39
2	砂	32	m³	24.0	768	1.06
3	实木装饰门扇	120	m²	200.0	24000	33.09
4	铝合金窗	100	m²	130.0	13000	17.92
5	白水泥	9000	kg	0.4	3600	4.96
6	乳白胶	220	kg	5.6	1232	1.70
7	石膏板	350	m²	12.0	1800	2.48
8	地板	93	m²	62.0	5766	7.95
9	醇酸磁漆	80	kg	17.08	1366	1.88
10	瓷砖	290	m²	34.0	9842	13.57
合计					72534	100

（2）对各种材料按照该材料占总价的百分比大小进行排序，并计算出累计百分比，见表 6.6。

（3）根据 ABC 分类法的基本原理，累计频率属于 0～80% 区间的因素定为 A 类因素，即主要因素，应进行重点管理；80%～90% 区间的因素定为 B 类因素，即次要因素，应进行次要问题的管理；将 90%～100% 区间的因素定为 C 类因素，即一般因素，按照常规方法应适当加强管理；上述方法称为 ABC 分类管理法。

（4）因此，依据 ABC 分类法，确定本工程中实木装饰门扇、铝合金窗、细木工板、瓷砖进行管理；本工程中的地板材料应进行次要管理；本工程中的白水泥、石膏板、醇酸磁漆、乳白胶、砂等材料作为一般管理的内容。

表 6.6 装饰材料占总材料价款的累积百分比表

序号	材料名称	材料数量	材料单价	材料价款/元	所占比例/%	累积百分比/%
1	实木装饰门扇	120	200.0	24000	33.09	33.09
2	铝合金窗	100	130.0	13000	17.92	51.01
3	细工木板	12	930.0	11160	15.39	66.40
4	瓷砖	290	34.0	9842	13.57	79.97
5	地板	93	62.0	5766	7.95	87.92
6	白水泥	9000	0.4	3600	4.96	92.88
7	石膏板	350	12.0	1800	2.48	95.36
8	醇酸磁漆	80	17.08	1366	1.88	97.24
9	乳白胶	220	5.6	1232	1.70	98.94
10	砂	32	24.0	768	1.06	100.00
合计				72534	100	

6.6.2 工程合同的履约管理方法应用

【例 6.2】 某会议中心新建会议楼，土建工程已先期通过招标确定了施工单位，并且已经基本具备装修条件。为保证内部装修效果，经研究决定，装修工程部分单独招标，采用公开招标的形式确定施工队伍，在招标文件中明确了如下部分条款。

（1）报价采用工程量清单的形式。

（2）结合招标公司提供的工程量清单，各家单位应对现场进行详细实地踏勘，所报价格为综合单价，视为应经考虑了各种综合因素。

（3）在工程装饰施工期间适逢两会期间。由于会议中心要接待两会代表，所以3月10日至22日期间停止施工，无论谁家中标，建设单位都理解为中标单位的报价应已综合考虑了停工因素，保证不因此情况追加工程款。

（4）主要装饰部位的石材由建设单位提供。

经过激烈竞争，某装饰公司中标。双方签订《建筑装饰工程施工合同》，部分合同条款如下（合同中甲方为建设单位，乙方为施工单位）。

甲方按照协议条款约定的材料种类、规格、数量、单价、质量等级和提供时间、地点的清单，向乙方提供材料及其材料合格证明。甲方代表在所提供材料验收24h前将通知送达乙方，乙方派人与甲方一起验收。无论乙方是否派人参加验收，验收后由乙方保管，甲方支付相应的保管费用。发生损失或丢失，由乙方负责赔偿。甲方不按规定通知乙方验收，乙方不负责材料设备的保管，损坏或丢失由甲方负责。甲方提供的材料与清单或样品不符，按下列情况分别处理。

① 供应数量多于清单数量时，甲方负责将多余部分运出施工现场；

② 迟于清单约定时间供应导致的追加合同款价，由甲方承担。发生延误，工期相应顺延，并由甲方赔偿乙方由此造成的损失。

施工单位进场后，发现大堂标高为8.7m，报告厅标高为4.6m，提出工程变更洽商申请，要求增加脚手架搭设的费用，申请递交监理单位8天后，在没有得到回复的情况下，施工单位开始脚手架搭设施工。

在进行大堂石材施工后，为保证石材在脚手架拆除过程中和施工过程中不被破坏，建设单位口头通知施工单位对石材用大芯板进行保护，后来施工单位上报工程洽商变更要求建设单位签字，建设单位拒签。

由于特殊原因，会议中心须接待开提前预备会的代表，停工时间提前至3月1日，建设单位正式下通知要求施工单位严格遵守调整后的停工时间。

建设单位从深圳采购石材，在汽运过程中由于南方发大水，高速路封闭，石材迟于清单约定时间6天到达现场，建设单位书面通知乙方验收。由于石材晚到场耽误了整体完工时间，共计超出工期6天完工。

在结算过程中，施工单位提出在原合同价格基础上增加以下费用。

① 脚手架搭设费用35000元；

② 石材保护增加费用12000元；

③ 会议停工损失每天6000元，共计22天×6000元/天＝132000元；

④ 石材保管费340万元×1‰＝3.4万元（石材总价340万元），误工费6天×6000元/天＝36000元＝3.6万元。

以上费用增加的理由如下。

① 脚手架费用增加的问题：现场有土建施工单位，作为该项目的总承包单位，脚手架的搭设应由总承包单位完成，但是他们没有尽到该尽的义务。而施工单位进场后，向监理单位提交了关于申请脚手架的变更洽商单，根据合同条款规定，洽商递交7天没有回复视为默认，施工单位可以施工并要求建设单位支付相关变更增加费用。

② 大堂石材保护属于非工程量清单所包含的内容，是建设单位口头通知要求增加的，并且应经按照建设单位要求实施，所以该项费用应由建设单位支付。

③ 按照合同约定，一周内停工超过48h的应追加停工增加费。停工有建设单位正式通知，所以此项费用应予以认可。

④ 根据合同对于甲方供应材料的约定，应该给施工单位材料保管费，因为建设单位造成了工期延误，建设单位应赔偿施工单位相应损失。

以上费用建设单位均不予认可，理由是：

① 脚手架费用增加问题：在投标阶段，要求施工单位对现场进行勘察，图纸和现场都可以反映出大堂和多功能厅的实际标高，施工单位在编制工程量清单时，在措施项目清单中对脚手架搭设费用应该有所考虑，在结算过程中要求追加此部分费用，不能予以认可。

② 石材保护是施工单位应尽的义务，增加费用的说法不成立。

③ 招标文件中对停工已经有了说法，且施工单位在投标承诺中也对此承诺不增加费用，请施工单位详读招标文件和投标承诺。

④ 石材供应延误是不可抗力，所以工期延误索赔不予认可。

双方对以上问题争执不下。

【问题】

（1）建设单位是否应支付脚手架搭设增加费用？为什么？

（2）建设单位拒付石材保护增加费用的做法是否合理？如果口头通知变为监理通知，建设单位是否应当支付停工费用？

（3）建设单位是否应支付停工费用，为什么？

（4）建设单位是否应承担因石材迟于清单约定时间供货而导致的工期延误赔偿，为什么？

（5）建设单位应该增补的费用共计多少？

【解】

（1）建设单位不应支付脚手架搭设增加费用，其原因是：在投标报价中施工单位没有要求增加此部分费用，则根据招标文件原则，视为此项费用已包含在其他项目的综合单价中，在工程范围不变的情况下，工程费用不予调整。

（2）建设单位不应支付石材保护增加费用，其原因是：对石材进行保护是施工单位为保证施工质量的技术措施，一般在建设单位没有批准追加相应费用的情况下，技术措施费用应由施工单位自行承担。

口头通知不能作为办理工程结算的依据，但是即便是口头通知变为监理通知，由于施工单位所报的工程量清单的综合报价中已经包含了技术措施费，且建设单位没有认可追加费用，所以此项费用也不能增加。

（3）建设单位应当支付从3月1日至3月9日共9天的停工补偿费用，共计9天×6000元/天＝54000元＝5.4万元。

（4）建设单位应承担因工期延误造成的工期补偿，因建设单位应考虑到石材运输过程中的各种因素，不属于不可抗力，应予支付工期补偿费用。

（5）建设单位共应增补费用为：会议停工补偿5.4万元；石材保管费3.4万元；工期延误补偿3.6万元；共计12.4万元。

6.6.3　工程合同的索赔管理方法应用

【例6.3】　某建设单位有一宾馆大楼的装饰装修和设备安装工程，经公开招标投标确定了由某建筑装饰装修工程公司和设备安装公司承包工程施工，并签订了施工承包合同。合同价为1600万元，工期为130天。合同规定："业主与承包方每提前或延误工期一天，按合同价的万分之二进行奖罚""石材及主要设备由业主提供，其他材料由承包方采购"。施工方与石材厂商签订了石材购销合同；业主经与设计方商定，对主要装饰石材指定了材质、颜色和样品。施工进行到 22 天时，由于设计变更，造成工程停工 9 天，施工方 8 天内提出了索赔意向通知；施工进行到 36 天时，因业主方挑选确定石材，使部分工程停工累计达 16 天（均位于关键线路上），施工方 10 天内提出了索赔意向通知；施工进行到 52 天时，业主方挑选确定的石材送达现场，进场验收时发现该批石材大部分不符合质量要求，监理工程师通知承包方该批石材不得使用。承包方要求将不符合要求的石材退换，因此延误工期 5 天。石材厂商要求承包方支付退货运费，承包方拒绝。工程结算时，承包方因此向业主方要求索赔；施工进行到 73 天时，该地遭受罕见暴风雨袭击，施工无法进行，延误工期 2 天，施工方 5 天内提出了索赔意向通知；施工进行到 137 天时，施工方因人员调配原因，延误工期 3 天；最后，工程在 152 天后竣工。工程结算时，施工方向业主方提出了索赔报告并附索赔有关的材料和证据，各项索赔要求和工期奖励如下（表 6.7）。

1. 工期索赔

（1）因设计变更造成工程停工，索赔工期 9 天；

（2）因业主方挑选确定石材造成工程停工，索赔工期 16 天；

（3）因石材退换造成工程停工，索赔工期 5 天；

（4）因遭受罕见暴风雨袭击造成工程停工，索赔工期 2 天；

（5）因施工方人员调配造成工程停工，索赔工期 3 天。

2. 经济索赔

$$35 \times 1600 \text{ 万元} \times 0.02\% = 11.2 \text{ 万元}$$

3. 工期奖励

$$13 \times 1600 \text{ 万元} \times 0.02\% = 4.16 \text{ 万元}$$

表 6.7　工期索赔

1. 工期索赔	（1）因设计变更的停工为 9 天 （2）因业主挑选石材延误工期 16 天 （3）因石材退换停工 5 天 （4）罕见暴风雨停工 2 天 （5）因调配停工 3 天	延误工期共 35 天
2. 费用索赔	35×1600 万元 $\times 0.02\% = 11.2$ 万元	
3. 工期奖励	13×1600 万元 $\times 0.02\% = 4.16$ 万元	$130 + 35 - 152 = 13$(天)

【问题】

（1）哪些索赔要求能够成立？哪些不能成立？为什么？

（2）上述工期延误索赔中，哪些应由业主方承担？哪些应由施工方承担？

（3）施工方应获得的工期补偿和经济补偿各为多少？工期奖励应为多少？

（4）不可抗力发生风险承担的原则是什么？

【解】

索赔费用的原因及注意事项见表 6.8。

表 6.8　索赔费用的原因及注意事项

序号	索　赔　原　因		注意事项
1	分项分析	（1）当事人违约	谁违约谁赔偿
		（2）不可抗力	各自费用各自承担,工期顺延
		（3）合同变更	业主
		（4）工程师指令	业主
		（5）异常恶劣天气	承包商自付
		（6）其他	不利方保护

序号	索 赔 原 因		注意事项
2	总结论	(1)T (2)C	网络。关键线路判断 费用和利润(例如窝工就没有利润)

（1）能够成立的索赔有：①因设计变更造成工程停工，按合同补偿，工期顺延；②因业主方挑选确定石材造成工程停工的索赔；③因遭受罕见暴风雨袭击造成工程停工的索赔。

不能够成立的索赔有：①因石材退换造成工程停工的索赔（应由施工方向石材厂商按合同索赔）；②因施工方人员调配造成工程停工的索赔。

（2）应由业主方承担的有：①因设计变更造成工程停工，按合同补偿，工期顺延；②因业主方挑选确定石材造成工程停工，按合同补偿工期顺延；③因遭受罕见暴风雨袭击造成工程停工，承担工程损失，工期顺延。

应由施工方承担的有：①因遭受罕见暴风雨袭击造成的施工方损失；②因施工方人员调配造成的停工，自行承担施工方损失，工期不予顺延。

（3）应获得的工期补偿为 27 天，经济补偿为 27×1600 万元 $\times 0.02\% = 8.64$ 万元；

工期奖励为 $[(130+27)-152] \times 1600$ 万元 $\times 0.02\% = 1.6$ 万元。

（4）不可抗力发生风险承担的原则是：①工程本身的损害由业主方承担；②人员伤亡由其所在方负责，并承担相应费用；③施工方的机械设备损害及停工损失，由施工方承担；④工程所需清理修复费用，由业主方承担；⑤延误的工期顺延。

1. 工期索赔 27 天	(1)因设计变更的停工为 9 天	可以
	(2)因业主挑选石材延误工期 16 天	可以
	(3)因石材退换停工 5 天	不行
	(4)罕见暴风雨停工 2 天	可以
	(5)因调配停工 3 天	不行
2. 费用索赔	27×1600 万元 $\times 0.02\% = 8.64$ 万元	
3. 工期奖励	5×1600 万元 $\times 0.02\% = 1.6$ 万元	$130+27-152=5$(天)

要点：与谁签订合同，才与谁有索赔关系，因此由于石材退换而造成的停工索赔不能向业主要，而是由施工方按照与材料厂家签订的合同向厂家索赔。因为购销合同是施工方和材料商签订的。

小结

装饰工程的采购主要集中在现场的装饰材料、设备以及成品或成套的家具设施等。在这些物质中尤以材料和设备所占的比例较大。

项目的采购可以定义为从项目组织外部获得产品（包括货物和服务，装饰工程项目中可以包括装饰材料、设备以及装饰劳务分包等）的整个过程，因此项目管理就是针对这一过程而实施的管理。

项目采购管理是项目管理的重要组成部分，贯穿整个装饰全过程。项目采购管理的模式直接影响项目管理的模式和项目合同类型的取定，因此尤为重要。

采购计划是指企业采购部门通过识别确定项目所包含的需从项目实施组织外部得到的产品或服务，并对其采购内容制订合乎要求的计划，以利于项目能够更好地实施。

在装饰工程项目的实施过程中，对物资采购的方式的选取一般分为招标和非招标方式。

合同管理是工程项目管理中的重要内容之一。施工合同管理是对工程施工合同的签订、履行、变更、解除等进行策划和控制的过程。

工程施工合同可以按照不同的方法加以分类，按照施工合同的计价方式可以分为单价合同、总价合同和成本加酬金合同三大类。

合同的履行是指合同各方当事人按照合同的规定，全面履行告知的义务，实现各自的权利，使各方的目的得以实现的行为。

工程合索赔通常是指在工程合同履行过程中，合同当事人一方因对方不履行或未能正确履行合同，或者由于其他非自身因素而受到经济损失或权利损害，通过合同规定的程序向对方提出经济或时间补偿要求的行为。

索赔事件又称为干扰事件，是指那些使实际情况与合同规定不符合，最终引起工期和费用变化的各类事件。

工程物资采购合同管理是对物资采购合同从签订到实施和合同终止全过程的一项综合管理过程。

在装饰项目进行材料采购的过程中，可根据项目装饰材料的数量及分布进行不同方法的材料采购；在合同履行过程中会遇到各种各样的不可预见的事件，造成索赔的发生；通过系统地学习本章节，能够运用所学知识解决以上的实际问题。

 思考与练习

1. 按照计价方式，工程合同分为哪几类？
2. 材料采购合同如何进行交货的检验？
3. 工程合同的变更程序是什么？
4. 如何制订采购计划？
5. 采购的方式有哪几种？
6. 工程招投标的程序是什么？
7. 工程合同在履约管理时的原则有哪些？
8. 建设工程物资采购合同有哪些特点？
9. 材料采购合同履行过程中，如果出现供货方提前交货应如何处理？
10. 索赔有哪些分类？
11. 索赔的依据有哪些？
12. 索赔的程序是什么？
13. 索赔工期和费用的计算原则是什么？

7

建筑装饰工程进度与成本管理

学习目标

1. 了解装饰工程成本的分类及工程成本核算的内容和对象。

2. 熟悉装饰工程施工进度计划控制的措施，施工成本控制的依据和步骤，以及工程成本核算的程序。

3. 掌握装饰工程施工进度计划检查和调整的方法，施工成本的控制方法。

4. 能进行装饰工程进度与成本控制。

7.1

施工进度计划的实施与检查

经批准的进度计划,管理者应向执行者进行交底并落实责任,进度计划执行者应制订实施计划方案。在实施进度计划的过程中应进行下列工作:跟踪检查,收集实际进度数据;将实际数据与进度计划进行对比;分析计划执行的情况;对产生的进度变化,采取相应措施进行纠正或调整计划;检查措施的落实情况;进度计划的变更必须与有关单位和部门及时沟通。

7.1.1 施工进度计划的实施

7.1.1.1 施工进度计划的贯彻

施工进度计划的贯彻应该做到以下三点。

(1) 检查各层次的计划,形成严密的计划保证系统 工程项目的所有施工进度计划,包括施工总进度计划、单位工程施工进度计划、分部(分项)工程施工进度计划,都是围绕一个总任务而编制的。它们之间的关系是高层次计划为低层次计划提供依据,低层次计划是高层次计划的具体化。在其贯彻执行时,应当首先检查是否协调一致,计划目标是否层层分解、互相衔接,组成一个计划实施的保证体系,以施工任务书的方式下达到施工队,保证施工进度计划的实施。

(2) 层层明确责任并利用施工任务书 项目经理、作业队和作业班组之间分别签订责任状,按计划目标明确规定工期、承担的经济责任、权限和利益,用施工任务书将作业任务下达到施工班组,明确具体施工任务、技术措施、质量要求等内容,使施工班组必须保证按作业计划时间完成规定的任务。

(3) 进行计划的交底,促进进度计划的全面、彻底实施 施工进度计划的实施是全体工作人员的共同行动,要使有关人员都明确各项计划的目标、任务、实施方案和措施,使管理层和作业层协调一致,将计划变成全体员工的自觉行动,在计划实施前可以根据计划的范围进行计划交底工作,以使计划得到全面、彻底的实施。

7.1.1.2 施工进度计划的实施

(1) 编制月(旬)作业计划 为了实施施工进度计划,将规定的任务结合现场施工条件,如施工场地的情况、劳动力机械等资源条件和施工的实际进度,在施工开始前和过程中不断地编制本月(旬)作业计划,这是使施工计划更具体、更实际和更可行的重要环节。在月(旬)计划中要明确:本月(旬)应完成的任务、所需要的各种资源量、提高劳动生产率和节约的措施等。

(2) 签发施工任务书 编制好月(旬)作业计划以后,将每项具体任务通过签发施工任务书的方式下达班组进一步落实、实施。施工任务书应由施工员按班组编制并下达,在实施过程中要做好记录,任务完成后回收,作为原始记录和业务核算资料。

施工任务书包括施工任务单、限额领料单和考勤表。施工任务单包括分项工程施工任务、工程量、劳动量、开工日期、完工日期、工艺质量和安全要求。限额领料单是根据施工任务单编制的控制班组领用材料的依据，应具体列明材料名称、规格、型号、单位和数量、领用记录、退料记录等。

（3）做好施工进度记录，填好施工进度统计表　在计划任务完成的过程中，各级施工进度计划的执行者都要跟踪做好施工记录，及时记载计划中的每项工作开始日期、每日完成数量和完成日期，记录施工现场发生的各种情况、干扰因素的排除情况；跟踪做好形象进度、工程量、总产值和耗用的人工、材料、机械台班等的数量统计与分析，为施工项目进度检查和控制分析提供反馈信息。因此，要求实事求是记载，并据此填好上报统计报表。

（4）做好施工中的调度工作　施工中的调度是组织施工中各阶段、环节、专业和工种的互相配合、进度协调的指挥核心。调度工作是使施工进度计划实施顺利进行的重要环节，其主要任务是掌握计划实施情况，协调各方面关系，采取措施，排除各种矛盾，加强各薄弱环节，实现动态平衡，保证完成作业计划和实现进度目标。

调度工作主要内容有：监督作业计划的实施、调整协调各方面的进度关系；监督检查施工准备工作；督促资源供应单位按计划供应劳动力、施工机具、运输车辆、材料和构配件等，并对临时出现的问题采取调配措施；按施工平面图管理施工现场，结合实际情况进行必要的调整，保证文明施工；了解气候、水、电、气等情况，采取相应的防范和保证措施；及时发现和处理施工中各种事故和意外事件；调节各薄弱环节；定期、及时地召开现场调度会议，贯彻施工项目主管人员的决策，发布调度令。

7.1.2　施工进度计划的检查

在工程项目的实施过程中，为了进行进度控制，进度控制人员应经常、定期地跟踪检查施工实际进度情况，主要是收集工程项目进度材料，进行统计整理和对比分析，确定实际进度与计划进度之间的关系，其主要工作包括施工进度计划的跟踪、施工进度计划的整理统计、对比实际进度与计划进度。

7.1.2.1　施工进度计划的跟踪

跟踪检查工程实际进度是项目进度控制的关键措施，其目的是收集实际施工进度的有关数据。跟踪检查的时间和收集数据的质量，直接影响控制工作的质量和效果。一般检查的时间间隔与工程项目的类型、规模、施工条件和对进度执行要求程度有关。通常可以确定每月、半月、旬或周进行一次。若在施工中遇到天气、资源供应等不利因素的严重影响，检查的时间间隔可临时缩短，次数应频繁，甚至可以每日进行检查，或派人员入驻现场督阵。检查和收集资料的方式一般采用进度报表方式或定期召开进度工作汇报会。根据不同需要，检查的内容包括：检查期内实际完成和累计完成工程量；实际参加施工的劳动力、机械数量和生产效率；窝工人数、窝工机械台班数及其原因分析；进度管理情况；进度偏差情况；影响进度的特殊原因及分析。

7.1.2.2　施工进度计划的整理统计

对收集到的工程项目实际进度数据，要进行必要的整理。按计划控制的工作项目进行统计，形成与计划进度具有可比性的数据，用相同的量纲和形象进度。一般可以按实物工程量、工作量和劳动消耗量以及累计百分比整理和统计实际检查的数据，以便与相应的计划完成量相对比。

7.1.2.3　对比实际进度与计划进度

将收集的资料整理和统计成具有与计划进度可比性的数据后，用工程项目实际进度与计划进度进行比较。常用的比较方法有横道图比较法、S 形曲线比较法、"香蕉"形曲线比较法、前锋线比较法和列表比较法等。通过比较得出实际进度与计划进度一致、超前、拖后三种情况。

（1）横道图比较法 横道图比较法是把在项目施工中检查实际进度收集的信息，经整理后直接用横道线并列标于原计划的横道线一起，进行直观比较的方法。

完成任务量可以用实物工程量、劳动消耗量和工作量三种物理量表示。为了比较方便，一般用它们实际完成量的累计百分比与计划的应完成量的累计百分比进行比较，如图 7.1 所示。

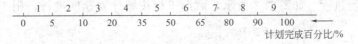

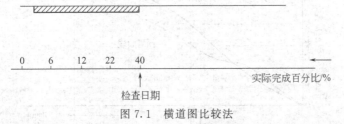

图 7.1 横道图比较法

应该指出，由于工作的施工速度是变化的，因此横道图中进度横线，不管计划的还是实际的，都是表示工作的开始时间、持续天数和完成时间，并不表示计划完成量和实际完成量，这两个量分别通过标注在横道线上方及下方的累计百分比数量表示。实际进度的涂黑粗线是从实际工程的开始日期画起，若工作实际施工间断，亦可在图中将涂黑粗线作相应的空白。

（2）S 形曲线比较法 S 形曲线比较法是以横坐标表示进度时间，纵坐标表示累计完成任务量，绘制出一条按计划时间累计完成任务量的曲线，将施工项目的各检查时间实际完成的任务量与 S 形曲线进行实际进度与计划进度相比较的一种方法。

从整个工程项目的施工全过程而言，一般是开始和结尾阶段，单位时间投入的资源量较少，中间阶段单位时间投入的资源量较多，与其相关的单位时间完成的任务量也是呈同样变化，如图 7.2(a) 所示；而随时间进展累计完成的任务量，则应该呈 S 形曲线变化，如图 7.2(b) 所示。

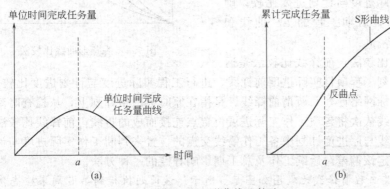

图 7.2 S 形曲线比较法

S 形曲线比较法同横道图一样，是在图上直观地进行施工项目实际进度与计划进度相比较。一般情况，计划进度控制人员在计划实施前绘制 S 形曲线。在项目施工过程中，按规定时间将检查的实际完成情况绘制在与计划 S 形曲线同一张图上，可得出实际进度 S 形

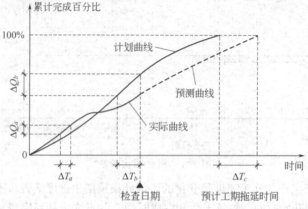

曲线，如图 7.3 所示。比较两条 S 形曲线可以得到以下信息。

① 项目实际进度与计划进度比较　当实际工程进展点落在 S 形曲线左侧，则表示此时实际进度比计划进度超前；若落在其右侧，则表示拖后；若刚好落在其上，则表示二者一致。

② 项目实际进度比计划进度超前或拖后的时间　如图 7.3 所示，ΔT_a 表示 T_a 时刻实际进度超前的时间；ΔT_b 表示 T_b 时刻实际进度拖后的时间。

③ 项目实际进度比计划进度超前或拖后的任务量　如图 7.3 所示，ΔQ_a 表示 T_a 时刻超前完成的任务量；ΔQ_b 表示在 T_b 时刻拖后的任务量。

④ 预测工程进度　如图 7.3 所示，后期工程按原计划速度进行，则工期拖延预测值为 ΔT_c。

图 7.3　工程进度 S 形曲线比较法

（3）香蕉形曲线比较法　香蕉形曲线的作图方法与 S 形曲线的作图方法基本一致，所不同之处在于它是分别以工作的最早开始和最迟开始时间绘制的两条 S 曲线组合成的闭合曲线，如图 7.4 所示。

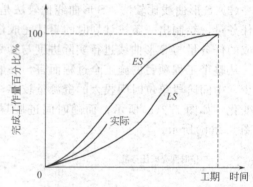

在项目的实施中，进度控制的理想状况是任一时刻按实际进度描绘的点，应落在该香蕉形曲线的区域内。香蕉形曲线比较法的作用：利用香蕉形曲线进行进度的合理安排；进行施工实际进度与计划进度比较；确定在检查状态下，后期工程的 ES 曲线和 LS 线的发展趋势。

图 7.4　香蕉形曲线比较法

（4）前锋线比较法　前锋线比较法是通过绘制某检查时刻工程项目实际进度前锋线，进行工程实际进度与计划进度比较的方法，它主要适用于时标网络计划。所谓前锋线，是指在原时标网络计划上，从检查时刻的时标点出发，用点画线依次将各项工作实际进展位置点连接而成的折线。前锋线比较法就是通过实际进度前锋线与原进度计划中各工作箭线交点的位置来判断工作实际进度与计划进度的偏差，进而判定该偏差对后续工作及总工期影响程度的一种方法。

【例 7.1】　某工程前锋线比较图如图 7.5 所示。该计划执行到第 6 周末检查实际进度时，发现工作 A 和工作 B 已经全部完成，工作 D、工作 E 分别完成计划任务量的 20% 和 50%，工作 C 尚需 3 周完成，试用前锋线法进行实际进度与计划进度的比较。

【解】　根据第 6 周末实际进度的检查结果绘制前锋线，如图中 7.5 中点画线所示。

（5）列表比较法　当采用时标网络计划时也可以采用列表分析法。即记录检查时正在

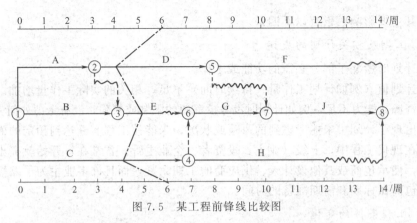

图 7.5　某工程前锋线比较图

进行的工作名称和已进行的天数，然后列表计算有关时间参数，根据原有总时差和尚有总时差，判断实际进度与计划进度的比较方法，列表比较法见表 7.1。

表 7.1　列表比较法

工作代号	工作名称	检查计划时 尚需作业天数	到计划最迟完 成时尚有天数	原有 总时差	尚有 总时差	情况判断
①	②	③	④	⑤	⑥	⑦

7.1.2.4　施工进度计划检查结果的处理

按照检查报告制度的规定，将工程项目进度检查的结果形成进度控制报告，向有关主管人员和部门汇报。进度控制报告是根据报告的对象不同，确定不同的编制范围和内容而分别编写的。一般分为项目概要级进度控制报告、项目管理级进度控制报告和业务管理级进度控制报告。

项目概要级的进度报告是报给项目经理、企业经理、业务部门以及建设单位或业主的，它是以整个工程项目为对象说明进度计划执行情况的报告；项目管理级的进度报告是报给项目经理及企业业务部门的，它是以单位工程或项目分区为对象说明进度计划执行情况的报告；业务管理级的进度报告是就某个重点部位或重点问题为对象编写的报告，供项目管理者及各业务部门为其采取应急措施而使用的。

进度报告由计划负责人或进度管理人员与其他项目管理人员协作编写。报告时间一般与进度检查时间相协调，也可按月、旬、周等间隔时间进行编写上报。

7.2
施工进度计划的调整与控制

7.2.1　施工进度偏差的原因分析

由于工程项目的工期较长，影响进度因素较多，编制、执行和控制工程进度计划时必须充分认识和估计这些因素，使工程进度尽可能按计划进行，当出现偏差时，应分析产生的原因。其主要影响因素有以下四条。

7.2.1.1 工期及相关计划的失误

（1）计划时遗漏了部分必需的功能或工作。

（2）计划值（例如计划工作量、持续时间）不足，相关的实际工作量增加。

（3）资源或能力不足，例如计划时没考虑资源的限制或缺陷，没有考虑如何完成工作。

（4）出现了计划中未能考虑到的风险或状况，未能使工程实施达到预定的效率。

（5）在现代工程中，上级（业主、投资者、企业主管）常常在一开始就提出很紧迫的工期要求，使承包商或其他设计人、供应商的工期太紧，而且许多业主为了缩短工期，常常压缩承包商做标期和前期准备的时间。

7.2.1.2 工程条件的变化

（1）工作量的变化　设计的修改、设计的错误、业主的新要求、项目目标的修改及系统范围的扩展可能造成工作量的变化。

（2）外界（如政府、上层系统）对项目的新要求或限制　设计标准的提高可能造成项目资源的缺乏，使工程无法及时完成。

（3）环境条件的变化　工程地质条件和水文地质条件与勘察设计不符，如地质断层、地下障碍物、软弱地基、溶洞，以及恶劣的气候条件等，都对工程进度产生影响，造成临时停工或破坏。

（4）发生不可抗力事件　实施中如果出现意外的事件，如战争、内乱、拒付债务、工人罢工等事件，地震、洪水等严重的自然灾害，重大工程事故、试验失败、标准变化等技术事件，通货膨胀、分包单位违约等经济事件，都会影响工程进度计划。

7.2.1.3 管理过程中的失误

（1）计划部门与实施者之间，总分包商之间，业主与承包商之间缺少沟通。

（2）工程实施者缺乏工期意识，例如管理者拖延了图纸的供应和批准，任务下达时缺少必要的工期说明和责任落实，拖延了工程活动。

（3）项目参加单位对各个活动没有了解清楚，下达任务时也没有做详细的解释，同时对活动的必要的前提条件准备不足，各单位之间缺少协调和信息沟通，许多工作脱节，资源供应出现问题。

（4）由于其他方面未完成项目计划规定的任务造成拖延，例如设计单位拖延设计、运输不及时、上级机关拖延批准手续、质量检查拖延、业主处理问题不果断等。

（5）承包商没有集中力量施工、材料供应拖延、资金缺乏、工期控制不紧，这可能是由于承包商同期工程太多，力量不足造成的。

（6）业主没有集中资金的供应，拖欠工程款，或业主的材料、设备供应不及时。

7.2.1.4 其他原因

由于采取其他调整措施造成工期的拖延，如设计的变更、质量问题的返工、实施方案的修改等。

7.2.2 分析进度偏差的影响

通过进度比较方法，如果判断出有进度偏差时，应当分析进度偏差对后续工作和对总工期的影响。进度控制人员由此可以确认应该调整产生进度偏差的工作和调整偏差值的大

小，以便确定采取调整措施，获得符合实际进度情况和计划目标的新进度计划。

（1）若出现偏差的工作为关键工作，则无论偏差大小，都对后续工作及总工期产生影响，必须采取相应的调整措施；若出现偏差的工作不是关键工作，需要根据偏差值与总时差和自由时差的大小关系，确定对后续工作和总工期的影响程度。

（2）分析进度偏差是否大于总时差　若工作的进度偏差大于该工作的总时差，说明此偏差必将影响后续工作和总工期，必须采取相应的调整措施；若工作的进度偏差小于或等于该工作的总时差，说明此偏差对总工期无影响，但它对后续工作的影响程度，需要根据比较偏差与自由时差的情况来确定。

（3）分析进度偏差是否大于自由时差　若工作的进度偏差大于该工作的自由时差，说明此偏差对后续工作产生影响，应该如何调整，应根据后续工作允许影响的程度而定；若工作的进度偏差小于或等于该工作的自由时差，则说明此偏差对后续工作无影响，因此，原进度计划可以不做调整。

7.2.3　施工进度计划的调整方法

（1）增加资源投入　通过增加资源投入，缩短某些工作的持续时间，使工程进度加快，并保证实现计划工期。

（2）改变某些工作间的逻辑关系　在工作之间的逻辑关系允许改变的条件下，可改变逻辑关系，达到缩短工期的目的。

（3）资源供应的调整　如果资源供应发生异常，应采用资源优化方法对计划进行调整，或采取应急措施，使其对工期影响最小。

（4）增减工作范围　包括增减工作量或增减一些工作包（或分项工程）。增减工作内容应做到不打乱原计划的逻辑关系，只对局部逻辑关系进行调整。

（5）提高劳动生产率　改善工具器具以提高劳动效率，通过辅助措施和合理的工作过程提高劳动生产率。

（6）将部分任务转移　如分包、委托给另外的单位，将原计划由自己生产的结构构件改为外购等。当然这不仅有风险，会产生新的费用，而且需要增加控制和协调工作。

（7）将一些工作包合并　特别是在关键线路上按先后顺序实施的工作包合并，与实施者一起研究，通过局部调整实施过程和人力、物力的分配，达到缩短工期的目的。

【例7.2】　某工程项目双代号时标网络计划如图7.6所示，该计划执行到第40天下班时刻检查时，其实际进度如图中前锋线所示。试分析目前实际进度对后续工作和总工期的影响，并提出相应的进度调整措施。

【解】　从图7.6中可可看出：

① 工作D实际进度拖后10天，但不影响其后续工作，也不影响总工期；

② 工作E实际进度正常，既不影响后续工作，也不影响总工期；

③ 工作C实际进度拖后10天，由于其为关键工作，故其实际进度将使总工期延长10天，并使其后续工作F、H和J的开始时间推迟10天。

现在拖延工期的网络计划如图7.7所示。

如果该工程项目总工期不允许拖延，则为了保证其按原计划工期130天完成，必须采用工期优化的方法，缩短关键线路上后续工作的持续时间。现假设工作C的后续工作F、H和J均可以压缩10天，通过比较，压缩工作H的持续时间所增加的费用最小，故将工作H的持续时间由30天缩短为20天。调整后的网络计划如图7.8所示。

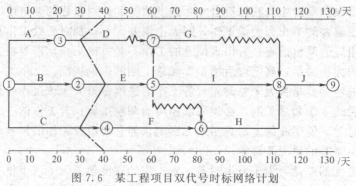

图 7.6 某工程项目双代号时标网络计划

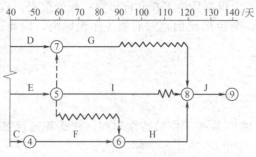

图 7.7 拖延工期的网络计划

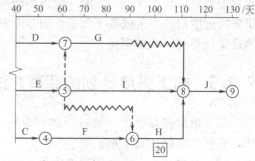

图 7.8 调整后的网络计划

7.2.4 施工进度的控制措施

施工进度控制采取的主要措施有组织措施、技术措施、管理措施和经济措施等。

7.2.4.1 组织措施

（1）落实各层次的进度控制人员、具体任务和工作责任。

（2）应充分重视健全项目管理的组织体系，建立进度控制的组织系统。

（3）对工程项目的结构、进展阶段或合同结构等进行项目分解，确定其进度目标，建立控制目标体系。

（4）应编制施工进度控制的工作流程。

（5）确定进度控制工作制度，如检查时间、方法、协调会议时间、参加人员等。

（6）对影响进度的因素进行分析和预测。

7.2.4.2 技术措施

技术措施主要是采取加快工程进度的技术方法，主要包括以下几方面。

（1）对实现施工进度目标有利的设计技术和施工技术的选用。

（2）不同的设计理念、设计技术路线、设计方案对工程进度会产生不同的影响，在工程进度受阻时，应分析是否存在设计技术的影响因素，为实现进度目标有无设计变更的必要和是否可能变更。

（3）施工方案对工程进度有直接的影响，在决策其选用时，不仅应分析技术的先进性和经济合理性，还应考虑其对进度的影响。在工程进度受阻时，应分析是否存在施工技术的影响因素，为实现进度目标有无改变施工技术、施工方法和施工机械的可能性。

7.2.4.3 管理措施

施工进度控制的管理措施涉及管理思想、管理方法、管理手段、承发包模式、合同管理和风险管理等。在理顺组织的前提下，科学和严谨的管理十分重要。

（1）施工进度控制在管理观念方面存在的主要问题是缺乏进度计划系统的观念，往往分别编制各种独立而互不关联的计划，这样就形成不了计划系统；缺乏动态控制的观念，只重视计划的编制，而不重视及时地进行计划的动态调整；缺乏进度计划多方案比较和选优的观念，合理的进度计划应体现资源的合理使用、工作面的合理安排，有利于提高建设质量、文明施工和合理地缩短建设周期。

（2）用工程网络计划的方法编制进度计划必须严谨地分析和考虑工作之间的逻辑关系，通过工程网络的计算可发现关键工作和关键路线，也可知道非关键工作可使用的时差，工程网络计划的方法有利于实现进度控制的科学化。

（3）发包和承包模式的选择直接关系到工程实施的组织和协调。为了实现进度目标，应选择合理的合同结构，以避免过多的合同交界面而影响工程的进展。工程物资的采购模式对进度也有直接的影响，对此应做比较分析。

（4）为实现进度目标，不但应进行进度控制，还应注意分析影响工程进度的风险，并在分析的基础上采取风险管理措施，以减少进度失控的风险量。

（5）应重视信息技术在进度控制中的应用。

7.2.4.4　经济措施

施工进度控制的经济措施涉及工程资金需求计划和加快施工进度的经济激励措施。

（1）为确保进度目标的实现，应编制与进度计划相适应的资源需求计划（资源进度计划），包括资金需求计划和其他资源（人力和物力资源）需求计划，以反映工程施工的各时段所需要的资源。通过资源需求的分析，可发现所编制的进度计划实现的可能性，若资源条件不具备，则应调整进度计划。

（2）在编制工程成本计划时，应考虑加快工程进度所需要的资金，其中包括为实现施工进度目标将要采取的经济激励措施所需要的费用。

7.2.5　施工进度控制的总结

项目经理部应在进度计划完成后，及时进行工程进度控制总结，为进度控制提供反馈信息。总结时应依据以下资料：施工进度计划，施工进度计划执行的实际记录，施工进度计划检查结果，施工进度计划的调整资料。

施工进度控制总结应包括：合同工期目标和计划工期目标完成情况，施工进度控制经验，施工进度控制中存在的问题，科学的工程进度计划方法的应用情况，工程项目进度控制的改进意见。

7.3

装饰工程成本控制

装饰工程成本是指以装饰工程作为成本核算对象的施工过程中所耗费的生产资料转移价值和劳动者的必要劳动所创造的价值的货币形式，也就是某一装饰工程项目在施工中所发生的全部费用的总和，它由人工费、材料费、施工机械使用费、措施项目费、施工管理费、其他税费等组成。具体包括所消耗的主要材料，结构件及其他材料，调转材料的摊销费，施工机械的台班或租赁费，施工人员的工资、奖金以及项目部在管理工程施工中所发生的全部费用支出。

工程成本控制就是对工程的资金支出进行核算和监控。成本控制工作是在成本控制计划的基础上开展的，它是根据各项工作需要的实际费用与计划费用进行比较，对成本费用进行评价，并对未完工程进行预测，使成本控制在预算范围之内的工作。施工阶段是控制建设工程项目成本发生的主要阶段，它通过确定成本目标并按计划成本进行施工、资源配置，对施工现场发生的各种成本费用进行有效的控制。

7.3.1 装饰工程成本的分类

7.3.1.1 按成本计价的定额标准分类

按成本计价的定额标准，装饰工程成本分为预算成本、计划成本和实际成本。以上各种成本计算既有联系，又有区别。通过几种成本的相互比较，可看出成本计划的执行情况。

（1）预算成本 预算成本是按装饰工程实物量、国家或地区或企业制订的预算定额及取费标准计算的社会平均成本或企业平均成本，是以施工预算为基础进行分析、预测、归集和计算确定的。预算成本包括直接成本和间接成本，是控制成本支出、衡量和考核项目实际成本节约或超支的重要尺度。

（2）计划成本 计划成本是在预算成本的基础上，根据企业自身的要求，如内部承包的规定，结合装饰工程的技术特征、自然地理特征、劳动力素质、设备情况等确定的标准成本，亦称目标成本。计划成本是控制装饰工程成本支出的标准，也是成本管理的目标。

（3）实际成本 实际成本是装饰工程项目在施工过程中实际发生的可以列入成本支出的各项费用的总和，是工程项目施工活动中劳动耗费的综合反映。

7.3.1.2 按计算装饰工程成本对象的范围分类

按计算装饰工程成本对象的范围，工程成本可分为单位工程成本、分部工程成本和分项工程成本。

7.3.2 施工成本控制的依据

施工成本控制的依据包括以下内容。

（1）工程承包合同 施工成本控制要以工程承包合同为依据，围绕降低工程成本这个目标，从预算收入和实际成本两方面，努力挖掘增收节支潜力，以求获得最大的经济效益。

（2）施工成本计划 施工成本计划是根据施工项目的具体情况制订的施工成本控制方案，既包括预定的具体成本控制目标，又包括实现控制目标的措施和规划，是施工成本控制的指导文件。

（3）进度报告 进度报告提供了每一时刻工程实际完成量、工程施工成本实际支付情况等重要信息。施工成本控制工作正是通过了实际情况与施工成本计划相比较，找出了二者之间的差别，分析偏差产生的原因，从而采取措施改进以后的工作。此外，进度报告还有助于管理者及时发现工程实施中存在的隐患，并在事态还未造成重大损失之前采取有效措施，尽量避免损失。

（4）工程变更　在项目的实施过程中，由于各方面的原因，工程变更难以避免。工程变更一般包括设计变更、进度计划变更、施工条件变更、技术规范与标准变更、施工次序变更、工程数量变更等。一旦出现变更，工程量、工期、成本都必将发生变化，从而使得施工成本控制工作变得更加复杂和困难。因此，施工成本管理人员就应当通过对变更要求中各类数据的计算、分析，随时掌握变更情况。

除了上述几种施工成本控制工作的主要依据以外，有关施工组织设计、分包合同文本等也都是施工成本控制的依据。

7.3.3　施工成本控制的步骤

在确定了项目施工成本计划之后，必须定期地进行施工成本计划值与实际值的比较，当实际值偏离计划值时，分析产生偏差的原因，采取适当的纠偏措施，以确保施工成本控制目标的实现。其步骤如下。

（1）比较　按照某种确定的方式将施工成本计划值与实际值逐项进行比较，以发现施工成本是否已超支。

（2）分析　在比较的基础上，对比较的结果进行分析，以确定偏差的严重性及偏差产生的原因。这一步是施工成本控制工作的核心，其主要目的在于找出产生偏差的原因，从而采取有针对性的措施，减少或避免相同原因的再次发生或减少由此造成的损失。

（3）预测　根据项目实施情况估算整个项目完成时的施工成本。预测的目的在于为决策提供支持。

（4）纠偏　若工程项目的实际施工成本出现了偏差，应当根据工程的具体情况、偏差分析和预测的结果，采取适当的措施，以期达到使施工成本偏差尽可能小的目的。纠偏是施工成本控制中最具实质性的一步。只有通过纠偏，才能最终达到有效控制施工成本的目的。

（5）检查　是指对工程的进展进行跟踪和检查，及时了解工程进展状况以及纠偏措施的执行情况和效果，为今后的工作积累经验。

7.3.4　施工阶段成本控制方法

工程成本分为间接成本和直接成本。直接成本指施工过程中消耗的构成工程实体和有助于工程形成的各项费用，包括人工费、材料费、施工机械使用费和其他直接费等成本费用。直接成本的控制是降低工程成本的关键，而材料费又占工程成本的 $60\% \sim 70\%$，是影响成本的主要因素，因而是成本控制的重点所在。间接成本的支出与工程施工无直接关系，主要是由项目管理机构的组成来决定。因此，要精简管理层，尽量选用一专多能型的管理人员，结合项目的特点成立有效的管理机构，同时对各项间接费用进行分解，制订合理间接费开支的各项指标，压缩开支。

7.3.4.1　人工费控制

人工费控制按照"量价分离"的原则：一是对人工单价的控制；二是对项目消耗人工数量的控制。人工单价的控制主要是通过优化劳动组合来确定。一些技术含量高及主体工程以外的项目可分包给日工资单价比较低的施工队伍，以降低人工费，但是，目前装饰工程项目中，人工费单价的控制空间并不大，人工费的控制主要是从用工方面着手，通过制订合理的劳动力计划，采用技术革新，不断提高队伍的技能，注意劳动组合和人员的配套，充分利用有效工作时间，尽量减少非生产人员数量等手段，以提高劳动生产率，降低人工消耗量。

7.3.4.2　材料费的控制

材料成本的控制，是控制工程成本的关键。材料费的控制，按照"量价分离"的原则：一是对材料用量的控制；二是对材料价格的控制。

材料用量要按定额确定单项工程的材料消耗量，严格执行材料进场验收和限额领料制度，有效地控制材料损耗量；对于没有消耗定额的材料，则实行计划管理和按指标控制的方法；准确做好材料物资的收发计量检查和投料计量工作；在材料使用过程中，对部分小型及零星材料根据工程量计算出所需材料量，将其折算出费用，由作业者包干控制。

材料价格主要由材料采购部门在采购过程中加以控制。材料采购是材料成本控制的源头，必须及时掌握市场价格的变化；要合理组织运输，采用最经济的运输方式，降低运输成本；要对材料资源进行详细调查，根据施工计划，确保材料的均衡供应，尽可能降低材料储备。

7.3.4.3　施工机械费的控制

机械费主要是由机械台班消耗量和台班单价两方面决定。为有效控制台班支出，要制订切实可行的施工组织设计，合理配置施工机械的型号和数量，加强设备租赁计划管理，控制好机械租赁费用，避免设备闲置；加强机械设备的调度工作，提高现场设备的利用率；加强机械操作人员的技术培训及设备的维修和保养，提高设备的完好率；对于短缺机械，企业内部又调配不了的情况下，要进行购买与租赁的经济比较，购置设备数量应满足现场施工生产需要，切忌盲目购置；要严格控制人力、动力、燃料等费用的支出，力求从多个角度来全面降低机械使用的各种费用。

7.3.4.4　加强合同管理，做好索赔工作

合同管理是一项重要的工作。项目经理部必须履行施工合同，在施工合同及补充合同签订后对合同内容、风险、重点或关键问题作出特别说明和提示，向各职能部门人员交底，落实施工合同约定的目标，依据施工合同指导工程实施和项目管理工作，避免因合同纠纷而造成的经济损失。索赔是挽回经济损失的重要途径之一，是合同管理的重要环节。项目经理部在履行施工合同期间，应注意收集、记录对方当事人违约事实的证据，作为索赔的依据。按施工合同文件有关规定，认真、如实、合理、正确地计算索赔的时间和费用，撰写索赔文件，及时提出高质量的索赔报告，为索赔成功和企业取得较好的经济效益打下坚实的基础。

7.3.4.5　加强对分包工程的成本管理与控制

分包工程成本是整个项目成本的重要组成部分，因此，加强对分包工程的成本控制是建筑工程成本管理与控制的重要部分。

（1）加强分包工程成本控制，首先要注意分包工程签约风险控制，签约前既要做好对分包队伍的资质、资信、信誉、实力的调查，同时还要做好分包单位签约人或法定代表人的资格审查。

（2）加强分包工程成本控制，重点在于施工阶段的实际成本控制。分包工程实际成本控制更多的要靠事前控制、人为行动控制、主动控制及建立严格的管理制度来组织实施。

（3）建立外包工程付款制度、程序，并在合同条款中明确。

（4）建立分包单位结算及付款台账，详细记录因分包工程与分包单位发生的各项经济往来，包括工程内容、合同规定、已结算价款、领用材料款、已支付工程款、扣留工程保修金等经济事项，以便于统筹控制。

7.4
装饰工程成本核算

7.4.1 装饰工程成本核算的内容和对象

　　根据《施工企业会计核算办法》的规定，工程成本的成本项目具体包括以下内容：人工费，材料费，机械使用费，其他直接费用和间接费用。其中前4项构成建筑安装工程的直接成本，第5项为建筑安装工程的间接成本，直接成本加上间接成本，构成建筑安装工程的生产成本。施工企业在核算产品成本时，就是按照成本项目来归集企业在施工生产经营过程中所发生的应计入成本核算对象的各项耗费。

　　一般来说，施工企业原则上应该以每一单位工程作为成本核算的对象，这是因为施工预算是按单位工程编制的。

7.4.2 装饰工程成本核算的基本要求

　　(1) 严格遵守国家规定的成本、费用开支范围　成本、费用开支范围是指国家对企业发生的各项支出，允许其在成本、费用中列支的范围。施工企业与施工生产经营活动有关的各项支出，都应当按照规定计入企业的成本、费用。

　　(2) 加强成本核算的各项基础工作　成本核算的各项基础工作是保证成本核算工作正常进行，以及保证成本核算工作质量的前提条件。施工企业成本核算的基础工作主要包括以下内容：建立健全原始记录制度，建立健全各项财产物资的收发、领退、清查和盘点制度，制订或修订企业定额。

　　(3) 划清各种费用界限　为了使施工企业有效地进行成本核算，控制成本开支，避免重计、漏计、错计或挤占成本的情况发生，施工企业应在成本核算过程中划清有关费用开支的界限。

　　(4) 加强费用开支的审核和控制　施工企业要由专人负责，依据国家有关法律政策、各项规定及企业内部制订的定额或标准等，对施工生产经营过程中发生的各项耗费进行及时的审核和控制。

　　(5) 建立工程项目台账　为了对各工程项目的基本情况做到心中有数，便于及时向企业决策部门提供所需信息，同时为有关管理部门提供所需要的资料，施工企业还应按单项施工承包合同建立工程项目台账。

7.4.3 工程成本核算的程序

　　工程成本核算程序是指企业在具体组织工程成本核算时应遵循的步骤与顺序。按照核算内容的详细程度，可分为以下两个方面。

　　(1) 工程成本的总分类核算程序　工程成本的总分类核算程序是指总括地核算工程成本

时一般应采取的步骤和顺序。施工企业对施工过程中发生的各项工程成本，应先按其用途和发生的地点进行归集。其中，直接费用可以直接计入受益的各个工程成本核算对象的成本中；间接费用则需要先按照发生地点进行归集，然后再按照一定的方法分配计入受益的各个工程成本核算对象的成本中。并在此基础上，计算当期已完成工程或已竣工工程的实际成本。

（2）工程成本的明细分类核算程序　为了详细地反映工程成本在各个成本核算对象之间进行分配和汇总的情况，以便计算各项工程的实际成本，施工企业除了进行工程成本的总分类核算以外，还应设置各种施工生产费用明细账，组织工程成本的明细分类核算。

工程成本的明细分类核算程序应与工程成本的总分类核算程序相适应。施工企业工程成本的核算主要包括以下步骤：分配各项施工生产费用；分配待摊费用和预提费用；分配辅助生产费用；分配机械作业；分配工程施工间接费用；结算工程价款；确认合同毛利；结转完工施工产品成本。

7.5

建筑装饰工程进度与成本管理案例

【例7.3】　某装饰公司承担一装饰施工任务，施工工程中由于不可抗力及建设单位的原因，以及施工单位间接的原因，致使施工网络计划（图7.9）中各项工作的持续时间受到影响。影响工作时间表见表7.2（正负数分别表示工作天数延长和缩短），使网络计划工期由计划工期（合同工期）84天变为实际工期95天。由此发生争议，施工单位要求延长工期22天，建设单位只同意延长11天。

【问题】

（1）处理工期顺延的原则是什么？

（2）你认为应给施工单位顺延工期多少天？

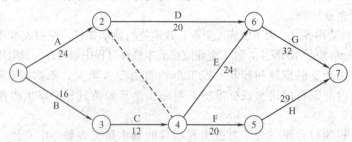

图7.9　施工网络计划（工作时间单位为天）

表7.2　影响工作时间表

工作代号	建设单位原因	施工单位原因	不可抗力原因
A	0	0	2
B	3	1	0
C	2	−1	0
D	2	2	0
E	0	−2	2
F	3	0	3
G	0	0	2

工作代号	建设单位原因	施工单位原因	不可抗力原因
H	3	4	0
合计	13	4	9

【解】

（1）工期索赔的原则

① 由于非施工单位原因引起的工期延误，应给予顺延工期。

② 确定工期延误的天数应考虑受影响的工作是否位于网络计划的关键线路上。

③ 如果由于非施工单位造成的各项工作的延误并未改变原网络计划的关键线路，则应认可的工期顺延时间可按位于关键线路上属于非施工单位原因导致的工期延误之和求得。

（2）题目中关键线路为①—③—④—⑥—⑦，位于关键线路上的关键工作是工作 B、工作 C、工作 E、工作 G，所以应给予施工单位顺延工期为：

$$3(B)+2(C)+2(E)+2(G)=9（天）$$

小结

进度计划的实施过程应进行工作包括跟踪检查、实际数据与进度计划进行对比、分析计划执行情况、进行纠正或调整计划、检查措施的落实情况等。

比较分析方法有横道图比较法、S 形曲线比较法、香蕉形曲线比较法、前锋线比较法和列表比较法等。通过比较得出实际进度与计划进度一致、超前、拖后三种情况。

施工进度计划的调整方法有增加资源投入、改变某些工作间的逻辑关系、资源供应的调整、增减工作范围、提高劳动生产率、将部分任务转移、将一些工作包合并等。

装饰工程成本是指某项目在施工中所发生的全部费用的总和，它由人工费、材料费、施工机械使用费、措施项目费、施工管理费、其他税费等组成。工程成本控制就是对工程的资金支出进行核算和监控。

按成本计价的定额标准，装饰工程成本分为预算成本、计划成本和实际成本。

直接成本包括人工费、材料费、施工机械使用费和其他直接费等费用，直接成本的控制是降低工程成本的关键，是成本控制的重点。

通过本内容的学习，要求学习者在工程实施过程中，能够结合实际进展情况，对进度进化进行跟踪、检查和控制，保证按期完成工程任务，并采用适当的成本控制方法来降低工程成本。

思考与练习

1. 如何实施施工进度计划？

2. 工程进度计划检查的方法有哪些？如何进行调整？

3. 分析进度偏差产生的原因。

4. 分析进度偏差对后续工作和总工期的影响。

5. 控制施工进度的措施有哪些？

6. 简述施工成本控制的依据和步骤。

7. 施工成本控制的方法有哪些？

8. 简述工程成本核算的程序。

8

建筑装饰工程质量与安全管理

学习目标

1. 了解质量管理的概念与量管理体系标准和原则；了解职业健康安全事故分类，以及文明施工的意义。

2. 熟悉装饰工程项目质量形成的影响因素及质量形成过程各阶段的质量控制；熟悉职业健康安全与环境管理的一般规定和技术措施计划。

3. 掌握装饰工程施工质量计划的编制和施工作业过程的质量控制；掌握职业健康安全事故的处原则和程序，以及现场文明施工的基本要求和项目现场管理的基本要求。

4. 能够进行装饰工程施工质量和施工现场安全管理。

8.1

工程质量管理概述

质量管理是指："确定质量方针、目标和职责，并在质量体系中通过诸如质量策划、质量控制、质量保证和质量改进使其实施的全部管理职能的所有活动。"

质量管理是项目组织在整个生产和经营过程中，围绕着产品质量形成的全过程实施的，是项目组织各项管理的主线。

8.1.1 工程项目质量形成的影响因素

由于工程项目具有单项性、一次性、长期性、生产管理方式的特殊性等特点，所以工程本身的质量影响因素多、质量波动大、质量变异大等。以下主要介绍工程项目各阶段对质量形成的影响。

(1) 人的质量意识和质量能力　人是质量活动的主体。对建设工程项目而言，人泛指与工程有关的单位、组织及个人，对工程项目质量的影响贯穿于自始至终全过程。包括：建设单位；勘察设计单位；施工承包单位；监理及咨询服务单位；政府主管及工程质量监督、检测单位；策划者、设计者、作业者、管理者等。

(2) 建设项目的决策因素　没有经过资源论证、市场需求预测，盲目建设，重复建设，建成后不能投入生产或使用，所形成的合格而无用途的建筑产品，从根本上是社会资源的极大浪费，不具备质量的适用性特征。同样，盲目追求高标准，缺乏质量经济性考虑的决策，也将对工程质量的形成产生不利的影响。

(3) 建设工程项目勘察因素　包括建设项目技术经济条件勘察和工程岩土地质条件勘察，前者直接影响项目决策，后者直接关系工程设计的依据和基础资料。

(4) 建设工程项目的总体规划和设计因素　总体规划关系到土地的合理利用，功能组织和平面布局，竖向设计，总体运输及交通组织的合理性；工程设计具体确定建筑产品的质量目标值，直接将建设意图变成工程蓝图，将适用、经济、美观融为一体，为建设施工提供质量标准和依据。建筑构造与结构的设计合理性、可靠性以及可施工性都直接影响工程质量。

(5) 建筑材料、构配件及相关工程用品的质量因素　建筑材料、构配件及相关工程用品是建筑生产的劳动对象。建筑质量的水平在很大程度上取决于材料工业的发展，原材料、建筑装饰装潢材料及其制品的开发，导致人们对建筑消费需求日新月异的变化，因此正确合理选择材料，控制材料、构配件及工程用品的质量规格、性能特性是否符合设计规定标准，直接关系到工程项目的质量形成。

(6) 工程项目的施工方案　包括施工技术方案和施工组织方案。前者指施工的技术、工艺、方法和机械、设备、模具等施工手段的配置。显然，如果施工技术落后，或方法不当，或机具有缺陷，都将对工程质量的形成产生影响。后者是指施工程序、工艺顺序、施工流向、劳动组织方面的决定和安排。通常的施工程序是先准备后施工，先场外后场内，先地下后地上，先深后浅，先主体后装修，先土建后安装等，都应在施工方案中明确，并编制相应的施工组织设计。

（7）工程项目的施工环境　包括地质水文气候等自然环境及施工现场的通风、照明、安全卫生防护设施等劳动作业环境，以及由工程承发包合同结构所派生的多单位多专业共同施工的管理关系，组织协调方式及现场施工质量控制系统等构成的管理环境对工程质量的形成产生相当的影响。

8.1.2　工程项目质量管理方法

8.1.2.1　PDCA 循环质量管理

PDCA 循环（图 8.1），是人们在管理实践中形成的基本方法。从实践论的角度看，管理就是确定任务目标，并按照 PDCA 循环原理来实现预期目标。由此可见 PDCA 是质量管理的基本方法。

（1）计划（plan，P）　可以理解为质量计划阶段，明确目标并制订实现目标的行动方案。在建设工程项目的实施中，"计划"是指各相关主体根据其任务目标和责任范围，确定质量控制的组织制度、工作程序、技术方法、业务流程、资源配置、检验试验要求、质量记录方式、不合格处理、管理措施等具体内容和做法的文件，"计划"还必须对其实现预期目标的可行性、有效性、经济合理性进行分析论证，按照规定的程序与权限审批执行。

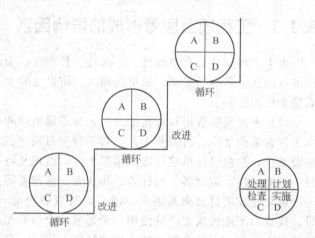

图 8.1　PDCA 循环示意图

（2）实施（do，D）　包含两个环节，即计划行动方案的交底和按计划规定的方法与要求展开工程作业技术活动。计划交底的目的在于使具体的作业者和管理者，明确计划的意图和要求，掌握标准，从而规范行为，全面地执行计划的行动方案，步调一致地去努力实现预期的目标。

（3）检查（check，C）　指对计划实施过程进行各种检查，包括作业者的自检、互检和专职管理者专检。各类检查都包含两大方面：一是检查是否严格执行了计划的行动方案，实际条件是否发生了变化，不执行计划的原因；二是检查计划执行的结果，即产出的质量是否达到标准的要求，对此进行确认和评价。

（4）处置（action，A）　对于质量检查所发现的质量问题或质量不合格，及时进行原因分析，采取必要的措施，予以纠正，保持质量形成的受控状态。

处理分纠偏和预防两个步骤，一是采取应急措施，解决当前的质量问题；二是信息反馈管理部门，反思问题症结或计划时的不周，为今后类似问题的质量预防提供借鉴。

8.1.2.2　三全质量管理

三全质量管理是来自于全面质量管理 TQC 的思想，同时包括在质量体系标准（GB/T 19000 和 ISO 9000）中，它指生产企业的质量管理应该是全面、全过程和全员参与的。

（1）全面质量管理　建设工程项目的全面质量管理是指建设工程各方干系人所进行的

工程项目质量管理的总称，其中包括工程（产品）质量和工作质量的全面管理。工作质量是产品质量的保证，工作质量直接影响产品质量的形成。

（2）全过程质量管理　全过程质量管理是指根据工程质量的形成规律，从源头抓起，全过程推进。GB/T 19000 强调质量管理的"过程方法"管理原则。按照建设程序，建设工程从项目建议书或建设构想提出，历经项目决策、勘察、设计、发包、施工、验收、使用等各个有机联系的环节，构成了建设项目的总过程。其中每个环节又由诸多相互关联的活动构成相应的具体过程，因此，必须掌握识别过程和应用"过程方法"进行全过程质量控制。

（3）全员参与质量管理　从全面质量管理的观点看，无论组织内部的管理者还是作业者，每个岗位都承担着相应的质量职能，一旦确定了质量方针目标，就应组织和动员全体员工参与到实施质量方针的系统活动中去，发挥自己的角色作用。全员参与质量管理的方法使质量总目标分解落实到每个部门和岗位。就企业而言，如果存在哪个岗位没有自己的工作目标和质量目标，说明这个岗位就是多余的，应予调整。

8.2
工程质量控制

质量控制是指为达到质量要求所采取的作业技术和活动。工程项目质量控制是指为达到工程质量要求所采取的作业技术和活动。质量控制是质量管理的一部分，是致力于满足质量要求的一系列相关活动。

建设工程质量控制是为达到工程项目质量要求所采取的作业技术和管理活动。作业技术和管理活动是相辅相成的。作业技术是直接产生产品或服务质量的条件，但并不是具备相关作业技术能力，都能产生合格的质量。在社会化大生产的条件下，还必须通过科学的管理，来组织和协调作业技术活动的过程，以充分发挥其质量形成能力，实现预期的质量目标。

8.2.1　工程质量形成过程各阶段的质量控制

按工程质量形成过程各阶段的质量控制分为决策阶段的质量控制、工程勘察设计阶段的质量控制、工程施工阶段的质量控制。

（1）决策阶段的质量控制　主要是通过项目的可行性研究，选择最佳建设方案，使项目的质量要求符合业主的意图，并与投资目标相协调，与所在地区环境相协调。

（2）工程勘察设计阶段的质量控制　主要是要选择好勘察设计单位，要保证工程设计符合决策阶段确定的质量要求，保证设计符合有关技术规范和标准的规定，要保证设计文件、图纸符合现场和施工的实际条件，其深度能满足施工的需要。

（3）工程施工阶段的质量控制　择优选择能保证工程质量的施工单位；严格监督承建商按设计图纸进行施工，并形成符合合同文件规定质量要求的最终建筑产品。

下面主要介绍施工阶段的质量控制。

8.2.2 施工质量控制的依据

（1）工程合同文件 工程施工承包合同文件和委托监理合同文件中分别规定了参与建设各方在质量控制方面的权利和义务，有关各方必须履行合同中的承诺。

（2）设计文件 "按图施工"是施工阶段质量控制的一项重要原则，因此经过批准的设计图纸和技术说明书等设计文件，无疑是质量控制的重要依据。

（3）国家及政府有关部门颁布的有关质量管理方面的法律、法规性文件。

（4）有关质量检验与控制的专门技术法规性文件 这类文件一般是针对不同行业、不同的质量控制对象而制定的技术法规性的文件，包括各种有关的标准、规范、规程或规定。概括说来，属于装饰装修工程专门的技术法规性的依据主要有《建筑工程施工质量验收统一标准》《建筑装饰装修工程质量验收规范》，材料、半成品和构配件质量控制的专门技术法规性依据等。

8.2.3 施工质量控制的过程

施工质量控制的过程包括施工准备质量控制、施工过程质量控制和施工验收质量控制。

（1）施工准备质量控制 是指工程项目开工前的全面施工准备和施工过程中各分部分项工程施工作业前的施工准备（或称施工作业准备）。此外，还包括季节性的特殊施工准备。施工准备质量是属于工作质量范畴，然而它对建设工程产品质量的形成产生重要的影响。

（2）施工过程质量控制 是指施工作业技术活动的投入与产出过程的质量控制，其内涵包括全过程施工生产及其中各分部分项工程的施工作业过程。

（3）施工验收质量控制 是指对已完工程验收时的质量控制，即工程产品质量控制，包括隐蔽工程验收、检验批验收、分项工程验收、分部工程验收、单位工程验收和整个建设工程项目竣工验收过程的质量控制。

8.2.4 施工质量计划的编制

按照 GB/T 19000 质量管理体系标准，质量计划是质量管理体系文件的组成内容。在合同环境下，质量计划是企业向顾客表明质量管理方针、目标及其具体实现的方法、手段和措施，体现企业对质量责任的承诺和实施的具体步骤。

（1）施工质量计划的编制主体 施工质量计划的编制主体是施工承包企业。在总承包的情况下，分包企业的施工质量计划是总包施工质量计划的组成部分。总包企业有责任对分包施工质量计划的编制进行指导和审核，并承担施工质量的连带责任。

（2）施工质量计划的文件形式 根据建筑工程生产施工的特点，目前我国工程项目施工的质量计划常用施工组织设计或施工项目管理实施规划的文件形式进行编制。

（3）施工质量计划的内容 在已经建立质量管理体系的情况下，质量计划的内容必须全面体现和落实企业质量管理体系文件的要求（也可引用质量体系文件中的相关条文），同时结合工程的特点，在质量计划中编写专项管理要求。施工质量计划一般应包括以下内容。

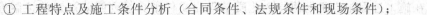

① 工程特点及施工条件分析（合同条件、法规条件和现场条件）；

② 履行施工承包合同所必须达到的工程质量总目标及其分解目标；

③ 质量管理组织机构、人员及资源配置计划；

④ 为确保工程质量所采取的施工技术方案、施工程序；

⑤ 材料设备质量管理及控制措施；

⑥ 工程检测项目计划及方法等。

（4）施工质量控制点的设置　施工质量控制点的设置是施工质量计划的组成内容。质量控制点是施工质量控制的重点，凡属关键技术、重要部位、控制难度大、影响大、经验欠缺的施工内容以及新材料、新技术、新工艺、新设备等，均可列为质量控制点，实施重点控制。

① 施工质量控制点设置的具体方法是：根据工程项目施工管理的基本程序，结合项目特点，在制订项目总体质量计划后，列出各基本施工过程对局部和总体质量水平有影响的项目，作为具体实施的质量控制点。

② 施工质量控制点的管理应该是动态的，一般情况下在工程开工前、设计交底和图纸会审时，可确定一批整个项目的质量控制点。随着工程的展开、施工条件的变化，随时或定期进行控制点范围的调整和更新，始终保持重点跟踪的控制状态。

施工质量计划编制完成后，应经企业技术领导审核批准，并按施工承包合同的约定提交工程监理或建设单位批准确认后执行。

8.2.5　施工生产要素的质量控制

（1）影响施工质量的五大要素（人、机、料、法、环）

① 劳动主体——人员素质，即作业者、管理者的素质及其组织效果。

② 劳动手段——工具、模具、施工机械、设备等条件。

③ 劳动对象——材料、半成品、工程用品、设备等的质量。

④ 劳动方法——采取的施工工艺及技术措施的水平。

⑤ 施工环境——现场水文、地质、气象等自然环境；通风、照明、安全等作业环境以及协调配合的管理环境。

（2）劳动主体的控制　劳动主体（人）是指直接参与工程建设的决策者、组织者、指挥者和操作者（四个层次）。人，作为控制对象，要避免产生失误。作为控制的动力是充分调动人的积极性，发挥"人的因素第一"的主导地位。

在工程质量控制中，应从下列几方面考虑人对质量的影响：领导者的素质；人的理论、技术水平；人的生理缺陷；人的心理行为；人的错误行为；人的违章违纪。

施工企业控制必须坚持对所选派的项目领导者、组织者进行质量意识教育和组织管理能力训练，坚持对分包商的资质考核和施工人员的资格考核，坚持工种按规定持证上岗制度。

（3）劳动对象的控制　原材料、半成品、设备是构成工程实体的基础，其质量是工程项目实体质量的组成部分。故加强原材料、半成品及设备的质量控制，不仅是提高工程质量的必要条件，也是实现工程项目投资目标和进度目标的前提。

对原材料、半成品及设备进行质量控制的主要内容为：控制材料设备性能、标准与设计文件的相符性；控制材料设备各项技术性能指标、检验测试指标与标准要求的相符性；控制材料设备进场验收程序及质量文件资料的齐全程度等。

施工企业在施工过程中应贯彻执行企业质量程序文件中一系列明确规定的控制标准，如材料设备在封样、采购、进场检验、抽样检测及质保资料提交等。

（4）施工工艺的控制　施工工艺的先进合理是直接影响工程质量、工程进度及工程造价的关键因素，施工工艺的合理可靠还直接影响到工程施工安全。因此在工程项目质量控制系统中，制订和采用先进合理的施工工艺是工程质量控制的重要环节。

（5）施工设备的控制

① 对施工所用的机械设备，包括起重设备、各项加工机械、专项技术设备、检查测量仪表设备及人货两用电梯等，应根据工程需要从设备选型、主要性能参数及使用操作要求等方面加以控制。

② 对施工方案中选用的模板、脚手架等施工设备，除按适用的标准定型选用外，一般需按设计及施工要求进行专项设计，对其设计方案及制作质量的控制及验收应作为重点进行控制。

③ 按现行施工管理制度要求，工程所用的施工机械、模板、脚手架，特别是危险性较大的现场安装的起重机械设备，不仅要对其设计安装方案进行审批，而且安装完毕交付使用前必须经专业管理部门的验收，合格后方可使用。同时，在使用过程中尚需落实相应的管理制度，以确保其安全正常使用。

（6）施工环境的控制　环境因素主要包括地质水文状况、气象变化及其他不可抗力因素，以及施工现场的通风、照明、安全卫生防护设施等劳动作业环境等内容。环境因素对工程施工的影响一般难以避免，要消除其对施工质量的不利影响，主要是采取下列预测预防的控制方法。

① 对地质水文等方面的影响因素的控制，应根据设计要求，分析地基地质资料，预测不利因素，并会同设计等方面采取相应的措施，如降水、排水、加固等技术控制方案；

② 对天气气象方面的不利条件，应在施工方案中制订专项施工方案，明确施工措施，落实人员、器材等方面各项准备以紧急应对，从而控制其对施工质量的不利影响；

③ 对环境因素造成的施工中断，往往也会对工程质量造成不利影响，必须通过加强管理、调整计划等措施，加以控制。

8.2.6　施工作业过程的质量控制

建设工程施工项目是由一系列相互关联、相互制约的作业过程（工序）所构成，控制工程项目施工过程的质量，必须控制全部作业过程，即各道工序的施工质量。

8.2.6.1　施工作业过程质量控制的基本程序

（1）进行作业技术交底，包括作业技术要领、质量标准、施工依据、与前后工序的关系等；

（2）检查施工工序、程序的合理性、科学性，以防止因工序流程错误而导致的工序质量失控；

（3）检查工序施工条件，即每道工序投入的人员、材料、使用的工具、设备及操作工艺及环境条件等是否符合施工组织设计的要求；

（4）检查工序施工中人员操作程序、操作质量是否符合质量规程要求；

（5）检查工序施工中间产品的质量，即工序质量、分项工程质量；

（6）对工序质量符合要求的中间产品（分项工程）及时进行工序验收或隐蔽工程

验收；

（7）质量合格的工序经验收后可进入下道工序施工；未经验收合格的工序，不得进入下道工序施工。

8.2.6.2　施工工序质量控制要求

工序质量是施工质量的基础，工序质量也是施工顺利进行的关键。为达到对工序质量控制的效果，在工序管理方面应做到以下几点。

（1）贯彻预防为主的基本要求，设置工序质量检查点，对材料质量状况、工具设备状况、施工程序、关键操作、安全条件、新材料新工艺应用、常见质量通病，甚至包括操作者的行为等影响因素列为控制点作为重点检查项目进行预控。

（2）落实工序操作质量巡查、抽查及重要部位跟踪检查等方法，及时掌握施工质量总体状况；对工序产品、分项工程的检查应按标准要求进行目测、实测及抽样试验的程序，做好原始记录，经数据分析后，及时做出合格及不合格的判断；对合格工序产品应及时提交监理进行隐蔽工程验收；完善管理过程的各项检查记录、检测资料及验收资料，作为工程质量验收的依据，并为工程质量分析提供可追溯的依据。

8.2.7　施工质量控制的主要途径

工程项目施工质量的控制途径，分别通过事前预控、过程控制和事后控制的相关途径进行质量控制。因此，施工质量控制的途径包括事前预控途径、事中控制途径和事后控制途径。

（1）事前预控途径　事前预控，其内涵包括两层意思，一是强调质量目标的计划预控，二是按质量计划进行质量活动前的准备工作状态的控制。事前预控要求预先进行周密的质量计划。尤其是工程项目施工阶段，制订质量计划或编制施工组织设计或施工项目管理实施规划，都必须建立在切实可行、有效实现预期质量目标的基础上，作为一种行动方案进行施工部署。

（2）事中控制途径　事中控制首先是对质量活动的行为约束，即对工作过程各项技术作业活动操作者的自我行为约束的同时，充分发挥其技术能力，去完成预定质量目标的作业任务；其次是对质量活动过程和结果，来自他人的监督控制，这里包括来自企业内部管理者的检查检验和来自企业外部的工程监理和政府质量监督部门等的监控。

事中控制虽然包含自控和监控两大环节，但其关键还是增强质量意识，发挥操作者自我约束自我控制，即坚持质量标准是根本的，监控或他人控制是必要的补充，没有前者或用后者取代前者都是不正确的。因此在企业组织的质量活动中，通过监督机制和激励机制相结合的管理方法，来发挥操作者更好的自我控制能力，以达到质量控制的效果，是非常必要的。这也只有通过建立和实施质量体系来达到。

（3）事后控制途径　事后控制包括对质量活动结果的评价认定和对质量偏差的纠正。从理论上分析，如果计划预控过程所制订的行动方案考虑得越周密，事中约束监控的能力越强越严格，实现质量预期目标的可能性就越大，理想的状况就是希望做到各项作业活动合格率100%。但客观上相当部分的工程不可能达到，因为在过程中不可避免地会存在一些计划时难以预料的影响因素，包括系统因素和偶然因素。因此当出现质量实际值与目标值之间超出允许偏差时，必须分析原因，采取措施纠正偏差，保持质量受控状态。

以上三大环节，不是孤立和截然分开的，它们之间构成有机的系统过程，实质上也就是 PDCA 循环具体化，并在每一次滚动循环中不断提高，达到质量管理或质量控制的持续改进。

8.2.8　施工质量验收的方法

建筑装饰装修工程的子分部工程包括抹灰工程、门窗工程、吊顶工程、轻质隔墙工程、饰面板（砖）工程、幕墙工程、涂饰工程、裱糊工程、细部工程。

建筑装饰装修分部工程的质量验收应按《建筑工程施工质量验收统一标准》（GB 50300）的格式记录，分部工程中各子分部工程的质量均应验收合格并应按《建筑装饰装修工程施工质量验收规范》（GB 50210）的规定进行核查，当建筑工程只有装饰装修分部工程时，该工程应作为单位工程验收。有特殊要求的建筑装饰装修工程竣工验收时应按合同约定加测相关技术指标。建筑装饰装修工程的室内环境质量应符合国家现行标准《民用建筑工程室内环境污染控制规范》（GB 50325）的规定。未经竣工验收合格的建筑装饰装修工程不得投入使用。

8.2.8.1　工程质量验收程序及组织

工程质量验收分为过程验收（检验批、分项、分部工程）和竣工验收（单位工程），其程序及组织包括以下几方面。

（1）施工过程中，隐蔽工程在隐蔽前通知建设单位（或工程监理）进行验收，并形成验收文件；

（2）分部分项工程完成后，应在施工单位自行验收合格后，通知建设单位（或工程监理）验收，重要的分部分项应请设计单位参加验收；

（3）单位工程完工后，施工单位应自行组织检查、评定，符合验收标准后，向建设单位提交验收申请；

（4）建设单位收到验收申请后，应组织施工、勘察、设计、监理单位等方面人员进行单位工程验收，明确验收结果，并形成验收报告；

（5）按国家现行管理制度，房屋建筑工程及市政基础设施工程验收合格后，尚需在规定时间（工程验收合格后 5 日）内，将验收文件报政府管理部门备案。

8.2.8.2　施工过程的质量验收

（1）根据建筑工程施工质量验收统一标准，建筑工程质量验收划分为检验批、分项工程、分部（子分部）工程、单位（子单位）工程。其中检验批和分项工程是质量验收的基本单元，分部工程是在所含全部分项工程验收的基础上进行验收的，它们是在施工过程中随完工随验收；而单位工程是完整的具有独立使用功能的建筑产品，进行最终的竣工验收。因此，施工过程的质量验收包括：检验批质量验收、分项工程质量验收和分部工程质量验收。

（2）检验批质量验收　检验批是指按同一的生产条件或按规定的方式汇总起来供检验用的，由一定数量样本组成的检验体。检验批可根据施工及质量控制和专业验收需要按楼层、施工段、变形缝等进行划分。规范规定：检验批应由监理工程师（建设单位项目技术负责人）组织施工单位项目专业质量（技术）负责人等进行验收。检验批合格质量应符合下列规定。

① 主控项目和一般项目的质量经抽样检验合格；

② 具有完整的施工操作依据、质量检查记录。

（3）分项工程质量验收　规范规定：分项工程应按主要工种、材料、施工工艺、设备类别等进行划分，分项工程可由一个或若干检验批组成。分项工程应由监理工程师（建设单位项目技术负责人）组织施工单位项目专业质量（技术）负责人进行验收。分项工程质量验收合格应符合下列规定。

① 分项工程所含的检验批均应符合合格质量的规定；

② 分项工程所含的检验批的质量验收记录应完整。

（4）分部工程质量验收　规范规定：分部工程的划分应按专业性质、建筑部位确定；当分部工程较大或较复杂时，可按材料种类、施工特点、施工程序、专业系统及类别等分为若干子分部工程。分部工程应由总监理工程师（建设单位项目负责人）组织施工单位项目负责人和技术、质量负责人等进行验收；地基与基础、主体结构分部工程的勘察、设计单位工程项目负责人和施工单位技术、质量部门负责人也应参加相关分部工程验收。分部（子分部）工程质量验收合格应符合下列规定。

① 所含分项工程的质量均应验收合格；

② 质量控制资料应完整；

③ 地基与基础、主体结构和设备安装等分部工程有关安全及功能的检验和抽样检测结果应符合有关规定；

④ 观感质量验收应符合要求。

（5）施工过程质量验收中，工程质量不符合要求时按以下方法处理。

① 经返工重做或更换器具、设备的检验批，应该重新进行验收；

② 经有资质的检测单位检测鉴定能达到设计要求的检验批，应予以验收；

③ 经有资质的检测单位检测鉴定达不到设计要求，但经原设计单位核算认可能够满足结构安全和使用功能的检验批，可予以验收；

④ 经返修或加固处理的分项、分部工程，虽然改变外形尺寸，但仍能满足安全使用要求，可按技术处理方案和协商文件进行验收；

⑤ 通过返修或加固后处理仍不能满足安全使用要求的分部工程、单位（子单位）工程，严禁验收。

8.3
工程质量管理体系

8.3.1　质量管理体系标准

为了推动企业建立完善的质量管理体系，实施充分的质量保证，建立国际贸易所需要的关于质量的共同语言和规则，国际标准化组织（ISO）于 1976 年成立了 TC176（质量管理和质量保证技术委员会），着手研究制订国际间遵循的质量管理和质量保证标准。1987 年，ISO/TC 176 发布了举世瞩目的 ISO 9000 系列标准，我国于 1988 年发布了与之相应的 GB/T 10300 系列标准，并"等效采用"。为了更好地与国际接轨，又于 1992 年 10 月发布了 GB/T 19000 系列标准，并"等同采用 ISO 9000 族标准"。1994 年，国际标准化组织发布了修订后的 ISO 9000 族标准后，我国及时将其等同转化为国家标准。

为了更好地发挥 ISO 9000 族标准的作用，使其具有更好的适用性和可操作性，2000 年 12 月 15 日国际标准化组织正式发布新的 ISO 9000、ISO 9001 和 ISO 9004 国际标准。2000 年 12 月 28 日国家质量技术监督局正式发布 GB/T 19000 （idt ISO 9000）、GB/T 19001 （idt ISO 9001）、GB/T 19004 （idt ISO 9004） 三个国家标准。

8.3.2　质量管理体系的原则

GB/T 19000 族标准为了成功地领导和运作一个组织，针对所有相关方的需求，实施并保持持续改进其业绩的管理体系，做好质量管理工作。为了确保质量目标的实现，明确了以下八项质量管理原则。

（1）以顾客为关注焦点　组织依存于其顾客。因此，组织应理解顾客当前和未来的需求，满足顾客的要求并争取超越顾客的期望。组织贯彻实施以顾客为关注焦点的质量管理原则，有助于掌握市场动向，提高市场占有率，提高企业经营效益。以顾客为中心可以稳定老顾客，吸引新顾客。

（2）领导作用　强调领导作用的原则，是因为质量管理体系是最高管理者推动的，质量方针和目标是领导组织策划的，组织机构和职能分配是领导确定的，资源配置和管理是领导决定安排的，顾客和相关方要求是领导确认的，企业环境和技术进步、质量体系改进和提高是领导决策的。所以，领导者应将本组织的宗旨、方向和内部环境统一起来，并创造使员工能够充分参与实现组织目标的环境。

（3）全员参与　组织的质量管理有赖于各级人员的全员参与，激励他们的工作积极性和责任感。此外，员工还应具备足够的知识、技能和经验，以胜任工作，实现对质量管理的充分参与。

（4）过程方法　过程方法是将活动和相关的资源、作为过程进行管理，可以更高效地得到期望的结果。过程概念体现了用 PDCA 循环改进质量活动的思想。通过过程管理可以降低成本，缩短周期，从而可更高效的获得预期效果。

（5）管理的系统方法　将相互关联的过程作为系统加以识别、理解和管理，有助于组织提高实现目标的有效性和效率。质量管理的系统方法，就是要把质量管理体系作为一个大系统，对组成质量管理体系的各个过程加以识别、理解和管理，以达到实现质量方针和质量目标。

（6）持续改进　持续改进整体业绩应当是组织的一个永恒的目标。进行质量管理的目的就是保持和提高产品质量，没有改进就不可能提高。改进的途径可以是日常渐进的改进活动，也可以是突破性的改进项目。

（7）基于事实的决策方法　有效决策是建立在数据和信息分析的基础上。对数据和信息的逻辑分析或直觉判断是有效决策的基础。以事实为依据做决策，可以防止决策失误。

（8）与供方互利的关系　组织与供方是相互依存的，互利的关系可增强双方创造价值的能力。

供方提供的产品将对组织向顾客提供满意的产品产生重要影响，能否处理好与供方的关系，影响到组织能否持续稳定地向顾客提供满意的产品。

8.3.3 质量管理体系的建立与实施

建立和完善质量管理体系，通常包括质量管理体系的策划与总体设计、质量管理体系文件的编制、质量管理体系的实施运行三个阶段。

（1）质量管理体系的策划与总体设计 建立和完善质量管理体系，首先应由最高管理者对质量管理体系进行策划，以满足组织确定的质量目标的要求及质量管理体系的总体要求。在对质量管理体系进行策划和实施时，应保持管理体系的完整性。

按照国家标准 GB/T 19000 建立一个新的质量管理体系或更新、完善现行的质量管理体系，一般有以下步骤：企业领导决策，编制工作计划，分层次教育培训，分析企业特点，落实各项要素，编制质量管理体系文件。

（2）质量管理体系文件的编制 质量管理体系文件按其作用可分为法规性文件和见证性文件两类。质量管理体系文件的编制应在满足标准要求、确保控制质量、提高组织全面管理水平的情况下，建立一套高效、简单、实用的质量管理体系文件。质量管理体系文件包括质量手册、质量管理体系程序文件、质量计划、质量记录等部分。

① 质量手册 质量手册是组织质量工作的"基本法"，是组织最重要的质量法规性文件，具有强制性质。质量手册应阐述组织的质量方针，概述质量管理体系的文件结构并能反映组织质量管理体系的总貌，起到总体规划和加强各职能部门间协调的作用。质量手册的编制应遵循 ISO 100013 质量手册编制指南的要求进行。

质量手册一般由十部分构成，各组织可以根据实际需要，对质量手册的下述部分作必要的增删。包括：目次批准页；前言；1 术语和缩写；2 质量手册的管理；3 质量方针和质量目标；4 组织机构与职责；5 管理过程；6 资源管理过程；7 产品实现过程；8 测量、分析和改进。

② 质量管理体系程序文件 质量管理体系程序文件是质量管理体系的重要组成部分，是质量手册具体展开和有力支撑。质量管理体系程序文件不同于一般的业务工作规范或工作标准所列的具体工作程序，而是对质量管理体系的过程方法所需开展的质量活动的描述。对每个质量管理程序来说，都应视需要明确何时、何地、何人、做什么、为什么、怎么做（即 5W1H），应保留什么记录。

按 ISO 9001 标准的规定，质量管理程序应至少包括下列 6 个程序：文件控制程序；质量记录控制程序；内部质量审核程序；不合格控制程序；纠正措施程序；预防措施程序。

③ 质量计划 质量计划是对特定的项目、产品、过程或合同，规定由谁及何时应使用哪些程序相关资源的文件。质量计划是一种工具，它将某产品、项目或合同的特定要求与现行的通用的质量管理体系程序相连接。产品（或项目）的质量计划是针对具体产品（或项目）的特殊要求，以及应重点控制的环节所编制的对设计、采购、制造、检验、包装、运输等的质量控制方案。

④ 质量记录 质量记录是"阐明所取得的结果或提供所完成活动的证据文件"，是产品质量水平和企业质量管理体系中各项质量活动结果的客观反映，应如实加以记录。

质量记录应字迹清晰、内容完整，并按所记录的产品和项目进行标识，记录应注明日期并经授权人员签字、盖章或进行其他审定后方能生效。

（3）质量管理体系的实施运行 为保证质量管理体系的有效运行，要做到两个到位：

一是认识到位，组织的各级领导对问题的认识直接影响本部门质量管理体系的实施效果；二是管理考核到位。这就要求根据职责和管理内容不折不扣的按质量管理体系运作，并实施监督和考核。

8.4
职业健康安全与环境管理概述

8.4.1 职业健康安全与环境管理的目的和任务

8.4.1.1 职业健康安全与环境管理的目的

职业健康安全管理的目的是保护产品生产者和使用者的健康与安全。控制影响工作场所内员工、临时工作人员、合同方人员、访问者和其他有关部门人员健康和安全的条件和因素。考虑和避免因使用不当对使用者造成的健康和安全的危害。

工程项目环境管理的目的是保护生态环境，使社会的经济发展与人类的生存环境相协调。控制作业现场的各种粉尘、废水、废气、固体废物以及噪声、振动对环境的污染和危害，考虑能源节约和避免资源的浪费。

8.4.1.2 职业健康安全与环境管理的任务

职业健康安全与环境管理的任务是建筑生产组织（企业）为达到建筑工程的职业健康安全与环境管理的目的指挥和控制组织的协调活动，包括制定、实施、实现、评审和保持职业健康安全与环境方针所需的组织机构、计划活动、职责、惯例（法律法规）、程序文件、过程和资源，见表8.1。表8.1中有2行7列，构成了实现职业健康安全和环境方针的14个方面的管理任务。不同的组织（企业）根据自身的实际情况制定方针，并为实施、实现、评审和保持（持续改进）来建立组织机构、策划活动、明确职责、遵守有关法律法规和惯例、编制程序控制文件，实行过程控制并提供人员、设备、资金和信息资源。保证职业健康安全环境管理任务的完成。对于职业健康安全与环境密切相关的任务，可一同完成。

表8.1 职业健康安全与环境管理任务

项目 \ 任务	组织机构	计划活动	职责	惯例（法律法规）	程序文件	过程	资源
职业健康安全方针							
环境方针							

8.4.2 职业健康安全与环境管理的一般规定

（1）组织应遵照《建设工程安全生产管理条例》和《职业健康安全管理体系》

（GB/T 28000），坚持安全第一、预防为主和防治结合的方针，建立并持续改进职业健康安全管理体系。项目经理应负责项目职业健康安全的全面管理工作。项目负责人、专职安全生产管理人员应持证上岗。

（2）组织应根据风险预防要求和项目的特点，制订职业健康安全生产技术措施计划，确定职业健康安全生产事故应急救援预案，完善应急准备措施，建立相关组织。发生事故，应按照国家有关规定，向有关部门报告。处理事故时，应防止二次伤害。

（3）在项目设计阶段应注重施工安全操作和防护的需要，采用新结构、新材料、新工艺的建设工程应提出有关安全生产的措施和建议。在施工阶段进行施工平面图设计和安排施工计划时，应充分考虑安全、防火、防爆和职业健康等因素。

（4）组织应按有关规定必须为从事危险作业的人员在现场工作期间办理意外伤害保险。

（5）项目职业健康安全管理应遵循下列程序：识别并评价危险源及风险，确定职业健康安全目标，编制并实施项目职业健康安全技术措施计划，职业健康安全技术措施计划实施结果验证，持续改进相关措施和绩效。

（6）现场应将生产区与生活、办公区分离，配备紧急处理医疗设施，使现场的生活设施符合卫生防疫要求，采取防暑、降温、保暖、消毒、防毒等措施。

8.4.3 职业健康安全技术措施计划

项目职业健康安全技术措施计划应在项目管理实施规划中编制。编制项目职业健康安全技术措施计划应遵循下列步骤：工作分类，识别危险源，确定风险，评价风险，制订风险对策，评审风险对策的充分性。

项目职业健康安全技术措施计划应由项目经理主持编制，经有关部门批准后，由专职安全管理人员进行现场监督实施。项目职业健康安全技术措施计划应包括工程概况、控制目标、控制程序、组织结构、职责权限、规章制度、资源配置、安全措施、检查评价和奖惩制度以及对分包的安全管理等内容。策划过程应充分考虑有关措施与项目人员能力相适宜的要求。

对结构复杂、施工难度大、专业性强的项目，必须制订项目总体、单位工程或分部、分项工程的安全措施；对高空作业等非常规性的作业，应制订单项职业健康安全技术措施和预防措施，并对管理人员、操作人员的安全作业资格和身体状况进行合格审查。对危险性较大的工程作业，应编制专项施工方案，并进行安全验证；临街脚手架、临近高压电缆以及起重机臂杆的回转半径达到项目现场范围以外的，均应按要求设置安全隔离设施。

8.4.4 职业健康安全技术措施计划的实施

项目经理部应建立职业健康安全生产责任制，并把责任目标分解落实到人。

必须建立分级职业健康安全生产教育制度，实施公司、项目经理部和作业队三级教育，未经教育的人员不得上岗作业。作业前，要进行职业健康安全技术交底，并应符合下列规定：工程开工前，项目经理部的技术负责人必须向有关人员进行安全技术交底；结构复杂的分部分项工程施工前，项目经理部的技术负责人应进行安全技术交底；项目经理部应保存安全技术交底记录。

组织应定期对项目进行职业健康安全管理检查，分析影响职业健康或不安全行为与隐患存在的部位和危险程度。职业健康的安全检查应采取随机抽样、现场观察、实地检测相结合的方法，记录检测结果，及时纠正发现的违章指挥和作业行为。检查人员应在每次检查结束后及时编写安全检查报告。

8.5
职业健康安全隐患和事故处理

8.5.1 职业健康安全事故的分类

职业健康安全事故分两大类型，即职业伤害事故与职业病。

8.5.1.1 职业伤害事故

职业伤害事故是指因生产过程及工作原因或与其相关的其他原因造成的伤亡事故。

（1）按照事故发生的原因分类　按照我国《企业伤亡事故分类》（GB 6441）标准规定，职业伤害事故分为物体打击、车辆伤害、机械伤害、起重伤害、触电、淹溺、灼烫、火灾、高处坠落、坍塌、冒顶片帮、透水、放炮、火药爆炸、瓦斯爆炸、锅炉爆炸、容器爆炸、其他爆炸、中毒和窒息、其他伤害等20类。

（2）按事故后果严重程度分类

① 轻伤事故　造成职工肢体或某些器官功能性或器质性轻度损伤，表现为劳动能力轻度或暂时丧失的伤害，一般每个受伤人员休息1个工作日以上，105个工作日以下。

② 重伤事故　一般指受伤人员肢体残缺或视觉、听觉等器官受到严重损伤，能引起人体长期存在功能障碍或劳动能力有重大损失的伤害，或者造成每个受伤人损失105工作日以上的失能伤害。

③ 死亡事故　一次事故中死亡职工1~2人的事故。

④ 重大伤亡事故　一次事故中死亡3人以上（含3人）的事故。

⑤ 特大伤亡事故　一次死亡10人以上（含10人）的事故。

⑥ 特别重大伤亡事故。

8.5.1.2 职业病

经诊断因从事接触有毒、有害物质或不良环境的工作而造成急慢性疾病，属于职业病。

2002年卫生部会同劳动和社会保障部发布的《职业病目录》列出的法定职业病为10大类共115种。该目录中所列的10大类职业病如下：肺尘埃沉着病、职业性放射性疾病、职业中毒、物理因素所致职业病、生物因素所致职业病、职业性皮肤病、职业性眼病、职业性耳鼻喉口腔疾病、职业性肿瘤、其他职业病等。

8.5.2　职业健康安全事故的处理

8.5.2.1　安全事故处理的原则

（1）事故原因不清楚不放过。

（2）事故责任者和员工没有受到教育不放过。

（3）事故责任者没有处理不放过。

（4）没有制订防范措施不放过。

8.5.2.2　安全事故处理程序

（1）报告安全事故。

（2）处理安全事故，抢救伤员，排除险情，防止事故蔓延扩大，做好标识，保护好现场等。

（3）安全事故调查。

（4）对事故责任者进行处理。

（5）编写调查报告并上报。

8.5.2.3　安全事故统计规定

（1）企业职工伤亡事故统计实行以地区考核为主的制度。各级隶属关系的企业和企业主管单位要按当地安全生产行政主管部门规定的时间报送报表。

（2）安全生产行政主管部门对各部门的企业职工伤亡事故情况实行分级考核。企业报送主管部门的数字要与报送当地安全生产行政主管部门的数字一致，各级主管部门应如实向同级安全生产行政主管部门报送。

（3）省级安全生产行政主管部门和国务院各有关部门及计划单列的企业集团的职工伤亡事故统计月报表、年报表应按时报到国家安全生产行政主管部门。

8.5.2.4　职业健康安全隐患处理规定

职业健康安全隐患处理应符合下列规定。

（1）区别不同的职业健康安全隐患类型，制订相应整改措施并在实施前进行风险评价。

（2）对检查出的隐患及时发出职业健康安全隐患整改通知单，限期纠正违章指挥和作业行为。

（3）跟踪检查纠正预防措施的实施过程和实施效果，保存验证记录。

8.5.2.5　职业健康安全事故处理应规定

（1）事故调查组提出的事故处理意见和防范措施建议，由发生事故的企业及其主管部门负责处理。

（2）因忽视安全生产、违章指挥、违章作业、玩忽职守或者发现事故隐患、危害情况而不采取有效措施以致造成伤亡事故的，由企业主管部门或者企业按照国家有关规定，对企业负责人和直接责任人员给予行政处分；构成犯罪的，由司法机关依法追究刑事责任。

（3）在伤亡事故发生后隐瞒不报、谎报、故意迟延不报、故意破坏事故现场，或者以不正当理由拒绝接受调查以及拒绝提供有关情况和资料的，由有关部门按照国家有关规定，对有关单位负责人和直接责任人员给予行政处分；构成犯罪的，由司法机关依法追究刑事责任。

（4）伤亡事故处理工作应当在 90 日内结案，特殊情况不得超 180 日。伤亡事故处理结案后，应当公开宣布处理结果。

8.6
文明施工与现场管理

8.6.1 文明施工

文明施工是保持施工现场良好的作业环境、卫生环境和工作秩序。文明施工主要包括以下几个方面的工作：规范施工现场的场容，保持作业环境的整洁卫生；科学组织施工，使生产有序进行；减少施工对周围居民和环境的影响；保证职工的安全和身体健康。

8.6.1.1 文明施工的意义

（1）文明施工能促进企业综合管理水平的提高。保持良好的作业环境和秩序，对促进安全生产，加快施工进度，保证工程质量，降低工程成本，提高经济和社会效益有较大作用。文明施工涉及人、财、物各个方面，贯穿于施工全过程，体现了企业在工程项目施工现场的综合管理水平。

（2）文明施工是适应现代化施工的客观要求。现代化施工更需要采用先进的技术、工艺、材料、设备和科学的施工方案，需要严密组织、严格要求、标准化管理和较好的职工素质等。文明施工能适应现代化施工的要求，是实现优质、高效、低耗、安全、清洁、卫生的有效手段。

（3）文明施工代表企业的形象。良好的施工环境与施工秩序，可以得到社会的支持和信赖，提高企业的知名度和市场竞争力。

（4）文明施工有利于员工的身心健康，有利于培养和提高施工队伍的整体素质。文明施工可以提高职工队伍的文化、技术和思想素质，培养尊重科学、遵守纪律、团结协作的大生产意识，促进企业精神文明建设，从而促进施工队伍整体素质的提高。

8.6.1.2 文明施工的组织和制度管理

（1）施工现场应成立以项目经理为第一责任人的文明施工管理组织。分包单位应服从总包单位的文明施工管理组织的统一管理，并接受监督检查。

（2）各项施工现场管理制度应有文明施工的规定，包括个人岗位责任制、经济责任制、安全检查制度、持证上岗制度、奖惩制度、竞赛制度和各项专业管理制度等。

（3）加强和落实现场文明检查、考核及奖惩管理，以促进施工文明管理工作提高。检查范围和内容应全面周到，包括生产区、生活区、场容场貌、环境文明及制度落实等内容。检查发现的问题应采取整改措施。

8.6.1.3 建立、收集文明施工的资料及其保存的措施

（1）上级关于文明施工的标准、规定、法律法规等资料。

（2）施工组织设计（方案）中对文明施工的管理规定，各阶段施工现场文明施工

的措施。

（3）文明施工自检资料。

（4）文明施工教育、培训、考核计划的资料。

（5）文明施工活动各项记录资料。

8.6.1.4　加强文明施工的宣传和教育

（1）在坚持岗位练兵基础上，要采取派出去请进来短期培训、上技术课、登黑板报、广播、看录像、看电视等方法狠抓教育工作。

（2）要特别注意对临时工的岗前教育。

（3）专业管理人员应熟悉掌握文明施工的规定。

8.6.1.5　现场文明施工的基本要求

（1）施工现场必须设置明显的标牌，标明工程项目名称，建设单位，设计单位，施工单位，项目经理和施工现场总代表人的姓名，开工、竣工日期，施工许可证批准文号等。施工单位负责施工现场标牌的保护工作。

（2）施工现场的管理人员在施工现场应当佩戴证明其身份的证卡。

（3）应当按照施工总平面布置图设置各项临时设施。现场堆放的大宗材料、成品、半成品和机具设备不得侵占场内道路及安全防护等设施。

（4）施工现场的用电线路、用电设施的安装和使用必须符合安装规范和安全操作规程，并按照施工组织设计进行架设，严禁任意拉线接电。施工现场必须设有保证施工安全要求的夜间照明；危险潮湿场所的照明以及手持照明灯具，必须采用符合安全要求的电压。

（5）施工机械应当按照施工总平面布置图规定的位置和线路设置，不得任意侵占场内道路。施工机械进场必须经过安全检查，经检查合格的方能使用。施工机械操作人员必须建立机组责任制，并依照有关规定持证上岗，禁止无证人员操作。

（6）应保证施工现场道路畅通，排水系统处于良好的使用状态；保持场容场貌的整洁，随时清理建筑垃圾。在车辆、行人通行的地方施工，应当设置施工标志，并对沟井、坎穴进行覆盖。

（7）施工现场的各种安全设施和劳动保护器具，必须定期进行检查和维护，及时消除隐患，保证其安全有效。

（8）施工现场应当设置各类必要的职工生活设施，并符合卫生、通风、照明等要求。职工的膳食、饮水供应等应当符合卫生要求。

（9）应当做好施工现场安全保卫工作，采取必要的防盗措施，在现场周边设立围护设施。

（10）应当严格依照《中华人民共和国消防条例》的规定，在施工现场建立和执行防火管理制度，设置符合消防要求的消防设施，并保持完好的备用状态。在容易发生火灾的地区施工，或者储存、使用易燃易爆器材时，应当采取特殊的消防安全措施。

（11）施工现场发生工程建设重大事故的处理，依照《工程建设重大事故报告和调查程序规定》执行。

8.6.2　项目现场管理

项目现场管理是指对施工现场内的施工活动及空间所进行的管理活动。项目现场管理的目的是规范场容、安全有序、整洁卫生、不扰民、不损害公共利益。

8.6.2.1 项目现场管理的意义

施工项目现场管理十分重要，它是施工单位项目管理水平的集中体现，是项目的镜子，能反映出项目经理部乃至建筑业企业的面貌；是进行施工的舞台；是处理各方关系的焦点；是连接项目其他工作的纽带。综上所述，现场管理是通过对施工场地的合理安排使用和管理，保证生产的顺利进行，减少污染，保护环境，达到各方满意的效果。

8.6.2.2 项目现场管理的主要任务

（1）贯彻当地政府的有关法令，向参建单位宣传现场管理的重要意义，提出现场管理的具体要求，进行现场管理区域的划分。

（2）组织定期和不定期的检查，发现问题时要采取改正措施限期改正，并进行改正后的复查。

（3）进行项目内部和外部的沟通，包括与当地有关部门及其他相关方的沟通，听取他们的意见和要求。

（4）协调施工中有关现场管理的事项。

（5）在业主或总包商的委托下，有表扬、批评、培训、教育和处罚的权力和职责。

（6）有审批动用明火、停水、停电，占用现场内公共区域和道路的权力等。

8.6.2.3 项目现场管理的内容

（1）合理规划用地。

（2）在施工组织设计中科学地进行施工总平面设计。在施工总平面图上，临时设施、大型机械、材料堆场、物资仓库、构件堆场、消防设施、道路及进出口、加工场地、水电管线、周转使用场地等，都应各得其所有利于安全和环境保护，有利于节约，便于工程施工。

（3）加强现场的动态管理，不同的施工阶段，施工的需要不同，现场的平面布置亦应进行调整。

（4）加强施工现场的检查。现场管理人员，应经常检查现场布置是否按平面布置图进行，是否符合各项规定，是否满足施工需要，还有哪些薄弱环节，从而为调整施工现场布置提供有用的信息，也使施工现场保持相对稳定，不被复杂的施工过程打乱或破坏。

（5）建立文明的施工现场。

（6）及时清场转移。施工结束后，项目管理班子应及时组织清场，将临时设施拆除，剩余物资退场，组织向新工程转移，以使整治规划场地，恢复临时占用土地，不留后患。现场要做到自产自清、日产日清、工完场清的标准。

8.6.2.4 项目现场管理的基本要求

（1）场容管理要求 场容是指施工现场特别是主现场的现场面貌，包括入口、围护、场内道路、堆场的整齐清洁，也应包括办公室内环境及现场人员的行为。

首先，要创造清洁整齐的施工环境，达到保证施工的顺利进行和防止事故发生的目的；其次，通过合理地规划施工用地，分阶段进行施工总平面设计。要通过场容管理与生产过程其他管理工作的结合，达到现场管理的目的；最后，场容管理还应当贯穿到施工结束后的清场。

施工结束后应将地面上施工遗留的物资清理干净。现场不做清理的地下管道，除业主要求外应一律切断供应源头。凡业主要求保留的地下管道，应绘成平面图交付业主，并做交接记录。

（2）环境保护要求　建筑产品生产的特殊性，似乎决定着建筑产品生产过程中对环境的公开侵害，因此要求主导这项产品生产的管理者必须高度重视对环境的保护。

项目经理部应当遵守国家有关环境保护的法律规定，认真分析生产过程对环绕的影响因素，并采取积极有效的措施控制各种粉尘、废气、废水、固体废物以及噪声、振动对环境的污染和危害。

① 妥善处理泥浆水和生产污水，未经处理的含油、泥的污水不得直接排入城市排水设施和河流。

② 应尽量避免采用在施工过程中产生有毒、有害气体的建筑材料，特殊需要时，必须设置符合规定的装置，否则不得在施工现场熔融沥青或者焚烧油毡、油漆以及其他会产生有毒有害烟尘和恶臭气体的物质。

③ 使用密封式的圆筒或者采取其他措施处理高空废弃物。

④ 采取有效措施控制施工过程中的扬尘。

⑤ 禁止将有毒有害废弃物用作土方回填。

⑥ 对产生噪声、振动的施工机械，应采取有效控制措施，减轻噪声污染。

⑦ 由于受技术、经济条件限制，对环境的污染不能控制在规定范围内的，建设单位应当会同施工单位事先报请当地人民政府建设行政主管部门和环境保护行政主管部门批准。

（3）现场消防与保安要求　消防与保安是现场管理最具风险性的工作，工程项目管理有关单位必须签订消防保卫责任协议，明确各方职责，统一领导，有措施，有落实，有检查。有特殊要求的，应制订应急计划。

施工现场布置与工程施工过程中的消防工作，必须符合《中华人民共和国消防法》的规定。要建立消防管理制度，设置符合要求的消防设施，并保持良好的备用状态。要注意进行及时的消防教育。施工现场除施工必需的照明外，必须设有保证施工安全要求的夜间照明。高层建筑应设置楼梯照明和应急照明。

现场必须安排消防车出入口和消防道路、紧急疏散通道等，并应设置明显的标志或指示牌。施工现场消防管理还应注意现场的主导风向。

现场安全保卫工作，担负着现场防火、保安和现场物资保护等重任，现场人流、物流复杂，所以现场要设置固定的出入口，把好出入关，不容许非施工人员进入现场。

（4）现场卫生防疫要求　卫生防疫是涉及现场人员身体健康和生命安全的大事，在施工现场防止传染病和食物中毒事故发生的义务和责任，应在承发包合同中明确。

现场应备有医务设施，在醒目位置张贴有关医院和急救中心电话号码，制订必要的防暑降温措施，进行消毒和疾病预防工作。食堂卫生必须符合《中华人民共和国食品卫生法》和其他有关卫生管理规定的要求。

（5）文明施工要求

① 通常要求做到主管挂帅，系统把关，普遍检查，建章建制，责任到人，落实整改，严明奖惩。

② 施工现场入口处应竖立有施工单位标志及现场平面布置图。

③ 要求职工遵守的施工现场规章制度、操作规范、岗位责任制及各种安全警示标志应公开张贴于施工现场明显的位置上。

④ 各次施工现场管理检查及奖惩结果应及时公布于众。

⑤ 现场材料构件堆放整齐，并留有通道，便于清点、运输和保管。

⑥ 施工现场、设备应经常清扫、清洗，做到自产自清、日产日清、完工场清。

⑦ 现场食堂、生活区要保持干净、整洁、无污物、无垃圾。

⑧ 采取有效措施降低粉尘、噪声、废气、废水、污水等对环境的污染，符合国家、地区和行业有关环境保护的法律、法规和规章制度。

⑨ 参加施工的各类人员都要保持个人卫生、仪表整洁，同时还要注意精神文明，杜绝打架、赌博、酗酒等行为的发生。

（6）施工安全要求。

（7）施工现场综合考评要求　为加强建设工程施工现场管理，提高施工现场的管理水平，实现文明施工，确保工程质量和施工安全，项目经理部应主动接受当地建设主管部门对工程施工现场管理的检查与考核。对于综合考评达不到合格的施工现场，主管考评工作的建设行政主管部门可根据责任情况，向建筑业企业或业主、监理单位以及项目经理部等相关单位提出警告、降级、取消资格、停工整顿等相应的处罚。

8.7
建筑装饰装修工程质量与安全管理案例

【例 8.1】　某宾馆大堂改造工程，业主与承包单位签订了工程施工合同。施工内容包括：结构拆除改造，墙面干挂西班牙米黄石材，局部木饰面板、天花板为轻钢龙骨石膏板造型天花板，地面湿贴西班牙米黄石材及配套的灯具、烟感、设备检查口、风口安装等，二层跑马廊距地面 6m 高，护栏采用玻璃。施工合同规定石材由业主采购。

【问题】

（1）装饰装修工程中，哪些部位严禁擅自改动？

（2）在施工过程中，承包单位与业主指定的石材供应商签订了供货合同，并封了样品。石材到场后检查发现部分石材颜色与样品不符，厚度不符合设计要求。承包单位要求供货商将不符合要求的石材进行退换，石材退货的经济损失应由谁来承担？导致的工期延误承包单位是否可以索赔？

（3）石材出现泛碱、水渍是常见的质量通病，请根据施工经验列举出几种有效的防治方法。

（4）木质基质涂刷清漆，对于木质基层上的节痕、松脂部位应用虫胶漆封闭，钉眼处应用油性腻子嵌补。为什么在刮腻子、上色前应涂刷一遍封闭底漆？

（5）请问在吊顶工程施工时应对哪些项目进行隐蔽验收？

（6）本工程使用的西班牙米黄石材、纸面石膏板、人造木板分别属于哪一燃烧性能等级？

（7）按照《民用建筑工程室内环境污染控制规范》的要求，工程验收时室内环境污染物浓度限量应达到什么要求？

（8）工程技术资料的保管期限分为永久、长期、短期三种期限，其中短期指需保存多少年？

（9）跑马廊护栏应采用何种玻璃？

（10）按照职业健康安全管理体系，装饰装修工程中重要危险因素有哪些？

【解】

（1）建筑装饰装修工程施工中，严禁违反设计文件擅自改动建筑主体、承重结构或主要使用功能；严禁未经设计确认和有关部门批准擅自拆改水、暖、电、燃气、通信等配套设施。

（2）石材退货的经济损失由石材供应商承担，导致的工期延误承包单位可以索赔。

（3）防治方法有：①采用干挂工艺。②对石材背面、侧面与水泥砂浆接触部位涂刷防碱防护剂。③采用低碱性水泥。④顺石材纹路进行切割加工。

（4）在刮腻子前涂刷一遍底漆，有三个目的：第一是保证木材含水率的稳定性；第二是以免腻子中的油漆被基层过多的吸收，影响腻子的附着力；第三是因材质所处原木的不同部位，其密度也有差异，密度大者渗透性小，反之渗透性强。因此上色前刷一遍底漆，控制渗透的均匀性，从而避免颜色不至于因密度大者上色后浅，密度小者上色后深的弊端。

（5）应对以下项目进行隐蔽验收：①吊顶内管道、设备的安装及水管试压；②预埋件或拉结筋；③吊杆安装；④龙骨安装；⑤填充材料的设置。

（6）西班牙米黄石材属于 A 级（不燃性）、纸面石膏板属于 B1 级（难燃性）、人造木板属于 B2 级（可燃性）。

（7）本工程属于 Ⅱ 类民用建筑工程，室内环境污染物浓度限量符合表 8.2 的要求。

表 8.2　室内环境污染物浓度限量

污染物	Ⅱ类民用建筑工程	污染物	Ⅱ类民用建筑工程
氡/(Bq/m³)	≤400	氨含量/(mg/m³)	≤0.5
游离甲醛含量/(mg/m³)	≤0.12	TVOC 浓度/(mg/m³)	≤0.6
苯含量/(mg/m³)	≤0.09		

（8）短期是指工程档案保存 20 年以下。

（9）护栏玻璃应使用公称厚度不小于 12mm 的钢化玻璃或钢化夹层玻璃，当护栏一侧距楼地面高度为 5m 及以上时，应使用钢化夹层玻璃。

（10）装饰装修工程中的重要危险因素包括高空坠落、物体打击、机械伤害、触电、火灾及爆炸、中毒和窒息等。

 **小结**

质量管理是项目组织在整个生产和经营过程中，围绕着产品质量形成的全过程实施的，是项目组织各项管理的主线。

PDCA 循环质量管理方法包括计划（plan，P）、实施（do，D）、检查（check，C）、处置（action，A）四个阶段。

三全管理是来自于全面质量管理 TQC 的思想，同时包括在质量体系标准中，是指生产企业的质量管理应该是全面、全过程和全员参与的管理。

施工质量控制的过程包括施工准备质量控制、施工过程质量控制和施工验收质量控制。

施工质量控制的途径包括事前预控途径、事中控制途径和事后控制途径。

项目职业健康安全技术措施计划应在项目管理实施规划中编制；项目经理部应建立职

业健康安全生产责任制，并把责任目标分解落实到人。

职业健康安全事故分两大类型，即职业伤害事故与职业病。安全事故处理的原则是"四不放过"。

通过本内容的学习，要求在工程实施过程中能够结合实际情况进行质量的控制和职业健康安全管理、项目现场的管理，保证高质量完成工程任务。

 思考与练习

1. 简述质量管理的定义和基本原理。
2. 工程项目质量形成的影响因素有哪些？
3. 施工质量控制的依据有哪些？
4. 施工质量计划编制的内容有哪些？
5. 如何对施工生产要素进行质量控制？
6. 简述施工作业过程质量控制的基本程序。
7. 施工质量验收的程序及组织有哪些？
8. GB/T 19000 族标准质量管理八大原则是什么？
9. 工程职业健康安全事故处理程序是什么？
10. 现场文明施工的基本要求是什么？项目现场管理的基本要求是什么？

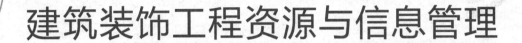

建筑装饰工程资源与信息管理

9

9.1
装饰工程资源管理

9.1.1 资源管理

9.1.1.1 装饰工程资源管理

装饰工程资源是装饰项目中使用的人力资源、材料、机具设备、技术、资金和基础设备等的总称。装饰工程项目资源管理是指对装饰项目所需人力、材料、机具设备、技术、资金和基础设施所进行的计划、组织、指挥、协调和控制等的活动。

装饰工程项目资源管理的特点主要表现为：装饰工程所需资源的种类多、需求量大；装饰工程项目建设过程的不均衡性；资源供应受外界影响大，具有复杂性和不确定性，资源经常需要在多个装饰项目中协调；资源对装饰项目成本的影响大。

9.1.1.2 装饰工程项目资源管理的内容

装饰工程项目资源管理的内容主要包括人力资源管理、材料管理、机具设备管理、技术管理和资金管理五个方面。

（1）人力资源管理　人力资源管理是指能够推动经济和社会发展的体力和脑力脑动者。在装饰项目中，人力资源包括不同层次的管理人员和参与装饰项目的各种工人。装饰项目人力资源管理是指装饰项目组织对该装饰项目的人力资源进行的科学的计划、适当的培训、合理的配置、准确的评估和有效的激励等一系列管理工作。

（2）材料管理　建筑材料成本占整个建筑装饰工程造价的比重为 2/3～3/4。加强装饰项目的材料管理，对于提高装饰工程质量，降低装饰工程成本都将起到积极的作用。

建筑材料分为主要材料、辅助材料和周转材料。

（3）机具设备管理　机具设备往往实行集中管理与分散管理结合的办法，主要任务在于正确选择机具设备，保证机具设备在使用中处于良好状态，减少机具设备闲置、损坏，提高施工效率和利用率。

在装饰项目中，机具设备的供应来自四种渠道，即企业自有设备（这里指的为配合装饰工艺成品化施工所需要购买的）、本企业专业租赁公司租用、市场租赁设备，以及分包方自带机具设备。

（4）技术管理　技术管理是指装饰项目实施的过程中对各项技术活动和技术工作的各种资源进行科学管理的总称。

（5）资金管理　装饰项目资金管理应以保证收入、节约支出、防范风险和提高经济效益为目的。通过对资金的预测和对比及装饰项目奖金计划等方法，不断地进行分析和对比、计划调整和考核，以达到降低成本、提高效益的目的。

9.1.1.3 装饰工程项目资源管理的责任分配

装饰工程项目资源管理的责任分配将人员配备工作与装饰项目工作分解结构相联系，

明确表示出工作分解结构中的每个工作单位由谁负责，由谁参与，并表示了每个人在装饰项目中的地位。常用责任分配矩阵来表示，见表9.1。

表 9.1 责任分配矩阵表

WBS	装饰项目经理	总装饰工程师	装饰工程技术部	人力资源部	质量管理部	安全监督部	合同预算部	物资供应部
管理规划	D	M	C	A	A	A	A	A
进度管理	D	M	C	A	A	A	A	A
质量管理	D	M	A	A	C	A	A	A
成本管理	DM	A	A	A	A	A	A	A
安全管理	D	M	A	A	A	C	A	A
资源管理	DM	A	A	C	A	A	A	C
现场管理	D	M	C	A	A	A	A	A
合同管理	DM	M	A	A	A	A	C	A
沟通管理	D	A	C	A	A	A	A	A

注：D表示决策；M表示主持；C表示主管；A表示参与。

责任分配矩阵是一种将所分解的工作任务落实到装饰项目有关的部门或者个人，并明确表示出他们在组织工作中的关系、责任和地位的方法和工具。它是以组织单位为行、工作单元为列的矩阵图。

矩阵中的符号表示装饰项目工作人员在每个工作单元中的参与角色或责任。用来表示工作任务参与类型的符号有多种形式，常见的有字母、数字和几何图形。

9.1.2 人力资源管理

9.1.2.1 人力资源的基本特点

人力资源以人的身体和劳动为载体，是一种"活"的资源，并与人的自身生理特征相联系。这一特点决定了人力资源使用过程中需要考虑工作的环境、工作风险、时间弹性等非经济和非货币因素。

人力资源具有再生性。人口的再生产和劳动力再生产，通过人口总体和劳动力总体内各个体的不断替换、更新和恢复的过程得以实现。

9.1.2.2 人力资源计划

人力资源计划是从装饰项目目标出发，根据内外部环境的变化，提高对装饰项目未来人力资源需求的预测，确定完成装饰项目所需人力资源的数量和质量、各自的工作任务及其相关关系的过程。

人力资源计划主要阐述人力资源在何时、以何种方式加入和离开装饰项目组。人员计划可能是正式的，也可能是非正式的，可能是十分详细的，也可能是框架概括型的，皆依装饰项目的需要而定。

9.1.2.3 人力资源需求的确定

（1）装饰项目管理人员需求的确定 装饰项目管理人员需求应根据岗位编制计划，使用合理的预测方法进行预测。在人员需求中，应明确需求的职务名称、人员需求数量、知识技能等方面的要求，招聘的途径，招聘的方式，选择的方法、程序，希望到岗时间等。

最终要形成一个有员工数量、招聘成本、技能要求、工作类别及为完成组织目标所需的管理人员数量和层次的分列表。

（2）劳动力需要量计划表　劳动力需要量计划表是根据施工方案、施工进度和预算，依次确定专业工种、进场时间、劳动量和工人数，然后汇集成表格形式，可作为现场劳动力调配的依据。

表9.2为装饰施工组织设计中常见的劳动力需要量计划表。

表 9.2　劳动力需要量计划表

序号	专业工种		劳动量	需要时间									备注
	名称	级别		×月			×月			×月			
				I	II	III	I	II	III	I	II	III	

（3）劳务人员的优化配置　对于劳务人员的优化配置，应根据承包装饰项目的施工进度计划和各工种需要数量进行。装饰项目经理部根据计划与劳务合同，在合格劳务承包队伍中进行有效调配。

表9.3是某建筑装饰项目中根据劳动量对劳务人员配备的表格，是合格劳务承包配置表。

表 9.3　合格劳务承包配置表

序号	班组名称	班组负责人	分包内容	分包方式	调配方式
1	石材班组	×××	2层柱、墙面干挂玻化砖	人工	随进度进场
2	泥工班组	×××	室内玻化砖、水泥砂浆地面	人工	随进度进场
3	木工班组	×××	室内轻钢龙骨吊顶、木制作	人工	随进度进场
4	木工班组	×××	室内轻钢龙骨吊顶、木制作	人工	随进度进场
5	油漆班组	×××	室内乳胶漆、清漆	人工	随进度进场
6	钢结构班组	×××	大厅柱、墙面钢结构	人工	随进度进场
7	电工班组	×××	临时用电	人工	随进度进场
8	综合班组	×××	现场搬运和施工垃圾清理	人工	随进度进场

9.1.2.4　人力资源控制

人力资源控制应包括人力资源的选择、签订施工分包合同、人力资源培训等内容。

（1）人力资源的选择　要根据装饰项目需求确定人力资源的性质、数量、标准及组织中工作岗位的需求，提出人员补充计划；对有资格的求职人员提供均等的就业机会；根据岗位要求和允许条件来确定合适人选。

（2）签订施工分包合同　施工分包合同有专业装饰工程分包合同与劳务作业分包合同之分。分包合同的发包人一般是取得施工总承包合同的承包单位，分包合同中一般仍沿用施工总承包合同中的名称，即称为承包人；分包合同的承包人一般是专业化的专业装饰工程施工单位或劳务作业单位，在分包合同中一般称为分包人或劳务分包人。

施工分包合同承包方式有两种：一是按施工预算或投标价承包；二是按施工预算中的清单装饰工程量承包。劳务分包合同的内容应包括：装饰工程名称，工作内容及范围，提供劳务人员的数量，合同工期，合同价款及确定原则。合同价款的结算和支付，安全施工，重大伤亡及其他安全事故处理，装饰工程质量、验收与保修，工期延误，文明施工，材料机具供应，文物保护，发包人、承包人的权利和义务，违约责任等。同时还应考虑劳务人员的各种保险的和共同管理。

（3）人力资源培训　人力资源培训包括培训岗位、人数、培训内容、目标、方法、地点和培训费用等，应重点培训生产线关键岗位的操作运行人员和管理人员。人员的培训时间应与装饰项目的建设进度相衔接，如设备操作人员应在设备安装调试前完成培训工作，以便这些人员参加设备安装、调试过程，熟悉设备性能，掌握处理事故技能等，保证装饰项目顺利完成。组织应重点考虑供方、合同方人员的培训方式和途径，可以由组织直接进行培训，也可以根据合同约定由供方、合同方自己进行培训。

人力资源培训包括管理人员的培训和工人的培训。

9.1.2.5　人力资源考核

装饰项目人力资源考核是指对装饰项目组织人员的工作作出评价。考核是一个动态过程，通过考核的形式，使装饰项目的管理更为良性的循环，考核的过程具有过程性与不确定性的特点。

9.1.3　材料管理

9.1.3.1　建筑装饰工程材料管理的任务

材料管理的任务归纳起来是"供""管""用"三字，具体任务如下。

（1）编制材料供应计划，合理组织货源，做好供应工作。

（2）按施工计划进度需要和技术要求，按时、按质、按量配套供应材料。

（3）严格控制、合理实用材料，以降低消耗。

（4）加强仓库管理，控制材料储存，切实履行仓库管理和监督的职能。

（5）建立健全材料管理规章制度，是材料管理条例化。

9.1.3.2　材料计划

（1）材料供应计划　该计划是建筑装修施工企业施工技术财务计划的重要组成部分，是为了完成施工任务，组织材料采购、订货、运输、仓储及供应管理各项业务活动的行为指南。其计算公式为：

$$材料供应量＝需用量－期初库存量＋周转库存量 \qquad (9.1)$$

（2）材料采购计划　它是根据需用量计划而编制的材料市场采购计划。其计算公式为：

$$材料采购量＝计划期需用量＋计划期末储备量－计划期的预计库存量－$$
$$其他内部资源量 \qquad (9.2)$$

（3）材料计划的执行和检查　材料计划编制后，要积极组织材料供应计划的执行和实现，要明确分工，各部门要相互支持、协调配合，搞好综合平衡，及时发现问题，采取有效措施，保证计划的全面完成。

9.1.3.3 材料的运输与库存

(1) 材料的运输 材料运输是材料供应工作的重要环节，材料运输管理要贯彻"及时、准确、安全、经济"的原则，搞好运力调配、材料发运与接运，有效地发挥运力作用。

(2) 材料的库存管理 材料的库存管理是材料管理的重要组成部分。材料库存管理工作的内容和要求主要有：合理确定仓库的地点、面积、结构和储存、计量等仓库作业设施的配备；精心计算库存，建立库存管理制度；把好物资验收入库关，做到科学保管和保养；做好材料的出库和退库工作；做好清仓盘点和到库工作。此外，材料的仓库管理应当积极配合生产部门做好消耗考核和成本核算，以及回收废旧物资，开展综合利用。

9.1.3.4 材料的现场管理

(1) 施工准备阶段的材料管理 包括：做好现场调查和规划；根据施工图预算和施工预算，计算主要材料需用量；结合施工进度，分期分批组织材料进场并为定额供料做好准备；配合组织预制构配件加工订货；落实使用构配件的顺序、时间及数量；规划材料堆放位置，按先后顺序组织进场，为验收保管创造条件。

(2) 施工阶段的材料管理 施工阶段是材料投入使用、形成建筑产品的阶段，是材料消耗过程的管理阶段，同时贯穿着验收、保管和场容管理等环节，是现场材料管理的中心环节。其主要内容包括：根据工程进度不同阶段所需的各种材料，及时、准确、配套地组织进场，保证施工顺利进行，合理调整材料堆放位置，尽量做到分项工程活完料净；认真做好材料消耗过程的管理，健全现场材料领退料交接制度、消耗考核制度、废旧回收制度，健全各种材料收发（领）退原始记录和单位工程材料消耗台账；认真执行定额供料制，积极推行"定、包、奖"，即定额供料、包干使用、节约奖励的办法，鼓励降低材料消耗；建立健全现场场容管理责任制，实行划区、分片、包干责任制，促进施工人员及队组保持作业场地整洁，搞好现场堆料区、库存、料棚、周转材料及工场的管理。

(3) 施工收尾阶段的材料管理 施工收尾阶段是现场材料管理的最后阶段，其主要内容包括：认真做好收尾准备工作，控制进料，减少余料，拆除不用的临时设施，整理、汇总各种原始资料、台账和报表；全面清点现场及库存材料；核算工程材料消耗量，计算工程成本；工程完成后场地应清理。

9.1.4 机具设备管理

随着装饰行业的迅速发展，建筑装饰施工组织的技术装备得到了较大的改善和发展，原有单一的装饰机具已经被品种繁多的装饰机具和相关设备所替换，因此如何在装饰项目中管理好机具和设备就提上日程，并在装饰施工组织中得到重视，建筑装饰机具设备已成为现代建筑装饰的主要生产要素之一。在装饰施工组织中，不仅在装备品种、数量上有了较大的增加，而且拥有了一批应用高技术和机电一体化的先进设备。为使装饰项目组织管理好、用好这些设备，充分发挥机具设备的效能，保证机具设备的安全使用，确保施工现场的机具设备处于完好技术状态，预防和杜绝施工现场重大机具伤害事故和机具设备事故的发生，需要制订切实可行的机具设备管理机制。

9.1.4.1 装饰工程施工机具设备管理任务

机具设备管理的任务，就是全面科学地做好机具设备的选配、管理、保养和更新，保证为企业提供适宜的技术装备，为机具化施工提供性能好、效率高、作业成本低、操作安全的机具设备，使施工活动建立在最佳的物质技术基础上，不断提高经济效益。

9.1.4.2 机具设备管理计划

（1）机具设备需求计划　机具设备选择的依据是装饰项目的现场条件、工程特点、工程量及工期。

对于主要施工机具，如挖土机、起重机等的需求量，要根据施工进度计划、主要施工方案和工程量、套用机具产量定额求得；对于辅助机具，可以根据建筑安装工程10万元扩大概算指标求得；对于运输的需求量，应根据运输量计算。

装饰项目所需要的机具设备可由四种方式提供：从本企业专业租赁公司租用、从社会上的机具设备租赁市场租用设备、分包队伍自备设备、企业新购买设备。表9.4为机具设备需求量计划表。

表9.4　机具设备需求量计划表

序号	机具设备名称	型号	规格	功率/kW	需求量	使用时间	备注

（2）机具设备使用计划　装饰项目经理部应根据工程需求编制机具设备使用计划，报组织领导或组织有关部门审批，其编制依据是工程施工组织设计。机具设备使用一般由项目经理部机具管理员或施工准备员负责编制。中、小型设备机具一般由装饰项目经理部主管经理审批，主要考虑机具设备配置的合理性（是否符合使用、安全要求）以及是否符合资源要求，包括租赁企业、安装设备组织的资源要求，设备本身在本地区的注册情况及年检情况，操作设备人员的资格情况等。

（3）机具设备保养与维修计划　机具设备使用的过程中，其保护装置、机具质量、可靠性等都有可能发生变化，因此，机具设备使用过程中的保养与维护是确保其安全、正常使用的必不可少的手段。

机具设备保养的目的是保持机具设备的良好技术状态，提高设备运转的可靠性和安全性，减少零件的磨损，延长使用寿命，降低消耗，提高经济效益。

9.1.4.3 机具设备管理

机具设备管理包括机具设备购置与租赁、使用管理、操作人员管理、报废和出场管理等。

机具设备管理控制任务是：正确选择机具；保证机具设备在使用中处于良好状态；减少闲置和损坏；提高机具设备使用效率及产出水平；机具设备的维护和保养。

（1）机具设备的购置　大型机具设备以及特殊设备的购买应在调研的基础上写出经济技术可行性分析报告，经专业管理部门审批后，方可购买；中、小型机具应在调研的基础上，选择性价比较好的产品。机具设备的选择原则是：适用于装饰项目要求，使用安全可靠，技术先进，经济合理。

在有多台同类机具设备可供选择时，要综合考虑它们的技术特性。机具设备技术特性见表9.5。

（2）机具设备的租赁　机具设备及周转材料的租赁，是施工企业向租赁公司（站）及拥有机具和周转材料的单位支付一定租金、取得使用权的业务活动。这种方法有利于加速机具和周转材料的周转，提高其使用效率和完好率，减少资源的浪费。

（3）机具设备的使用　机具设备的使用应实行定机、定人、定岗位的三定制度，有利于操作人员熟悉机械设备特性，熟练掌握操作技术，合理和正确地使用、维护机械设备，提高机械效率；有利于大型设备的单机经济核算和考评操作人员使用机械设备的经济效果；也有利于定员管理、工资管理。具体做法如下。

表 9.5　机具设备技术特性

序号	内　　容	序号	内　　容
1	工作效率	8	运输、安装、拆卸及操作的难易程度
2	工作质量	9	灵活性
3	使用费用和维修费	10	在同一现场服务装饰项目的数量
4	能源消耗费	11	机具的完好性
5	占用的操作人员和辅导工作人员	12	维修难易程度
6	安全性	13	对气候的适应性
7	稳定性	14	对环境保护的影响程度

① 人机固定　实行机械使用、保养责任制，将机械设备的使用效益与个人经济利益联系起来。

② 实行操作证制度　坚持实行操作制度，无证不准上岗，采取办培训班、进行岗位训练等形式，有计划、有步骤地做好培养和提高工作。专用机械的专门操作人员必须经过培训和统一考试，确认合格，发给驾驶证。这是保证机械设备得到合理使用的必要条件。

③ 遵守合理使用规定　防止机件早期磨损，延长机械使用寿命和修理周期。实行单机或机组核算，根据考核的成绩实行奖惩，这也是一项提高机械设备管理水平的重要措施。

④ 建立设备档案制度　记录合统计设备情况，为使用和维修提供方便。

⑤ 合理组织机械设备施工　必须加强维修管理，提高机械设备的完好率和单机效率，并合理地组织机械的调配，搞好施工的计划工作。

⑥ 搞好机械设备的综合利用　机械设备的综合利用是指现场安装的施工机械尽量做到一机多用。尤其是垂直运输机械，必须综合利用，使其效率充分发挥。它负责垂直运输各种构件材料，同时用作回转范围内的水平运输、装卸车等。因此要按小时安排好机械的工作，充分利用时间，大力提高其利用率。

⑦ 要努力组织好机械设备的流水施工　当施工的推进主要靠机械而不是人力的时候，划分施工段的大小必须考虑机械的服务能力，把机段作为分段的决定因素。要使机械连续作业，不停歇，必要时"歇人不歇马"，使机械三班作业。一个施工项目有多个单位工程时，应使机械在单位工程之间流水，减少进出场时间和装卸费用。

⑧ 机械设备安全作业　项目经理部在机械作业前应向操作人员进行安全操作交底，使操作人员对施工要求、场地环境、气候等安全生产要素有清楚的了解。项目经理部按机械设备的安全操作要求安排工作和进行指挥，不得要求操作人员违章作业，也不得强令机械带病操作，更不得指挥和允许操作人员野蛮施工。

⑨ 为机具设备的施工创造良好条件　现场环境、施工平面图布置应适合机械作业要求，交通道路畅通无障碍，夜间施工安排好照明。协助机械部门落实现场机械标准化。

（4）机具设备操作人员管理　机具设备操作人员必须持上岗证，即通过专业培训考核合格后，经有关部门注册，操作证年审合格并在有效期内，且所操作的机种与所持证上允许操作机种吻合。此外，机具设备操作人员还必须明确机组人员责任制，并建立考核制度，奖优罚劣，使机组人员严格按照规范作业，并在本岗位上发挥出最优的工作业绩。责任制应对机长、机员分别制订责任内容，对机组人员应做到责、权、利三者相结合，定期考核，奖罚明确到位，以激励机组人员努力做好本职工作，使其操作的设备在一定条件下发挥出最大效能。

（5）机具设备报废和出场　机具设备属于下列情况之一的应当更新。

① 设备损耗严重，大修理后性能、精度仍不能满足规定要求的；

② 设备在技术上已经落后，耗能超过标准20%以上的；

③ 设备使用年限长，已经经过四次以上大修或者一次大修费用超过正常大修费用1倍的。

9.1.4.4　机具设备的保养、修理和更新

机具设备的保养分为例行保养和强制保养。

例行保养属于正常使用管理工作，不占用机具设备的运行时间，由操作人员在机具使用前期和中间进行。内容主要有：保持机具的清洁，检查运行情况，防止机具腐蚀，按技术要求紧固易于松脱的螺栓，调整各部位不正常的行程和间隙。

强制保养是按一定周期，需要占用机具设备的运转时间而停工进行的保养。这种保养是按一定周期的内容分级进行的，保养周期根据各类机具设备的磨损规律、作业条件、操作维修水平及经济性四个主要因素确定，保养级别由低到高，如起重机、挖土机等大型设备要进行一到四级保养，汽车、空压机等进行一到三级保养，其他一般机具设备进行一级、二级保养。

9.1.5　技术管理

建筑装饰工程技术管理是指在施工生产经营活动中，对各项技术活动与其技术要素的科学管理。所谓技术活动，是指技术学习、技术运用、技术改造、技术开发、技术评价和科学研究的过程。所谓技术要素，是指技术人才、技术装备和技术信息等。

技术管理的基本任务是：正确贯彻党和国家各项技术政策和法令，认真执行国家和上级制定的技术规范、规程，按创全优工程的要求，科学地组织各项技术工作，建立正常的技术工作秩序，提高建筑装饰装修施工企业的技术管理水平，不断革新原有技术和采用新技术，达到保证工程质量、提高劳动效率、实现生产安全、节约材料和能源、降低工程成本的目的。

9.1.5.1　技术管理的内容

技术管理的内容可以分为基础工作和业务工作两大部分。

（1）基础工作是指为开展技术管理活动创造前提条件的最基本的工作。它包括技术责任制、技术标准与规模、技术原始记录、技术文件管理、科学研究与信息交流等工作。

（2）业务工作是指技术管理中日常开展的各项业务活动。它主要包括以下几项工作。

① 施工技术准备工作　包括图纸会审、编制施工组织设计、技术交底、材料技术检验、安全技术等。

② 施工过程中的技术管理工作　包括技术复核、质量监督、技术处理等。

③ 技术开发工作　包括科学技术研究、技术革新、技术引进、技术改造和技术培训等。

基础工作和业务工作相互依赖、缺一不可。基础工作为业务工作提供必要的条件，任何一项业务工作都必须要靠基础工作才能进行。但企业做好技术管理的基础工作不是最终目的，技术管理的基本任务必须要由各项具体的业务工作才能完成。

9.1.5.2　技术档案管理

技术档案是按照一定的原则、要求，经过移交、整理、归档后保管起来的技术文件材料。它既记录了各建筑物、构筑物的真实历史，更是技术人员、管理人员和操作人员智慧的结晶，技术档案实行统一领导、分专业管理。资料收集应做到及时、准确、完整，分类正确，传递及时，符合地方法规要求，无遗留问题。

9.1.5.3　装饰项目技术管理考核

装饰项目技术管理考核包括对技术管理工作计划的执行，施工方案的实施，技术措施的实施，技术问题的处置，技术资料收集、整理和归档以及技术开发、新技术和新工艺应用等情况进行的分析和评价。

9.1.6　装饰项目资金管理

9.1.6.1　资金管理计划

装饰工程项目资金流动包括装饰项目资金的收入与支出。

装饰项目收入与支出计划管理是装饰项目资金管理的重要内容，要做到收入有规定，支出有计划，追加按程序；做到在计划范围内一切开支有审批，主要大宗工料支出有合同，使装饰项目资金运营在受控状态。装饰项目经理主持此项工作，由主管业务部门分别编制，财务部门汇总平衡。

装饰项目资金收支计划的编制，是装饰项目经理部资金管理工作中首先要完成的工作，一方面需要上报企业管理层审批，另一方面装饰项目资金收支计划是实现装饰项目资金管理目标的重要手段

9.1.6.2　资金控制

资金控制包括保证资金收入与控制资金支出。

生产的正常进行需要一定的资金保证，装饰工程项目部的资金来源包括：组织（公司）拨付资金，向发包人收取的工程款和备料款，以及通过组织（公司）获得的银行贷款等。对工程装饰项目来讲，收取工程款的备料款是装饰项目资金的主要来源，重点是工程款收入。由于工程装饰项目的生产周期长，采用的是承发包合同形式，工程价款一般按月度结算收取，因此要抓好月度价款结算，组织好日常工程价款收入，管好资金入口。

控制资金支出主要是控制装饰项目资金的出口。施工生产直接或间接的生产费用投入需消耗费大量资金，要精心计划，节约使用资金，以保证装饰项目部的资金支付能力。一般来说，工、料、机的投入有的要在交易发生期支付货币资金，有的可作为流动负债延期支付。从长期角度讲，工、料、机投入都要消耗定额，管理费用要有开支标准。

要抓好开源节流，组织好工料款回收，控制好生产费用支出，保证装饰项目资金正常运转。在资金周转中投入能得到补偿，得到增值，才能保证生产继续进行。

9.2
装饰工程信息管理

9.2.1　工程项目信息管理概述

随着科学技术和电脑网络的发展，人类正在进入一个高度发展的新时代，这个时代就是人们常说的信息时代，在建设工程领域也不可避免地要依赖信息来提升工作和管理效率。信息能及时地反应各方的需求，指导生产，控制过程。由于信息的迅猛发展，信息已经和原材料、资源并列成为三大资源。

装饰工程项目信息管理是指对信息的收集、整理、处理、储存、传递与应用等一系列工作的总称。信息管理的目的就是通过有组织的信息流通，使决策者能及时、准确地获得相应的信息。

9.2.1.1　装饰工程项目信息的特点

（1）真实性　事实是信息的基本特点，也是信息价值所在。要千方百计地找到事实的正式一面，为决策和装饰项目管理服务。不符合事实的信息不仅无用而且有害，真实、准确地把握好信息是处理数据的最终目的。

（2）系统性　在实际的装饰项目施工中，不能拿到图纸或者业主给定的技术文件，就片面地产生和使用这些信息。信息本身不是直接得到的，而是需要全面地掌握各方面的数据后才能得到。信息也是系统中的组成部分之一。

（3）时效性　由于信息在工程实际中是动态、不断变化、不断产生的，要求及时地处理数据，及时得到信息，才能做好决策和工程管理工作，避免事故的发生，真正做到事前管理。信息本身具有强烈的时效性，因此需要利用有效的时差以使信息获得最大化的利用。

（4）不完全性　由于使用数据的人对客观事物认识的局限性，例如同样的信息渠道，由于施工管理人员对技术掌握的深度不同，因而获得的信息是不尽相同的，其不完全性就在所难免，应该认识到这一点，提高自身对客观事物的认识深度，减少不完全性因素。

9.2.1.2　装饰工程项目信息管理的基本任务

装饰工程项目管理人员承担着装饰项目信息管理的任务，负责收集装饰工程项目实施情况的信息，做各种信息处理工作，并向上级、向外界提供各种信息。装饰项目信息管理的任务主要包括以下几方面。

（1）组织装饰项目基本情况信息的收集并系统化，编制装饰项目手册。装饰项目管理的任务之一是按照装饰项目的任务实施要求。设计装饰项目实施和装饰项目管理中的信息和信息流，确定它们的基本要求和特征，并保证装饰项目实施过程中信息顺利流通。

（2）遵循装饰项目报告及各类资料的规定，例如资料的格式、内容、数据结构要求。

（3）按照装饰项目实施、装饰项目组织、装饰项目管理工作过程建立装饰项目管理信息系统，在实际工作中保证系统正常运行，并控制信息流。

（4）文件档案管理工作。

优秀的装饰项目管理需要更多的工程装饰项目信息，信息管理影响装饰项目组织和整个装饰项目管理系统的运行效率，是人们沟通的桥梁，装饰项目管理人员应引起足够的重视。

9.2.1.3 实施装饰工程项目信息管理的基本条件

为了更好地进行工程装饰项目信息管理，必须利用好计算机技术。装饰项目经理部要配备必要的计算机硬件和软件，应设装饰项目信息管理员，使用和开发装饰项目信息管理系统。装饰项目信息管理员必须经有资质的培训单位培训并通过考核合格，方可上岗。

装饰项目经理部负责收集、整理、管理本装饰项目范围内的信息。实行总分包的装饰项目分包人负责分包范围的信息收集整理，承包人负责汇总、整理各分包人的全部信息。

9.2.2 工程项目报告系统

9.2.2.1 装饰工程项目报告的形式和种类

装饰工程项目报告的形式和种类很多，按时间可分为日报、周报、月报、年报；针对装饰项目结构的报告有分部分装饰项目报告、单位工程报告、单项工程报告、整个装饰项目报告；专门内容的报告有质量报告、成本报告、工期报告；特殊情况的报告有风险分析报告、总结报告、特别事件报告；此外，还有状态报告、比较报告等。

9.2.2.2 装饰工程项目报告的作用

（1）作为决策的依据　通过报告所反映的内容，可以使人们对装饰项目计划、实施状况和目标完成度等有比较清楚的了解，从而使决策简单化，提高准确度。

（2）用来评价装饰项目，评价过去的工作及阶段成果。

（3）总结经验，分析装饰项目中的问题，每个装饰项目结束时都应有一个内容详细的分析报告。

（4）通过报告激励各参加者，让大家了解装饰项目的成绩。

（5）提出问题，解决问题，安排后期的工作。

（6）预测未来情况，提供预警信息。

（7）作为证据和工程资料。工程装饰项目报告便于保存，能提供工程的永久记录。

9.2.2.3 装饰工程项目报告的要求

（1）与目标一致　报告的内容和描述必须与装饰项目目标一致，主要说明目标的完成程度和围绕目标存在的问题。

（2）符合特定的要求　这里包括各个层次的管理人员对装饰项目信息需要了解的程度，以及各个职能人员对专业技术工作和管理工作的需要。

（3）规范化、系统化　管理信息系统中应完整地定义报告系统的结构和内容，对报告的格式、数据结构进行标准化。在装饰项目中要求各参加者采用统一形式的报告。

（4）处理简单化，内容清楚，各种人都能理解。

（5）报告要有侧重点　工程装饰项目报告通常包括概况说明和重大的差异说明、主要活动和事件的说明，而不是面面俱到。它的内容较多的是考虑实际效用，而不是考虑信息的完整性。

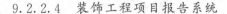

9.2.2.4 装饰工程项目报告系统

在装饰项目初期，在建立装饰项目管理系统时必须包括装饰项目的报告系统。主要要解决以下两个问题：

（1）罗列装饰项目实施过程中的各种报告，并系统化。

（2）确定各种报告的形式、结构、内容、数据、采集和处理方式，并标准化。

装饰工程项目应建立如表 9.6 所示的报告目录。

表 9.6　报告目录

报告名称	报告时间	提供者	接　收　者			
			A	B	C	D

编制工程计划时，应考虑需要的各种报告及其性质、范围和频率，并在合同或装饰项目手册中确定。

原始资料应一次性收集，以保证同一信息的来源相同。收入报告中的资料应进行可信度检查，并将计划值引入一边对比。

装饰工程项目报告应从基层做起，资料最基础的来源是工程活动，上层的报告应在基层报告的基础上，按照装饰项目结构和组织结构层层归纳、总结，并做出分析和比较，形成金字塔的报告系统。

9.2.3　工程项目信息管理系统

信息的产生和应用是通过信息系统实现的，信息系统是整个工程系统的一个子系统，信息系统具有所有系统的一切特征，了解系统有助于了解信息系统和使用信息系统。

装饰工程项目信息管理系统也称装饰项目规划和控制信息系统，是一个针对工程装饰项目的计算应用软件系统，通过及时地提供工程装饰项目的有关消息，支持装饰项目管理人员确定装饰项目规划，在装饰项目实现过程中控制装饰项目目标，即费用目标、进度目标、质量目标和安全目标。

9.2.3.1 装饰工程项目信息管理系统的功能要求

工程装饰项目信息管理系统是以计算机技术为主要手段，以装饰项目管理为对象，通过收集、存储和处理有关数据为装饰项目管理人员提供信息，作为装饰项目管理规划、决策、控制和检查的依据，保证装饰项目管理工作顺利实施，是装饰项目管理系统的重要组成部分。通常，该系统应具备可靠、安全、及时、适用等特性，以及界面友好、操作方便的特点。

9.2.3.2 装饰工程项目信息的收集

装饰工程项目信息管理系统的运行质量，很大程度上取决于原始资料、原始信息的全面性、准确性和可靠性，因此，建立一套完整的信息采集制度是非常必要的。工程装饰项目信息的收集包括以下内容。

（1）装饰工程项目建设前期信息收集　装饰工程项目在正式开工之前，需要进行大量的工作，这些工作将产生大量包含着丰富内容的文件，工程建设单位应当了解和掌握这些内容。

① 收集可行性研究报告及其有关资料。

② 设计文件及有关资料的收集。

③ 招标投标合同文件及其有关资料的收集。

装饰项目建设前期除以上各个阶段产生的各种资料外，上级关于装饰项目的批文和有关指示，有关征用土地、迁建赔偿等协议式批准的文件等，均是十分重要的资料。

（2）施工期间的信息收集　在装饰工程项目整个施工阶段，每天都发生各种各样的情况，相应地包含着各种信息，需要及时收集和处理。因此，工程的实施阶段是大量的信息发生、传递和处理的阶段，工程装饰项目信息管理主要集中在这一阶段。

（3）工程竣工阶段的信息收集　工程竣工并按要求进行竣工验收时，需要大量与竣工验收有关的各种资料信息。这些信息一部分是在整个施工过程中长期积累形成的，一部分是在竣工验收期间，根据积累的资料整理分析而成的。完整的竣工资料应由承建商编制，经工程装饰项目负责人和有关方面审查后，移交业主并通过业主移交管理部门。

9.2.3.3　收集信息的加工整理

对收集的信息进行加工，是信息处理的基本内容。其中包括对信息进行分析、归纳、分类、计算比较、选择及建立信息之间的关系等工作。

（1）信息处理的要求和方法

① 信息处理的要求　要使信息有效地发挥作用，在信息处理的过程中就必须符合及时、准确、适用、经济的要求。

② 信息处理的方法　从收集的大量信息中，找出信息与信息之间的关系和运算公式，从收集的少量信息中得到大量的输出信息。信息处理包括收集、加工、输入计算机、传输、存储、计算、检索、输出等内容。

（2）收集信息的分类　工程信息管理中，对收集来的资料进行加工整理后，按其加工整理的深度可分为如下类型，见表 9.7。

表 9.7　收集信息分类

信息类别	具　体　要　求
1. 依据进度控制信息，对施工进度状态的意见和指示	工程装饰项目负责人每月、每季度都要对工程进度进行分析对比并做出综合评价，包括当月整个工程各方面，实际完成数量与合同规定的计划数量之间的比较。如果某一部分拖后，应分析其主要原因，对存在的主要困难和问题，要提出解决的意见
2. 依据质量控制信息，对工程质量情况的意见和指示	工程装饰项目负责人应系统地将当月施工中的各种质量情况，包括现场检查中发现的各种问题，施工中出现的重大事故，对各种情况、问题、施工的处理情况，除在月报、季报中进行阶段性的归纳和评价外，如有必要可进行专门的质量定期其概况报告
3. 依据投资控制信息，对工程结算情况的意见和指示	工程价款结算一般按月进行，要对投资完成情况进行统计、分析，并在此基础上做一些短期预测，以便对业主在组织资金方面提供咨询意见
4. 依据合同信息，对索赔的处理意见	在工程施工中，甲方的原因或客观条件使乙方遭受损失，乙方可提出索赔要求；乙方违约使工程遭受损失，甲方可提出索赔要求；工程装饰项目负责人应对索赔提出处理意见

9.2.4　工程项目文档管理

装饰工程文件是反映装饰工程质量和工作质量的重要依据，是评定工程质量等级的重要依据，也是装饰公司在日后进行维修、扩建、改造、更新的重要工程档案材料。装饰项目管理信息大部分是以文档资料的形式出现的，因此装饰项目文档资料管理是日常信息管理工作的一项主要内容。装饰工程文件一般分为四大部分：工程准备阶段是装饰文档资料，装饰工程对监理方文档资料，施工阶段文档资料，竣工文档资料。因此装饰项目的文档资料直接决定承建档案的好坏。

工程装饰项目文档资料包括各类文件、装饰项目信件、设计图纸、合同书、会议纪要，各种报告、通知、记录、签证、单据、证明、书函等文字、数值、图表、图片及音像资料。

（1）装饰项目文档资料管理的主要内容　包括工程施工技术管理资料、工程质量控制资料、工程施工验收资料、装饰竣工图四大部分。

（2）装饰项目文档资料的传递流程　确定装饰项目文档资料的传递流程是指要研究文档资料的来源渠道及方向。研究资料的来源、使用者和保存节点，规定传输方向和目标。

（3）装饰项目文档资料的登录和编码　信息分类和编码是文档资料科学管理的重要手段。任何接收或发送的文档资料均应予以登记，建立信息资料的完整记录。对文档资料进行登录，把它们列为装饰项目管理单位的正式资源和财产，可以有据可查，便于归类、加工和整理，并通过登录掌握归档资料及其变化情况，有利于文档资料的清点和补缺。

（4）装饰项目文档资料的存放　为使文档资料在装饰项目管理中得到有效的利用和传递，需要按科学方法将文档资料存放与排列。随着工程建设的进程，信息资料的逐步积累，数量会越来越多，如果随意存放，需要时必然查找困难，且极易丢失。存放与排列可以编码结构的层次作为标识，将文档资料一件件、一本本地排列在书架上，位置应明显，易于查找。

9.2.5　项目管理中的软信息

在信息管理的高速发展时代，传统上的信息管理对工程管理中定量的要素可以进行收集整理。例如前面所述的在装饰项目系统中运行的一般都是可定量化的、可量度的信息，如工期、成本、质量、人员投入、材料消耗、工程完成程度等，它们可以用数据表示，可以写入报告中，通过报告和数据即可获得信息，了解情况。但另有许多信息是很难用于上述信息形式表达和通过正规的信息渠道沟通的，这主要是反映装饰项目参加者的心理行为、装饰项目组织概况的信息。例如，参加者的心理动机、期望和管理者的工作作风、爱好、习惯，对装饰项目工作的兴趣、责任心；各工作人员的积极性，特别是装饰项目组织成员之间的冷漠甚至分裂状态；装饰项目的软信息状况；装饰项目的组织程度及组织效率；装饰项目组织与环境、装饰项目小组与其他参加者、装饰项目小组内部的关系融洽程度，装饰项目领导的有效性；业主或上层领导对装饰项目的态度、信心和重视程度；装饰项目小组精神，如敬业、互相信任、组织约束程度，装饰项目实施的秩序、程度等。

9.2.5.1　软信息的概念

在工程装饰项目管理中，一些情况无法或很难定量化，甚至很难用具体的语言表达，但它同样作为信息反映着装饰项目的情况，对工程装饰项目实施、决策起着重要的作用，以及更好地帮助装饰项目管理者研究和把握装饰项目组织，对装饰项目组织实施激励等起到积极作用的这类信息资源，统称为软信息。

9.2.5.2　软信息的特点

（1）软信息尚不能在报告中反映或完全正确地反映，缺少表达方式和正常的沟通渠道，只有管理人员亲临现场，参与实际操作和小组会议时才能发现并收集到。

（2）由于软信息无法准确地描述和传递，所以它的状况只能由人领会，仁者见仁，智者见智，不确定性很大，这便会导致决策的不确定性。

（3）由于很难表达，不能传递，很难进入信息系统沟通，所以软信息的使用是局部的。真正有决策的上层管理者（如业主、投资者）由于不具备条件（不参与实际操作），所以无法获得和使用软信息，因而容易造成决策失误。

（4）软信息目前主要通过非正式沟通来影响人们的行为。例如，人们对装饰项目经理的工作作风的意见和不满，互相诉说，以软抵抗对待装饰项目及格率的指令、安排。

（5）软信息只能通过人们的模糊判断，通过人们的思考来做信息处理，常规的信息处理方式是不适用的。

9.2.5.3 软信息的获取

软信息的获取通常有以下四种方式。

（1）观察获取　通过观察现场及人们的举止、行为、态度，分析他们的动机，分析组织概况。在这种获取方法中常运用在装饰项目的招投标谈判阶段、装饰报价的商讨阶段及竣工审计阶段。

（2）通过正规的询问或征求意见来获取　此方法通过在装饰行业中沿用的一些行规及惯例来达到施工管理的目的。例如：装饰图纸的会审需要征求业主方和设计方的意见，每月定期的装饰项目的生产调度会的意见征集等。

（3）闲谈、非正式沟通获取　通常在施工中由于各协调方和纵向管理层次经过不断的接触，在工作间隙或其他非工作场合进行的交流，而信息的内容经过滤化可以为装饰项目所用的，也可以适当使用。

（4）指令性获取　在管理层和执行层及作业层等工作过程中，上下级或者甲乙双方要求对方提交相关书面材料，其中必须包括软信息内容并说明范围，以此获得软信息，同时让相关管理人员建立软信息的概念并扩大使用范围和增加广度。

9.2.6　BIM 技术在项目管理中的应用

BIM（building information modeling）的概念起源于美国，由美国乔治亚理工大学建筑与计算机学院查 Chuck Eastman 博士提出，国内较为一致的中文翻译为建筑信息模型。Chuck Eastman 博士当时对 BIM 的定义是这样的：建筑信息模型是一个单一模型，这个模型适用范围是建设项目的全生命周期且模型包括整个项目的基础数据信息，如几何模型信息、功能要求以及构建性信息，还包括实施过程中的扩展信息及控制信息，如施工进度信息。

后来，随着 BIM 技术的广泛应用，美国随之制定了 BIM 标准。在标准 NBIMS 中是这样定义的：BIM 是一个数字化模型，包括建设项目的物理特性和功能特性，BIM 是一个共享性模型，建设项目全生命周期的数据信息都可以共享，且在实施项目的不同阶段以及项目不同阶段的不同参与方随时可以提取、更新、修改模型中的信息，所以 BIM 是一个共享性的数字化模型，是一种全新的设计模式。

但随着 BIM 的不断发展，BIM 的概念也有了一定的拓展，包含了更多工程项目的内容，但信息的集成、管理、共享依旧是其核心。土建行业"十二五"规划中提出："全面提高行业信息化水平，重点推进建筑企业管理与核心业务信息化建设和专项信息技术的应用。"可见 BIM 技术与项目管理的结合不仅符合政策的导向，也是发展的必然趋势。

本书重点介绍讲解 BIM 技术在施工阶段进度管理、质量管理、成本管理、安全管理四个方面的信息化技术应用。

（1）进度管理　在 BIM 三维模型信息的基础上，增加一个维度即进度信息，将这种基于 BIM 的管理称为 4D 管理。从目前看，BIM 技术在工程进度管理上有三方面的应用。

首先，是可视化的工程进度安排。建设工程进度控制的核心技术是网络计划技术，目前该技术在我国的利用效果并不理想。在这一方面 BIM 有优势，通过与网络计划技术的集成，BIM 可以按月、周、天直观地显示工程进度计划。另一方面，BIM 便于工程管理人员进行不同施工方案的比较，选择符合进度要求的施工方案。同时，也便于工程管理人员发现工程进度和实际进度的偏差，及时进行调整。

其次，是对工程建设过程的模拟。工程建设是一个多工序搭接、多单位参与的过程，工程进度总计划是由多个专项计划搭接而成的。传统的进度控制技术中，各单项计划间的逻辑顺序需要技术人员来确定，难免会出现逻辑错误，造成工程进度拖延。而通过 BIM 技术，用计算机模拟工程建设过程，项目管理人员更容易发现在二维网络计划技术中难以发现的工序间逻辑错误，优化进度计划。

最后，可对工程材料和设备供应过程进行优化。当前，项目建设过程越来越复杂，参与单位越来越多，如何安排设备、材料供应计划，在保证工程建设进度需要的前提下，节约运输和仓储成本，正是"精益建设"的重要问题，BIM 为"精益建设"提供了技术手段。通过计算机的资源计算、资源优化和信息共享功能，可以达到节约采购成本，提高供应效率和过保证工程进度的目的。

因此，相比传统的进度计划横道图、网络图等进度控制手段，基于 BIM 的进度控制更加直观，对整体进度情况的反映也较好。无论何种二维图形控制手段，阅读的效率都比三维图形低。在大量进度任务并行工作时，施工进度模拟的作用尤其显著。当进度滞后时，对后续工作的影响可表现得更好。BIM 技术在进度管理中的优势如表 9.8 所示。

表 9.8　BIM 技术在进度管理中的优势

序号	管理效果	具体内容	主要应用措施
1	加快招投标组织工作	利用基于 BIM 技术的相关软件系统，大大加快了计算速度和计算的准确性。加快招标阶段的准备工作，同时提升了招标工程量清单的质量	
2	碰撞检测，减少变更和返工进度损失	BIM 技术强大的碰撞检测功能，十分有利于减少进度浪费	
3	加快生产计划、采购计划的编制	工程中经常因生产计划、采购计划编制缓慢影响进度。急需的材料、设备不能按时进场，影响工期，造成窝工损失的现象很常见。BIM 改变了这一切，让随时随地获取准确数据变得非常容易，生产计划、采购计划大大缩小了用时，加快了进度，同时提高了计划的准确性	(1)BIM 施工进度模拟；
4	提升项目决策效率	传统管理中决策依据不足、数据不充分，导致领导难以决策，有时甚至导致多方谈判长时间僵持，延误工程进展。BIM 形成工程项目的多维度结构化数据库。整理分析数据几乎可以实时实现，有效地解决了以上问题	(2)BIM 施工安全与冲突分析系统；
5	提升全过程协同效率	基于 3D 的 BIM 沟通语言简单易懂，可视化好、理解一致，大大加快了沟通效率，减少理解不一致的情况	(3)BIM 建筑施工优化系统；
		基于互联网的 BIM 技术能够建立高效的协同平台，从而保障所有参建单位在授权的情况下，可随时、随地获得项目最新、最准确、最完整的工程数据，从过去点对点传递信息转变为一对多传递信息，效率提升。图纸信息版本完全一致，从而减少传递时间的损失和版本不一致导致的施工失误	(4)三维技术交底及安装指导；
		现场结合 BIM，移动智能终端拍照，大大提升了现场问题沟通效率	(5)移动终端现场管理
6	加快竣工交付资料准备	基于 BIM 工程实施方法，过程中所有资料可方便地随时挂接到工程 BIM 数字模型中，竣工资料在竣工时即已形成。竣工 BIM 模型在运维阶段还将被业主发挥巨大的作用	
7	加快支付审核	业主缓慢的支付审核往往引起承包商合作关系的恶化，甚至影响承包商的积极性，业主方利用 BIM 技术的数据能快速审查反馈承包商的付款申请表，可大大加快期中付款反馈机制，提升双方战略合作成果	

BIM 在工程项目进度管理中的应用体现在方方面面，下面仅对其关键应用点进行具体介绍。

① 执行进度计划跟踪 进度计划的跟踪需要在进度计划软件中输入进度信息与成本信息，数据录入后同步至施工进度模拟中，对进度计划的完成情况形成动画展示。相比传统的管理工作来说并未增加工作量。

② 进度计划数据分析 同样适用赢得值法进行分析，但是数据主要通过自动估算和批量导入，相比传统估算方式会更加准确，而且修改起来更加快捷。由于 BIM 在信息集成上的优势，在工作滞后分析上可利用施工模拟查看工作面的分配情况，分析是否有相互干扰的情况。在组织赶工时利用施工进度模拟进行分析。分析赶工对增加资源成本、进度的影响，以及决策赶工计划是否可行。

③ 形象进度展示 在输入进度信息的基础上，利用施工模拟展示进度执行情况，用于会议沟通、协调。对进度计划的实际情况展示方面，施工模拟具有直观的优势，能让人直观了解全局的工作情况。对于滞后工作对后续工作的影响也能很好地展示出来，能快速让各方了解问题的严重性。

④ 总包例会协调 在会议上通过施工模拟与项目实际进展照片的对比，分析上周计划的执行情况、布置下周生产计划、协调有关事项。

⑤ 进度协调会的协调 当交叉作业频繁，或在工期紧迫等特殊阶段，或专业工程进度严重滞后，或对其他专业工程进度造成较大影响时，应组织相关单位召开协调会并形成会议纪要。会议应使用 4D、5D 施工模拟展示项目阶段进度情况，分析总进度情况，分析穿插作业的滞后对工作面交接的影响。辅以进度分析的数据报表，增强沟通、协调能力。

⑥ 进度计划变更的处理 若进度计划变更不影响模型的划分，即修改进度计划并同步至软件中。若进度计划变更影响模型的划分，先记录变更部位，划定变更范围，逐项修改模型划分与匹配信息。完成模型修改后，将进度计划与模型重新同步至软件中进行匹配，完成变更的处理。处理完成后，留下记录，记录应包括变更部位、变更范围、时间、版本。

⑦ 模型变更的处理 模型变更时，先记录变更部位划定变更范围。为修改后的部位划分范围，输入进度信息、专业信息等数据。将模型同步至软件中重新进行匹配，完成变更处理。处理完成后，留下记录，记录应包括变更部位、变更范围、时间、版本。

(2) 质量管理 应用于工程质量管控，BIM 能够发挥独特的优势功能与作用，既能从整体上把握工程建设质量，又能深入局部、分支项目，形成对构件质量的监督。BIM在工程质量控制中的应用，能够在很大程度上提高质量控制效率，满足工程参建方的利益，应该加大对该技术的应用力度，发挥该技术的先进作用，为工程建设质量的监管创造有利条件。

一方面，业主是工程高质量的最大受益者，也是工程质量的主要决策人，但由于受专业知识局限，业主同设计人员、监理人员、承包商之间的交流存在一定困难，BIM 为业主提供形象的三维设计，业主可以更明确地表达自己对工程质量的要求，如对建筑物的色泽、材料、设备要求等，有利于各方开展质量控制工作。

另一方面，BIM 是项目管理人员控制工程质量的有效手段，由于采用 BIM 设计的图纸是数字化的，计算机可以在检索、判别、数据整理等方面发挥优势。而且利用 BIM 模型和施工方案进行虚拟环境数据集成，对建设项目的可建设性进行仿真试验，可在事前发现质量问题。

引入 BIM 技术不仅提供一种"可视化"的管理模式，亦能够充分发掘传统技术的潜在能量，使其更充分、更有效地为工程项目质量管理工作服务。传统的二维管控质量的方法是将各专业平面图叠加，结合局部剖面图，设计、审核、校对人员凭经验来发现错漏，难以全面。而三维参数化的质量控制，是利用三维模型，通过计算机自动实时检测管线碰撞，精确性高。二维质量控制与三维质量控制的优缺点对比见表9.9。

表 9.9　二维质量控制与三维质量控制的优缺点对比

二维质量控制缺陷	三维质量控制优点
手工整合图纸，凭借经验判断，难以全面分析	计算机自动在各专业间进行全面检验，精确度高
均为局部调整，存在顾此失彼情况	在任意位置剖切大样及轴测图大样，观察并调整该处管线标高关系
标高多为原则性确定相对位置，大量管线没有精准确定标高	轻松发现影响净高的瓶颈位置
通过"平面＋局部剖面"的方式，对于多管交叉的副管复制部位表达不够充分	在综合模型中直观地表达碰撞检查结果

基于BIM的工程项目质量管理包括产品质量管理及技术质量管理。

① 产品质量管理　BIM模型储存了大量的建筑构件、设备信息。通过软件平台，可快速查找所需的材料及构配件信息，包括材质、尺寸要求等。并可根据BIM设计模型，对现场施工作业产品进行追踪、记录、分析，掌握现场施工的不确定性因素，避免不良后果的出现，监控施工质量。

② 技术质量管理　通过BIM的软件平台动态模拟施工技术流程，再由施工人员按照仿真施工流程施工，确保施工技术信息的传递不会出现偏差，避免实际做法和计划做法不一样的情况出现，减少不可预见情况的发生，监控施工。

下面对BIM在工程项目质量管理的关键应用点进行具体介绍。

① 质量信息的采集与收录　BIM技术在工程质量管理中的应用，关键是要加强信息管理，依托BIM进行工程信息的传递，从而形成对整个工程施工质量、施工概况等的监督。而且BIM模型能够确保工程质量信息更全面、彻底、精准地传递。

② 材料与机械设备的质量监督　材料与机械设备是保证工程质量的基础。参照相关制度，应由施工企业负责材料质量检验与设备检查，监理单位则负责相关审核工作。将BIM技术引入其中，能够实现材料、设备等的整个信息化采集、收录与整理。例如材料的质量保证书、质检报告、合格证等，同时将这些信息同构件部位联系起来，监理企业则可用BIM系统来进行材料、设备等的检测与审核，在BIM模型中把抽样检测的材料信息做出标识，确保材料信息的精准、客观，为后期检查提供依据。

③ 工程施工的质量监管　将工程现场施工信息同BIM模型加以比较，把各类需要检查的信息关联到构件，这样才能为信息的清晰收录、未来统计与复核做好准备。确保分项工程、隐蔽工程等的质检、审核、签证等各类信息数据都成为结构化的BIM数据，而且各项数据输入后，BIM系统能够及时形成报告单，为相关的质量审核提供依据，提高审核认证工作效率。基于BIM的工程施工过程质量监管，由于信息传输的高效性、及时性，有效提高了质量监管工作效率。

（3）成本管理　在4D的基础上加入成本维度，被称为5D技术。5D成本管理也是BIM技术最有价值的应用领域。BIM出现以前，我国一些造价管理软件公司在CAD平台上已对这一技术进行了深入的研发，在BIM平台上这一技术可以得到更大的发展空间。主要表现在以下几个方面。

首先，BIM使工程量计算变更变得更加容易。在BIM平台上，设计图纸的元素不再是线条，而是带有属性的构件。也就不再需要预算人员告诉计算机它画出的是什么，

"三维算量"实现了自动化。

其次，BIM使成本控制更易于落实。运用BIM技术，业主可以便捷、准确地得到不同建设方案的投资估算或概算，以便比较不同方案的技术经济指标。而且项目投资估算、概算也比较准确，能够降低业主不可预见的概率，提高资金使用率。同样，BIM的出现可以让相关管理部门快速准确地获得工程基础数据，为企业制订精确的"人、材、机"计划提供有效支撑，大大减少了资源、物流和仓储环节的浪费，为实现限额领料，消耗控制提供了技术支撑。

第三，BIM有利于加快工程结算进程。工程实施期间进度款支付拖延的一个主要原因是工程变更多，结算数据存在争议。BIM技术有助于解决这个问题。一方面，BIM有助于提高设计图纸质量，减少施工阶段的工程变更；另一方面，如果业主和承包商达成协议，基于同一BIM进行工程结算，结算数据的争议会大幅度减少。

最后，多算对比，有效管控。管理的支撑是数据，项目管理的基础就是工程基础数据的管理，及时、准确获取相关工程数据是项目管理的核心竞争力。BIM数据库可以实现任一时点上工程基础信息的快速获取，通过合同、计划与实际施工的消耗量、分项单价、分项合价等数据的多算对比，可以有效了解项目运营是盈还是亏、消耗量有无超标、进货分包单价有无失控等问题，实现对项目成本风险的有效管控。

基于BIM技术在成本控制具有快速、准确、分析能力强等多个优势，具体内容如表9.10。

表9.10 BIM技术在成本控制的优势

序号	管理效果	内容
1	快速	由于建立基于BIM的5D实际成本数据库，汇总分析能力大大加强，速度快。短周期成本分析不再困难，工作量小、效率高
2	准确	成本数据实现动态维护，准确性大为提高。通过总量统计的方法，消除累积误差，成本数据随进度推进准确度越来越高；数据控度达到构件级，可以快速提供支撑项目各方所需的数据信息，有效提升施工管理效率
3	精细	通过实际成本BIM模型，很容易检查出哪些项目还没有实际成本数据，监督各成本实时盘点，提供实际数据
4	分析能力强	可以多维度（时间、空间、WBS）汇总分析分析更多种类、更多统计分析条件的成本表达；直观准确地分析不同时点的资金需求，模拟并优化之金筹措和使用分配。实现投资资金财务收益最大化
5	提升企业成本控制能力	将实际成本BIM模型通过互联网集中在企业总部服务器。企业总部成本部门、财务部门就可共享每个工程项目的实际成本数据，实现了总部与项目部的信息对称

下面介绍BIM技术在工程项目成本控制中的应用。

① 多维多算对比 多算对比是及时发现项目问题、降低项目费用、控制项目成本的有效手段。目前，多算对比是从时间、工序、空间位置三个维度对项目计划成本与实际成本进行对比分析。只分析其中一个维度是不够的，如项目一个时间段的总体状况良好，实际成本低于计划成本，但可能存在实际成本高于计划成本的子项工序，因此需要将项目实际成本按工序进行拆分。而且，项目施工通常是不同施工段同时进行，所以还要按照空间区域进行成本对比和分析。利用BIM模型可快速、精确地进行不同维度的多算对比。基于BIM三维模型引入时间因素，可对任意时间段的实际成本和预算成本进行对比，直观判断该阶段盈亏情况，从而及时采取纠偏措施；将BIM模型和施工工序进行结合，按照具体工序对成本进行对比，有利于及时发现、处理问题，实现成本精细化管理。

② 动态成本管理 在BIM三维模型基础上增加时间维度和造价维度建成BIM-5D模型，使用该模型在施工过程中实时跟踪项目进展，动态展示资金使用情况，及时统计、汇

总规定时间段的实际成本，与预算成本、计划成本进行三算对比，若发现成本有超支情况，可及时采取有效纠偏措施，避免项目投资失控，实现成本的有效动态管理。

a. 改善变更管理　在施工过程中，工程变更的发生是在所难免的。工程变更经常会引起项目工程量的变动及项目进度的变动等问题，这些问题都可能造成实际施工成本与计划成本发生较大出入（主要是实际施工成本的增加）。所以，必须高度重视和重点控制变更对项目成本产生的影响。

在发生工程变更时，使用 BIM-5D 技术进行变更管理。因 BIM 模型信息具有关联性，工作人员只需将变更构件在 BIM 模型中进行修改调整，整个模型中与之关联的部位都会自动更新，而且由于 BIM 模型的共享协同能力，各参与方之间传输交换信息的时间大为减少，从而可快速计算变更工程量，准确确定变更费用，减少成本浪费，有序管理变更造价。

b. 快速结算工程进度款　进度款结算一般由施工单位根据已审批下来的工程进度，计算出本阶段完成的工程量，套用相应的综合单价算出工程款，向建设单位提出支付申请。由于 BIM 模型可将工程数据以建筑构件为载体进行存储、分析，所以利用 BIM 模型可快速完成工程量拆分。而且 BIM 模型根据施工现场进度及时更新数据库，因此造价人员利用 BIM 技术可实时、精确地汇总某一阶段的工程量，快速编写该阶段的工程计量申报表。建设单位可以通过 BIM 共享平台迅速审核其数据的准确性，提高工程进度款的结算效率，减少时间成本。

c. 真正实现限额领料　限额领料是控制现场材料使用量从而降低项目成本的有效方法，定额的确定是其关键工作。利用 BIM 技术，根据数据库中以往同类项目的详细数据可快速、精确地计算施工任务的材料消耗量，相关人员通过共享平台对数据进行审核，下达限额领料单，实现限额领料。

在建设项目施工阶段引入 BIM 技术进行成本控制可以节约成本，提高工作效率，增强施工企业的管理水平和盈利能

（4）安全管理　BIM 具有信息完备性和可视化的特点，BIM 在施工安全管理方面的应用主要体现在以下几点。

首先，将 BIM 做成数字化安全培训的数据库，可以达到更好的效果。对施工现场不熟悉的工人在了解现场工作环境前都有较高风险遭受伤害。BIM 能帮助他们更快和更好地了解现场的工作环境。不同于传统的安全培训，利用 BIM 的可视化与实际现场相似度很高的特点，可以让工人更直观和准确地了解现场的状况，从而制订相应的安全防护策略。

其次，BIM 还可以提供可视化的施工空间。BIM 的可视化是动态的，施工空间随着工程的进展会不断地变化，它将影响工人的工作效率和施工安全。通过可视化模拟工作人员的施工状况，可以形象地看到施工工作面、施工机械位置的情形，并评估施工进展中这些工作空间的可用性、安全性。

最后，仿真分析及健康监测。对于复杂工程，在施工中如何考虑不利因素对施工状态的影响并进行实时识别和调整，如何合理准确地模拟施工中各个阶段结构系统的时变过程，如何合理地安排施工和进度，如何控制施工中结构的应力应变状态处于允许范围内，都是目前建筑领域所迫切需要研究的内容与技术。通过 BIM 相关软件可以建立结构模型，并通过仪器设备将实时数据传回，然后进行仿真分析，追踪结构的受力状态，杜绝安全隐患。

施工现场安全管理的内容大体可归纳为安全组织管理、场地与设施管理、行为控制和

安全技术管理四个方面，分别对生产中的人、物、环境的行为与状态，进行具体管理与控制。

传统安全控制难点与缺陷主要体现在以下四个方面：

第一，建设项目施工现场环境复杂，安全隐患无处不在；

第二，安全管理方式、管理方法与建筑业发展脱节；

第三，微观安全管理方面研究尚浅；

第四，施工作业工人的安全意识薄弱。

与传统管理方式相比，BIM 技术在项目安全管理中具有较大的优势，具体内容见表 9.11。

表 9.11　BIM 技术在项目安全管理中的优势

序号	优势
1	基于 BIM 的管理模式是创建信息、管理信息、共享信息的数字化方式，在工程安全管理方面具有很多的优势，如基于 BIM 的项目管理，工程基础数据如量、价等，数据准确、数据透明、数据共享，能完全实现短周期、全过程对资金安全的控制
2	基于 BIM 技术，可以提供施工合同、支付凭证、施工变更等工程附件管理，并为成本测量、招投标、签证管理、支付等全过程造价进行管理
3	BIM 数据模型保证了各项目的数据动态调整，可以方便统计，追溯各个项目的现金流和资金状况
4	基于 BIM 的 4D 虚拟建造技术能提前发现在施工阶段可能出现的问题，并逐一修改，提前制订应对措施
5	用 BIM 技术，可以对火灾等安全隐患进行及时处理，从而减少不必要的损失，对突发事件进行快速反应，快速准确掌握建筑的运营情况

BIM 技术在工程项目安全管理中的具体应用如下。

① 安全交底，危险提前预防　以往的安全交底，往往只是安全负责人对现场工作人员耳提面命，工人的接受程度并不是很高。一些危险地段施工应该注意的地方往往只是简单地口头描述，不能在现场工作人员的脑海中形成较深的印象，效果较差。结合 BIM 技术，可以将施工现场中的容易发生危险的地方进行标识，告知现场人员在此处施工的过程中应该注意的问题，将安全施工的方式、方法进行展示。

通过现场的 BIM 工作室将危险源在模型上进行标记，安全员在现场指导施工时，可以上查看模型上对应现场的位置，查看现场施工时应注意的问题，对现场的施工人员操作不合理的地方进行调整，避免安全事故的发生。并且把现场图片实时上传到平台服务器，挂接在模型和现场对应的位置，让项目管理人员能够不亲临现场也能实时把握施工进度，查看现场的安全措施是否到位。

从图 9.1 可以看出，基于 BIM 平台的现场安全管理实现了操作流程的规范，每个人各司其职，没有疏漏。既可以依托检查情况对工作人员进行工作考核，亦能实现现场的精细化管理，确保工程施工的顺利进行，能够摆脱以往沟通不顺畅，信息闭塞的情况，发现情况后能够及时有效地进行处理，从管理层到施工现场实现有效地衔接，杜绝以往检查时突击整改、不检查时放松警惕的现象。

② 塔吊的安全管理　大型工程施工现场需布置多个塔吊同时作业，因塔吊旋转半径不足而造成施工碰撞的情况也屡屡发生。确定塔吊回转半径后，在整体 BIM 施工模型中布置不同型号的塔吊，能够确保其同电源线和附近建筑物的安全距离，确定哪些员工在哪些时候会使用塔吊。在整体施工模型中，用不同颜色的色块来表明塔吊的回转半径和影响区域，并进行碰撞检测来生成塔吊回转半径计划内的任何安装活动的安全分析报告。该报告可用于项目定期安全会议中，减少由于施工人员和塔吊缺少交互而产生的意外风险。

图 9.1　施工现场的危险易发区域标记

③ 灾害应急管理　随着建筑设计的日新月异，现行规范已经无法满足超高型、超大型或异型建筑空间的消防设计。利用 BIM 及相应灾害分析模拟软件，可以在灾害发生前模拟灾害发生的过程，分析灾害发生的原因，制订避免灾害发生的措施，以及发生灾害后人员疏散、救援支持的应急预案，为发生意外时减少损失并赢得宝贵时间。BIM 能够模拟人员疏散时间、疏散距离、有毒气体扩散时间、建筑材料耐燃烧极限、消防作业面等，主要表现为：4D 模拟、3D 漫游和 3D 渲染能够标识各种危险，且 BIM 中生成的 3D 动画、渲染能够用来同工人沟通应急预案计划方案。应急预案包括施工人员的入口（出口）、建筑设备和运送路线、临时设施和拖车位置、紧急车辆路线、恶劣天气的预防措施；利用 BIM 数字化模拟进行物业沙盘模拟训练，训练保安人员对建筑的熟悉程度；在模拟灾害发生时，通过 BIM 数字模型指导大楼人员进行快速疏散；通过对事故现场人员感官的模拟，使疏散方案更加合理；通过 BIM 模型来判断监控摄像头位置是否合理，与 BIM 虚拟摄像头关联，可随意打开任意视角的摄像头，避免传统监控系统的弊端。

另外，当灾害发生后，BIM 模型可以提供救援人员紧急状况点的完整信息，配合温感探头和监控系统发现温度异常区，获取建筑物及设备的状态信息，通过 BIM 和楼宇自动化系统的结合，BIM 模型能清晰地呈现出建筑物内部紧急状况的位置，和到达紧急状况点最合适的路线，救援人员可以由此进行正确的现场处置，提高应急行动的成效。

因此，基于 BIM 对现在的施工现场安全文明施工的一些可行的措施，从提前预防、完善流程的角度对施工现场的安全进行把控，防微杜渐。将传统的安全管理中常见的问题，通过新技术的引领找到解决之道。在安全控制上既能节省人力物力，也能起到一定的参考借鉴作用。

装饰工程项目资源管理的特点主要表现为：装饰工程所需资源的种类多、需求量大；装饰工程项目建设过程的不均衡性；资源供应受外界影响大，具有复杂性和不确定性，资源经常需要在多个装饰项目中协调；资源对装饰项目成本的影响大。因此资源管理的科学与否直接影响装饰项目的经济效益。

人力资源是指一个施工装饰项目的实施过程中需要投入人的劳动的总和。其量的多少、是否高效，反映装饰项目经理部装饰项目管理的整体水平和效果。

材料计划必须准确计算，对材料"两算"存在的问题有明确的说明。材料供应必须满足装饰项目进度要求。

装饰项目机具设备管理包括机具设备管理计划、机具设备控制、机具设备管理考核。

技术管理控制应包括技术开发管理，新产品、新材料、新工艺的应用管理，施工组织设计管理，技术档案管理等。

装饰项目资金管理包括资金管理计划、资金控制、装饰项目资金分析等。

由于信息的迅猛发展，信息已经和原材料、资源并列成为三大资源。了解信息的特点，掌握信息收集的方法，运行装饰项目管理信息系统。

工程装饰项目信息管理系统的运行质量，很大程度上取决于原始资料、原始信息的全面性、准确性和可靠性，因此，建立一套完整的信息采集制度是非常必要的。

工程装饰项目文档资料是有形的，是信息或数据的载体。它以记录的方式存在，具有集中、归档的性质。对装饰项目文档资料进行科学系统的管理，能使装饰项目实施过程规范化、正常化。

掌握软信息的特点，并在实际工作中进行运用，熟悉获取的方法。

 思考与练习

1. 资源管理的含义是什么？
2. 装饰项目人力资源管理的特点是什么？
3. 如何编制人力资源需求量计划？
4. 机具设备的内容与任务有哪些？
5. 如何实施装饰项目的技术管理控制？
6. 信息的特点有哪些？
7. 装饰工程项目报告的作用有哪些？
8. 装饰工程项目信息管理系统的特点有哪些？
9. 装饰工程项目的信息管理流程有哪些？
10. 考察装饰项目，学会运用信息获取的途径。
11. 简述装饰项目报告的主要内容。
12. 小组模拟装饰现场，甲乙双方进行软信息的获取实践。

建筑装饰工程风险与沟通管理

学习目标

1. 了解建筑装饰工程管理中风险与风险量的概念、沟通管理的概念。

2. 熟悉装饰工程施工风险管理的工作任务流程，熟悉项目沟通的方式。

3. 掌握装饰工程各类风险评估的工作方法，以及沟通计划的拟订。

4. 能够对装饰项目中的风险进行有效识别和控制，能够合理运用沟通方式进行装饰项目中的有效管理。

10.1
装饰工程项目风险管理

在生命周期内,一个项目要经过不同的阶段,每个阶段由于项目参与各方的不同管理方法以及参与各方利益的不尽相同,项目各类资源管理的不尽相同,使得项目的风险难以预测,如何进行有效的风险管理就显得尤为重要。

装饰项目施工管理中,如何主动发现风险的范围,对风险进行有效的识别,进行正确的评估,正确选取对策进行风险的控制,以此提高项目风险管理的效率,是进行项目管理的一个重要手段。

10.1.1 项目风险管理概述

10.1.1.1 风险和风险量

（1）风险 风险指的是损失的不确定性,对建设装饰工程项目管理而言,风险是指可能出现的影响项目目标实现的不确定因素。

（2）风险量 风险量指的是不确定的损失程度和损失发生的概率。若某个可能发生的事件,其可能的损失程度和发生的概率都很大,那么其风险量就很大。

（3）项目风险 在企业经营和项目施工过程中存在大量的风险因素,如自然风险、政治风险、经济风险、技术风险、社会风险、国际风险、内部决策与管理风险等。风险具有客观存在性、不确定性、可预测性、结果双重性等特征。工程承包事业是一项风险事业,承包人和项目经理要面临一系列的风险,必须在风险面前作出决策。决策正确与否,与承包人对风险的判断、分析能力密切相关。

项目的一次性特征使其不确定性要比一般的经济活动多,也决定了其不具有重复性。项目所具有的风险补偿机会,一旦出现问题则很难补救。项目多种多样,每一个项目都有各自的具体问题,但有些问题却是很多项目所共有的。

10.1.1.2 建筑装饰工程施工风险的类型

建筑装饰工程项目的风险包括项目决策的风险和项目实施的风险。项目决策的风险主要集中在项目实施前的装饰工程承揽意向和招投标技巧的取舍的阶段。项目实施的风险主要包括:设计的风险,施工的风险,以及材料、设备和资源的风险等。图10.1为建设装饰工程项目的风险分类。由于项目风险的分类方法较多,以下就构成风险的因素进行分类,来具体介绍。

（1）组织风险

① 承包商管理人员和一般技工的知识、经验和能力;

② 施工机具操作人员的知识、经验和能力等;

③ 损失控制和安全管理人员的知识、经验和能力等。

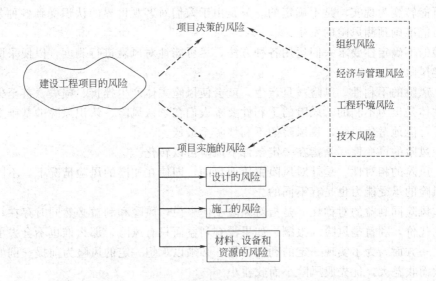

图 10.1　建设装饰工程项目的风险分类

（2）经济与管理风险

① 装饰工程资金供应条件；

② 现场与公用防火设施的可用性及其数量；

③ 合同风险；

④ 事故防范措施与计划；

⑤ 人身安全控制计划；

⑥ 信息安全控制计划等。

（3）装饰工程环境风险

① 自然灾害；

② 工程地质条件和水文地质条件；

③ 气象条件；

④ 火灾、爆炸等因素。

（4）技术风险

① 装饰工程技术文件；

② 装饰工程施工方案；

③ 装饰工程物资；

④ 装饰工程机具等。

在进行装饰施工组织设计的编写时，要注意根据现行装饰项目的特点，有针对性地找出装饰施工风险的类型，进行合理分析，为下一环节的施工风险管理做准备。

10.1.1.3　风险的基本性质

（1）风险的客观性　首先表现在它的存在方式是不以人的意志为转移的。从根本上说，这是因为决定风险的各种因素对风险主体是独立存在的，不管风险主体是否意识到风险的存在，在一定的条件下仍有可能变为现实。其次，还表现在风险是无时不有、无所不在的，它存在于人类社会的发展过程之中，潜藏于人类从事的各种活动之中。

（2）风险的不确定性　是指风险的发生是不确定的，即风险的程度有多大、风险何时何地有可能转变为现实均是不确定的。只是由于人们对客观世界的认识受到各种条件的限制，不可能准确预测风险的发生。

风险的不确定性要求人们运用各种方法，尽可能地对风险进行测度，以便采取相应的对策规避风险。

(3) 风险的不利性　风险一旦产生，就会使风险主体产生挫折、损失，甚至失败，这对风险主体是极为不利的。风险的不利性要求人们在承认风险、认识风险的基础上，作好决策，尽可能地避免风险，将风险的不利性降至最低。

(4) 风险的可变性　是指在一定条件下风险可以转化。

(5) 风险的相对性　是针对风险主体而言的，即使在相同的风险情况下，不同的风险主体对风险的承受能力也是有不同的。

(6) 风险同利益的对称性　是指对风险主体来说，风险和利益必然同时存在，即风险是利益的代价，利益是风险的报酬。如果没有利益而只有风险，那么谁也不会去承担这种风险；另一方面，为了实现一定的利益目标，必须以承担一定的风险为前提。例如，普通股风险大而收益大，优先股风险小而收益小。

10.1.2　风险识别

风险识别的任务是识别施工全过程存在哪些风险，其工作流程如下：

(1) 收集与施工风险有关的信息　从项目整体和详细的范围两个层次对项目计划、项目假设条件和约束因素、以往项目的文件资料审核中识别风险因素，收集相关信息。

信息收集整理的主要方法有以下几种。

① 头脑风暴法　头脑风暴（brain storming，简称 BS）法，是一种特殊形式的小组会议。它规定了一定的特殊规则和方法技巧，从而形成了一种有益于激励创造力的环境氛围，使与会者能自由畅想，无拘无束地提出自己的各种构想、新主意，并因相互启发、联想而引起创新设想的连锁反应，通过项目方式去分析和识别项目风险。

② 德尔菲法　德尔菲法（Delphi 法）是邀请专家匿名参加项目风险分析识别的一种方法。

③ 访谈法　访谈法是通过对资深项目经理和相关领域的专家进行访谈，对项目风险进行识别。

④ SWOT 技术　SWOT 技术是运用项目的优势与劣势、机会与威胁各方面，从多视角对项目风险进行识别，也就是企业内外情况对照分析法。它是将外部环境中的有利条件（机会 opportunities）和不利条件（威胁 threats），以及企业内部条件中的优势（strengths）和劣势（weaknesses）分别记入一个"田"字形的表格，然后对照利弊优劣，进行经营决策，见表 10.1。

表 10.1　企业内外环境对照表

内部条件 外部条件	优势(S)	劣势(W)
机会(O)	SO 战略方案(依靠内部优势,利用外部机会)	WO 战略方案(利用外部机会,克服内部劣势)
威胁(T)	ST 战略(利用内部优势,避开外部威胁)	WT 战略方案(减少内部劣势,回避外部威胁)

（2）确定风险因素　风险识别后，把识别后的因素进行归类，整理出结果，写成书面文件，为风险分析的其余步骤和风险管理做准备。规范化的文件有如下内容。

① 项目风险表　项目风险表又称项目风险清单，可将已识别出的项目风险列入表内，其内容应该包括：

已识别项目风险发生概率大小的估计；

项目风险发生的可能时间、范围；

项目风险事件带来的损失；

项目风险可能影响的范围。

项目风险表还可以按照项目风险的紧迫程度、项目费用风险、进度风险和质量风险等类别单独做出风险排序和评价。

② 风险的分类或分组　找出风险因素后，为了在采取控制措施时能分清轻重缓急，故需要对风险进行分类或分组。例如，对于常见的建设项目，可将风险按项目建议书、融资、设计、设备订货、施工及运营阶段分组，也可对风险因素划定一个等级。通常，按事故发生后果的严重程度划分风险等级。

一级：后果小，可以忽略，可不采取措施。

二级：后果较小，暂时还不会造成人员伤亡和系统损坏，应考虑采取控制措施。

三级：后果严重，会造成人员伤亡和系统损坏，需立即采取控制措施。

四级：灾难性后果，必须立刻予以排除。

（3）编制施工风险识别报告　在现行很多装饰项目的管理中，风险识别的报告都以表格的形式出现，大型的装饰公司还会以近几年的装饰工程中出现频率较多的风险因素进行系统归纳整理，形成台账，以备后续类似项目使用。

10.1.3　风险评估

10.1.3.1　风险评估的内容

风险评估是项目风险管理的第二步。项目风险评估包括风险估计和风险评价两个内容。

风险估计的对象是项目的单个风险，并非项目整体风险。风险估计有以下几方面的目的：加深对项目自身和环境的理解；进一步寻找实现项目目标的可行方案；务使项目所有的不确定性和风险都经过充分、系统而又有条理的考虑，明确不确定性对项目其他各个方面的影响；估计和比较项目各种方案或行动路线的风险大小，从中选择出威胁最少、机会最多的方案或行动路线。

风险评价把注意力转向包括项目所有阶段的整体风险，各风险之间的互相影响、相互作用及对项目的总体影响，项目主体对风险的承受能力上。

10.1.3.2　风险分析

风险分析方法包括估计方法与风险评价方法。这些方法又可分为定量方法与定性方法。这里主要介绍几种定量分析方法。

一般来说，完整而科学的风险评估应建立在定性风险分析与定量分析相结合的基础之上。定量风险分析过程的目标是量化分析每一风险的概率及对项目目标造成的后果，同时也分析项目总体风险程度。

（1）盈亏平衡分析　盈亏平衡分析又称量本利分析或保本分析。它是研究企业经营中一定时期的成本、业务量（生产量或销售量）和利润之间的变化规律，从而对利润进行规划的一种技术方法。

（2）敏感性分析　项目风险评估中的敏感分析是通过分析预测有关投资规模、建设工期、经营期、产销期、产销量、市场价格和成本水平等主要因素的变动对评价指标的影响及影响程度。一般是考查分析上述因素单独变动对项目评价的主要指标净现值和内部收益率的影响。

（3）决策树分析　决策树法因解决问题的工具是"树"而得名。其分析程序如下。

① 绘制决策树图　决策树结构如图 10.2 所示。从图 10.2 中可以看出，决策树的要素有决策节点、方案枝、自然状态节点、概率枝和损益值五点。从决策节点引出来的都是方案枝，从自然状态节点引出的都是状态枝（或称概率枝）。

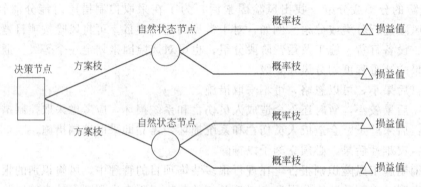

图 10.2　决策树结构示意图

画决策树图时，实际上是拟定各种决策方案的过程，也是对未来可能发生的各种自然状况进行思考和预测的过程。

② 预计将来各种情况可能发生的概率　概率数值可以根据经验数据来估计或依靠过去的历史资料来推算，还可以采用先进的预测方法和手段进行。

③ 计算每个状态节点的综合损益值　综合损益值也叫综合期望值（MV），是用来比较各种抉择方案结果的一个准则。损益值只是对今后情况的估计，并代表一定要出现的数值。根据决策问题的要求，可采用最小损失值，如成本最小、费用最低等，也可采用最大收益值，如利润最大、节约额最大等。计算公式为：

$$\sum MV(i) = \sum (损益值 \times 概率值) \times 经营年限 - 投资额 \tag{10.1}$$

④ 择优决策　比较不同方案的综合损益期望值，进行择优，确定决策方案。将决策树形图上舍弃的方案枝画上删除号剪掉。

【例 10.1】　在装饰施工现场采用天然石材进行办公楼内的地面铺贴，有两种采购方案：方案一是在原产地进行采购，价格及成本偏低，但运输损耗风险较大；方案二是在本地进行采购，成本偏高，但运输以及保管费用较好控制。采购的时间为 3 个月，根据实际的工程量和可选工期，方案一需投入 15 万元，方案二需投入 8 万元。两个方案的每月损益值及各相关方能够选取的概率见表 10.2。

表 10.2　概率表

状　态	概　率	方案一损益值	方案二损益值
采购顺利	0.7	10 万元	5 万元
采购不顺	0.3	−2 万元	2 万元

【解】 （1）绘制决策树图，如图10.3所示。

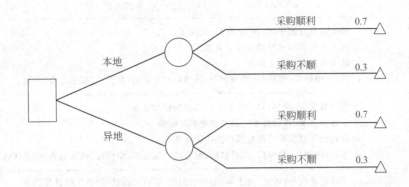

图 10.3 决策树图

（2）因未来各种情况可能发生的概率已知，可直接计算每个自然状态节点的综合损益值。

方案一综合损益值为：$[10×0.7+(-2)×0.3]×3-15=4.2$（万元）

方案二综合损益值为：$(5×0.7+2×0.3)×3-8=4.3$（万元）

（3）择优决策。由于方案二的综合损益值大于方案一的综合损益值，若不考虑其他因素，应选用方案二。

除上述风险评估方法外，还有非确定型决策分析法，层次分析法，网络模型（包括CPM、PERT、CERT）等。

10.1.3.3 风险评估的工作内容

（1）利用已有数据资料（主要是类似项目有关风险的历史资料）和有关专业方法分析各类风险因素发生的概率。

（2）分析各种风险的损失量，包括可能发生的工期损失、费用损失，以及对装饰工程的质量、装饰使用功能和使用效果等方面的影响。

（3）根据各种风险发生的概率和损失量，确定各种风险的风险量和风险等级。

10.1.4 风险对策与控制

10.1.4.1 风险控制的工作内容

在施工进展过程中应该同步收集和分析有关的各类信息，预测可能发生的风险，对其进行监控并提出预警。表10.3就是在装饰施工进程中对危险源进行风险控制的一项清单。

10.1.4.2 风险对策与控制

（1）回避风险 是指项目组织在决策中回避高风险的领域、项目和方案，进行低风险选择。

（2）转移风险 是指将组织或个人项目的部分风险或全部风险转移到其他组织或个人。

（3）损失控制 是指损失发生前消除损失可能发生的根源，并减少损失事件的频率，在风险事件发生后减少损失的程度。损失控制的基本点在于消除风险因素和减少风险损失。

表 10.3　项目部危险源清单

风险、危险源	过程、活动、人、管理组合
高空坠落	1. 施工人员在脚手架(室内、室外)处施工 2. 施工人员在门式移动脚手架处施工 3. 施工人员在架梯上施工 4. 四口(电梯口、楼梯口、预留洞口、通道口),五临边(窗台边、楼板边等)的防护
物体打击	1. 室内脚手架、架梯、移动脚手架上机具和物料的坠落 2. 室外脚手架、移动脚手架上机具和物料的坠落 3. 高处向下投掷和垃圾抛掷产生的物体坠落 4. 四口(电梯口、楼梯口、预留洞口、通道口),五临边(窗台边、楼板边等)的物体坠落
机具伤害	1. 手持电动机具(电钻、冲击钻、钢材切割机、石材切割机等)施工时机具伤害 2. 木工机具(圆盘、挖孔机等)施工时的机具伤害 3. 空压机、电焊机等机具设备施工时的机具伤害
触电	1. 施工用电(线路、配电箱等)造成的触电 2. 空压机、电焊机、手持电动机具造成的触电 3. 带电作业、雷电等造成的触电
火灾和爆炸	1. 电焊作业、气焊作业造成的火灾 2. 易燃、易爆材料的燃烧造成的火灾 3. 易燃、易爆物品造成的爆炸 4. 明火作业造成的火灾 5. 线路超负荷用电造成的火灾 6. 禁烟区域杜绝吸烟

（4）自留风险　又称承担风险,是种由项目组织自己承担风险事故所致损失的措施。

（5）分散风险　项目风险的分散是指项目组织通过选择合适的项目组合,进行组合开发创新,使整体风险得到降低。

10.2

装饰工程沟通管理

10.2.1　项目沟通的分类

（1）内部关系的沟通与协调　内部关系是指企业内部（含项目经理部）的各种关系。

（2）近外层关系的沟通与协调　近外层关系指企业与同发包人签有合同的单位的关系。

（3）远外层关系的沟通与协调　远外层关系是指与企业及项目管理有关耽误合同约束的单位的关系。

10.2.2 项目沟通计划

10.2.2.1 项目沟通计划的内容

项目沟通计划一般应包括下列内容。

① 人际关系的沟通计划；

② 组织机构关系的沟通计划；

③ 供求关系的沟通计划；

④ 协作配合关系的沟通计划。

10.2.2.2 项目沟通计划的实施策略

沟通应坚持动态工作原则。在装饰项目实施过程中，随着运行阶段的不同，所存在的关系和问题都有所不同，如项目进行的初期主要是供求关系的沟通和协调，项目进行的后期主要是合同和法律、法规约束关系的沟通与协调，涉及索赔、结算、经济利益等。

10.2.3 项目沟通依据和方式

10.2.3.1 沟通依据

由于沟通是为了更好地进行装饰项目的实施，因此在沟通进程中，必须遵守一定的游戏规则，必须在双方能够接受的相应依据中寻求解决办法，使双方能够达成一致，因此沟通的依据是多方位的。包括：双方合同文件；工程联系函；规章制度；第三方信息；其他法律及法规许可的文本。

10.2.3.2 沟通方式

(1) 正式沟通与非正式沟通 正式沟通是组织内部的规章制度所规定的沟通方法，主要包括组织系统正式发布命令、指示、文件，组织召开正式会议，组织召开的正式会议，组织正式颁布的法令规章、手册、简报、通知、公共，组织内部上下级之间的同事之间因工作需要而进行的正式接触；非正式沟通指在正式沟通渠道之外进行的信息传递和交流，是一类以社会关系为基础，与组织内部的规章制度无关的沟通方式。

(2) 上行沟通、下行沟通和平行沟通 上行沟通是指下级的意见向上级反映，即自下而上的沟通。下行沟通是指领导者对员工进行的自上而下的信息沟通。平行沟通是指组织中部门之间的信息交流。斜向沟通是指信息在不同层次的不同部门之间流动式的沟通。

(3) 单向沟通和双向沟通 单向沟通是指发送者和接收者之间的地位不变（单向传递），一方只发送信息，另一方只接收信息。与单项沟通相对应，双向沟通中发送者和接收者之间的位置不断交换，且发送者是以协商和讨论的姿态面对接收者，信息发出以后还需及时听取反馈意见，必要时双方可进行多次重复商谈，直到双方共同明确和满意为止。

(4) 书面沟通和口头沟通 书面沟通是指用通知、文件、报刊、备忘录等书面形式进行的信息传递和交流。其优点是可以作为资料长期保存，反复查阅，显得正式和严肃。口头沟通就是运用口头表达，如谈话、游说、演讲等进行信息交流的活动。其优点是传递消息较为准确，沟通比较灵活，速度快，双方可以自由交换意见。

(5) 言语沟通和体语沟通 言语沟通时利用语言、文字、图画、表格等形式进行的。体语沟通时利用动作、表情、姿态等非语言方式（形体）进行的。一个动作，一个表情、一个姿势都可以向对方传递某种信息，不同形式、丰富多彩的"身体语言"也在一定程度上起着沟通的作用。

10.2.3.3 沟通的渠道

沟通渠道分为正式沟通渠道与非正式沟通渠道两种。

（1）正式沟通渠道 在大多数沟通中，信息发送者并非直接把信息传给接受者，中间要经过某些人的转接，这就产生了不同的沟通渠道。不同的沟通渠道产生的信息交流效率是不同的。

（2）非正式沟通渠道 在一个组织中，除了正式沟通渠道，还存在着非正式的沟通渠道，有些消息往往是通过非正式渠道传播的，其中包括小道消息的传播。

10.2.4 项目沟通障碍与冲突管理

10.2.4.1 装饰项目沟通中的障碍

在项目实施过程中，由于沟通与协调不利或沟通与协调工作不到位，常常使得组织工作出现混乱，影响整个项目的实施效果，会出现如下一些沟通中的障碍。

（1）项目组织或项目经理部中出现混乱，总体目标不明确，不同部门和单位的兴趣与目标不同，各人有各人的打算和做法，甚至尖锐对立，而项目经理无法调解冲突或无法解释。

（2）项目经理部经常讨论不重要的事务性问题，沟通与协调会议经常被一些言非正传的职能部门领导打断、干扰或是偏离了议题。

（3）信息未能在正确的时间内以正确的内容和详细程度传达到正确位置，人们抱怨信息不够，活太多，或不及时，或不着要领。

（4）项目经理部中没有应有的冲突，但它在潜意识中存在，人们不敢或不习惯将冲突提出来公开讨论。

（5）项目经理部中存在或散布着不安全、绝望等气氛，特别是在项目遇到危机、上下系统准备对项目做重大变更、对项目组织做调整或项目即将结束时更加突出。

（6）项目实施中出现混乱，人们对合同、指令、责任书理解不一致或不能理解，特别在国际工程以及国际合作项目中，由于不同语言的翻译造成理解的混乱。

（7）项目得不到职能部门的支持，无法获得资源和管理服务，项目经理花大量的时间和精力周旋于职能部门之间，与外界不能进行正常的信息交流。

10.2.4.2 项目沟通中冲突表现形式

沟通不顺利或沟通与协调工作不成功常常会导致项目相关方的冲突，继而引发不必要的冲突，使项目管理目标难以进行。常有的冲突如下。

（1）目标冲突 项目组织成员各有自己的目标和打算，对项目的总目标缺乏了解和共识；项目的目标系统存在矛盾，如同时过度要求压缩工期、降低成本、提高质量标准等。

（2）专业冲突 如对工艺方案、设备方案存在不一致看法，建筑造型与结构之间的矛盾等。

（3）角色冲突 如企业任命总工程师作为项目经理，他既有项目工作，又有原部门的工作，常常以总工程师的立场和观点看待项目，解决问题。

（4）过程的冲突 如决策、计划、控制之间对问题处理的方式和方法之间的矛盾。

（5）项目组织间的冲突 如项目间的利益冲突、行为的不协调、合同中存在矛盾和漏洞，以及权力的冲突和互相推卸责任，项目经理部与职能部门之间的界面冲突等。

10.2.4.3　冲突的解决措施

在实际工程中，组织冲突普遍存在，不可避免。在项目实施的整个过程中，项目经理要花大量时间处理冲突并进一步解决，这已成为项目经理的日常工作。组织冲突是一个复杂的问题，它会导致关系紧张和意见分歧。通常，争吵是冲突中易出现的现象。若产生激烈的冲突，以致形成尖锐的对立，就会造成组织摩擦、能量的损耗和低效率。

正确的处理方法不是宣布不许冲突或让冲突自己消亡，而是通过冲突发现问题，暴露矛盾，从而获得新的信息，然后通过积极的引导和沟通达成一致，化解矛盾。对冲突的处理首先要取决于项目管理者的管理艺术，以及对冲突的认识程度等。领导者要有效地管理冲突，有意识地引起冲突，通过冲突引起讨论和沟通；通过详细的协商，以求平衡和满足各方面的利益，达到项目目标的最优解决。

风险管理是为了达到一个组织的既定目标，而对组织所承担的各种风险进行管理的系统过程，风险管理的整个工作过程包括策划、组织、领导、协调和控制等方面的工作。

风险识别的任务是识别施工全过程存在哪些风险。

风险识别后，把识别后的因素进行归类，整理出结果，写成书面文件，为风险分析的其余步骤和风险管理做准备。

风险评估是项目风险管理的第二步。项目风险评估包括风险估计和风险评价两个内容。

风险分析方法包括估计方法与风险评价方法。这些方法又可分为定量方法与定性方法。

风险响应，指的是根据前面已经实施的风险识别和评价后，针对项目的风险所采取的对策和控制方法。

一个项目的实施要取得成功，沟通具有重要作用。

沟通就是信息的交流。在项目的实施过程中，信息交流主要是人与人之间的组织之间的交流。为了实现项目目标，在进行沟通管理过程中，同样也需要与其他目标管理一样，进行前期的预测，详尽地理出一份沟通计划，使之在装饰项目实施前系统地分析如何进行有效的沟通，以解决问题。

思考与练习

1. 什么是风险管理？风险管理的流程有哪些？

2. 控制风险的对策有哪些？

3. 什么是风险回避？试用装饰项目中的实例进行描述。

4. 根据身边的装饰项目进行风险的识别，用表格的形式拟定风险清单。制订风险管理计划。

5. 什么是项目的沟通管理？沟通的方式有哪些？

6. 沟通计划的内容有哪些？

7. 针对装饰项目中"触电"这一因素进行风险的控制。

8. 列举装饰项目中的某一案例进行沟通计划的编写。

9. 沟通中的障碍有哪些？试举例说明。

10. 在冲突管理时如何进行措施的选取，举例说明。

11

建筑装饰工程收尾管理

学习目标

1. 熟悉竣工验收的概念、竣工验收具备的条件和标准、竣工验收的程序，以及竣工资料的内容。

2. 熟悉建筑装饰产品保修范围、保修期、保修期责任，以及常见的回访。

3. 初步具有以下能力：参与工程竣工验收，整理竣工资料，考核评价项目，参与产品回访保修等。

11.1
竣工验收阶段的管理

竣工验收阶段是工程项目建设全过程的终结阶段,当工程项目按设计文件及工程合同的规定内容全部施工完毕后,便可组织验收。通过竣工验收,移交工程项目产品,对项目成果进行总结、评价,交接工程档案资料,进行竣工结算,终止工程施工合同,结束工程项目实施活动及过程,完成工程项目管理的全部任务。

11.1.1 竣工验收

竣工是指工程项目经过承建单位的准备和实施活动,已完成了项目承包合同规定的全部内容,并符合发包单位的意图,达到了使用的要求,它标志着工程项目建设任务的全面完成。

竣工验收是工程项目建设环节的最后一道程序,是承包人按照施工合同的约定,完成设计文件和施工图纸规定的工程内容,经发包人组织竣工验收及工程移交的过程。

竣工验收的主体有交工主体和验收主体两方面,交工主体是承包人,验收主体是发包人,二者均是竣工验收行为的实施者,是互相依附而存在的;工程项目竣工验收的客体应是设计文件规定、施工合同约定的特定工程对象,即工程项目本身。

11.1.2 竣工验收的条件和标准

11.1.2.1 竣工验收的条件

(1) 设计文件和合同约定的各项施工内容已经施工完毕。

(2) 有完整并经核定的工程竣工资料,符合验收规定。

(3) 有勘察、设计、施工、监理等单位签署确认的工程质量合格文件。

(4) 有工程使用的主要建筑材料、构配件、设备进场的证明及试验报告。

(5) 有施工单位签署的工程质量保修书。

11.1.2.2 竣工验收的标准

(1) 达到合同约定的工程质量标准 合同约定的质量标准具有强制性,合同的约束作用规范了承发包双方的质量责任和义务,承包人必须确保工程质量达到双方约定的质量标准,不合格不得交付验收和使用。

(2) 符合单位工程质量竣工验收的合格标准 按国家标准《建筑工程施工质量验收统一标准》(GB 50300—2013),对单位(子单位)工程质量验收合格相应规定。

(3) 单项工程达到使用条件或满足生产要求 组成单项工程的各单位工程都已竣工,单项工程按设计要求完成,民用建筑达到使用条件或工业建筑能满足生产要求,工程质量经检验合格，竣工资料整理符合规定。

（4）建设项目能满足建成投入使用或生产的各项要求　组成建设项目的全部单项工程均已完成，符合交工验收的要求，建设项目能满足使用或生产要求。

11.1.3　竣工验收的管理程序和准备

11.1.3.1　竣工验收的管理程序

工程项目进入竣工验收阶段，是一项复杂而细致的工作，项目管理的各方应加强协作配合，按竣工验收的管理程序依次进行，认真做好竣工验收工作。

（1）竣工验收准备　工程交付竣工验收前的各项准备工作由项目经理部具体操作实施，项目经理全面负责，要建立竣工收尾小组，搞好工程实体的自检，收集、汇总、整理完整的工程竣工资料，扎扎实实地做好工程竣工验收前的各项竣工收尾及管理基础工作。

（2）编制竣工验收计划　项目经理部应认真编制竣工验收计划，并纳入企业施工生产计划实施和管理，项目经理部按计划完工并经自检合格的工程项目应填写工程竣工报告和工程竣工报验单，提交工程监理机构签署意见。

（3）组织现场验收　首先由工程监理机构依据施工图纸、施工及验收规范和质量检验标准、施工合同等对工程进行竣工预验收，提出工程竣工验收评估报告。然后由发包人对承包人提交的工程竣工报告进行审定，组织有关单位进行正式竣工验收。

（4）进行竣工结算　工程竣工结算要与竣工验收工作同步进行。工程竣工验收报告完成后，承包人应在规定的时间内向发包人递交工程竣工结算报告及完整的结算资料。承发包双方依据工程合同和工程变更等资料，最终确定工程价款。

（5）移交竣工资料　整理和移交竣工资料是工程项目竣工验收阶段必不可少且非常细致的一项工作。承包人向发包人移交的工程竣工资料应齐全、完整、准确，要符合国家城市建设档案管理、基本建设项目（工程）档案资料管理和建设工程文件归档整理规范的有关规定。

（6）办理交工手续　工程已正式组织竣工验收，建设、设计、施工、监理和其他有关单位已在工程竣工验收报告上签认，工程竣工结算办完，承包人应与发包人办理工程移交手续，签署工程质量保修书，撤离施工现场，正式解除现场管理责任。

11.1.3.2　竣工验收准备

（1）建立竣工收尾班子　由项目经理牵头、成员包括技术负责人、生产负责人、质量负责人、材料负责人、班组负责人等多方面的人员组成竣工收尾班子，明确分工、责任到人，做到因事设岗、以岗定责、以责考核，限期完成工作任务，收尾项目完工要有验证手续，形成完善的收尾工作制度。

（2）制订落实项目竣工收尾计划　项目经理要根据项目特点、项目进展情况及施工现场的具体条件负责编制落实有针对性的竣工收尾计划，并纳入统一的施工生产计划进行管理。以正式计划下达，并作为项目管理层和作业层岗位业绩考核的依据之一。竣工收尾计划的内容要准确而全面，应包括收尾项目的施工情况和工资料整理。要明确各项工作内容的起止时间、负责班组及人员。竣工收尾计划可参照表11.1的格式编制。

表 11.1　施工项目竣工收尾计划

序号	收尾项目名称	工作内容	起止时间	作业队组	负责人	竣工资料	整理人	验证人

项目经理：　　　　　　　　技术负责人：　　　　　　　　编制人：

（3）竣工收尾计划的检查　项目经理和技术负责人应定期和不定期地对竣工收尾计划的执行情况进行严格的检查，重要部位要做好详细的检查记录。发现偏差要及时纠正，发现问题要及时整改，竣工收尾项目按计划完成一项，按标准验证一项，消除一项，直至全部完成计划内容。

（4）竣工自检　项目经理部在完成施工项目竣工收尾计划，并确认已经达到了竣工的条件后，即可向所在企业报告，由企业自行组织有关人员依据质量标准和设计图纸等进行自检，填写工程质量竣工验收记录、质量控制资料核查记录、工程质量观感记录表等资料，对检查结果进行评定，符合要求后向建设单位提交工程验收报告和完整的质量资料，请建设单位组织验收。

（5）竣工验收预约　承包人全面完成工程竣工验收前的各项准备工作，经监理机构审查验收合格后，承包人向发包人递交预约竣工验收的书面通知，说明竣工验收前的各项工作已准备就绪，满足竣工验收条件。"交付竣工验收通知书"的内容格式如下：

交付竣工验收通知书

××××（发包单位名称）：

根据施工合同的约定，由我单位承建的××××工程，已于××××年××月××日竣工，经自检合格，监理单位审查签认，可以正式组织竣工验收。请贵单位接到通知后，尽快洽商，组织有关单位和人员于××××年××月××日前进行竣工验收。

附件：1. 工程竣工报验单
　　　2. 工程竣工报告

××××（单位公章）
××××年××月××日

11.1.4　竣工资料

竣工资料是工程项目承包人按工程档案管理及竣工验收条件的有关规定，在工程施工过程中按时收集，认真整理，竣工验收后移交发包人汇总归档的技术与管理文件，是记录和反映工程项目实施全过程中工程技术与管理活动的档案。

11.1.4.1　竣工资料的内容

竣工资料必须真实记录和反映项目管理全过程的实际，它的内容必须齐全完整。按照《建设工程项目管理规范》的规定，竣工资料的内容应包括工程施工技术资料、工程质量保证资料、工程检验评定资料以及竣工图和规定的其他应交资料。

（1）施工技术资料　施工技术资料是建设工程施工全过程中的真实记录，是在施工全过程的各环节客观产生的工程施工技术文件，它的主要内容有：开工报告（包括复工报告）；项目经理部及人员名单、聘任文件；施工组织设计（施工方案）；图纸会审记录（纪要）；技术交底记录；设计变更通知；技术核定单；地质勘察报告；工程定位测量资料及复核记录；基槽开挖测量资料；地基钎探记录和钎探平面布置图；验槽记录和地基处理记录；桩基施工记录；试桩记录和补桩记录；沉降观测记录；防水工程抗渗试验记录；混凝土浇灌记录；商品混凝土供应记录；工程复核抄测记录；工程质量事故报告；工程质量事故处理记录；施工日志；建设工程施工合同，补充协议；工程竣工报告；工程竣工验收报告；工程质量保修书；工程预（结）算书；竣工项目一览表；施工项目总结。

（2）工程质量保证资料　质量保证资料是建设工程施工全过程中全面反映工程质量控制和保证的依据性证明资料，应包括原材料、构配件、器具及设备等的质量证明、合格证明、进场材料试验报告等。

（3）工程检验评定资料　检验评定资料是建设工程施工全过程中按照国家现行工程质量检验标准，对工程项目进行单位工程、分部工程、分项工程的划分，再由分项工程、分部工程、单位工程逐级对工程质量做出综合评定的资料。工程检验评定资料的主要内容如下。

① 施工现场质量管理检查记录；

② 检验批质量验收记录；

③ 分项工程质量验收记录；

④ 分部（子分部）工程质量验收记录；

⑤ 单位（子单位）工程质量竣工验收记录；

⑥ 单位（子单位）工程质量控制资料核查记录；

⑦ 单位（子单位）工程安全和功能检验资料核查及主要功能抽查记录；

⑧ 单位（子单位）工程观感质量检查记录等。

（4）竣工图　竣工图是真实地反映建设工程竣工后实际成果的重要技术资料，是建设工程进行竣工验收的备案资料，也是建设工程进行维修、改建、扩建的主要依据。

工程竣工后有关单位应及时编制竣工图，工程竣工图应逐张加盖"竣工图"章。"竣工图"章的内容应包括：发包人、承包人、监理人等的单位名称，图纸编号，编制人，审核人，负责人，编制时间等。

（5）规定的其他应交资料

① 施工合同约定的其他应交资料。

② 地方行政法规、技术标准已有规定的应交资料等。

11.1.4.2　竣工资料的收集整理

工程项目的承包人应按竣工验收条件的有关规定，建立健全资料管理制度，要设置专人负责，按照《建筑工程资料管理规程》（JGJ/T 185）的要求，认真收集和整理工程竣工资料。

11.1.4.3　竣工资料的移交验收

（1）竣工资料的归档范围　竣工资料的归档范围应符合《建筑工程资料管理规程》（JGJ/T 185）的规定。凡是列入归档范围的竣工资料，承包人都必须按规定将自己责任范围内的竣工资料按分类组卷的要求移交给发包人，发包人对竣工资料验收合格后，将全部竣工资料整理汇总，按规定向档案主管部门移交备案。

（2）竣工资料的交接要求　总包人必须对竣工资料的质量负全面责任，根据总分包合同的约定，负责对分包人的竣工资料进行中检和预检，有整改的待整改完成后，进行整理汇总，一并移交发包人；承包人根据建设工程施工合同的约定，在建设工程竣工验收后，按规定和约定的时间，将全部应移交的竣工资料交给发包人，并应符合城建档案管理的要求。

（3）竣工资料的移交验收　发包人接到竣工资料后，应根据竣工资料移交验收办法和国家及地方有关标准的规定，组织有关单位的项目负责人、技术负责人对资料的质量进行检查，验证手续是否完备，应移交的资料项目是否齐全。所有资料符合要求后，承发包双方按编制的移交清单签字、盖章，按资料归档要求双方交接，竣工资料交接验收完成。

11.1.5　竣工验收管理

11.1.5.1　竣工验收的方式

一般来说，工程交付竣工验收可以按以下三种方式分别进行。

（1）单位工程（或专业工程）竣工验收　又称为中间验收，是指承包人以单位工程或某专业工程内容为对象，独立签订建设工程施工合同的，达到竣工条件后，承包人可单独进行交工，发包人根据竣工验收的依据和标准，按施工合同约定的工程内容组织竣工验收。

（2）单项工程竣工验收　又称为交工验收，即在一个总体建设项目中，一个单项工程已按设计图纸规定的工程内容完成，能满足生产要求或具备使用条件，承包人向监理人提交"工程竣工报告"和"工程竣工报验单"，经签认后应向发包人发出"交付竣工验收通知书"，说明工程完工情况、竣工验收准备情况、设备无负荷单机试车情况，具体约定交付竣工验收的有关事宜。发包人按照约定的程序，依照国家颁布的有关技术标准和施工承包合同，组织有关单位和部门对工程进行竣工验收，验收合格的单项工程，在全部工程验收时，原则上不再办理验收手续。

（3）全部工程的竣工验收　又称为动用验收，指建设项目已按设计规定全部建成、达到竣工验收条件，由发包人组织设计、施工、监理等单位和档案部门进行全部工程的竣工验收。对一个建设项目的全部工程竣工验收而言，大量的竣工验收基础工作已在单位工程和单项工程竣工验收中进行了。对已经交付竣工验收的单位工程（中间交工）或单项工程并已办理了移交手续的，原则上不再重复办理验收手续，但应将单位工程或单项工程竣工验收报告作为全部工程竣工验收的附件加以说明。

11.1.5.2　竣工验收的依据

（1）上级主管部门对该项目批准的各种文件　包括设计任务书或可行性研究报告，用地、征地、拆迁文件，初步设计文件等。

（2）工程设计文件　包括施工图纸及有关说明。

（3）双方签订的施工合同。

（4）设备技术说明书　它是进行设备安装调试、检验、试车、验收和处理设备质量、技术等问题的重要依据。

（5）设计变更通知书　它是对施工图纸的修改和补充。

（6）国家颁布的各种标准和规范　包括现行的《工程施工及验收规范》《工程质量检验评定标准》等。

（7）外资工程应依据我国有关规定提交竣工验收文件。

11.1.5.3　工程竣工验收报验

承包人完成工程设计和施工合同以及其他文件约定的各项内容，工程质量经自检合格，各项竣工资料准备齐全，确认具备工程竣工报验的条件，承包人即可填写并递交工程竣工报告和工程竣工报验单，见表 11.2 和表 11.3。表格内容要按规定要求填写，自检意见应表述清楚，项目经理、企业技术负责人、企业法定代表人应签字，并加该企业公章。报验单的附件应齐全，足以证明工程已符合竣工验收要求。监理人收到承包人递交的工程竣工报验单及有关资料后，总监理工程师即可组织专业监理工程师对承包人报送的竣工资料进行审查，并对工程质量进行验收。验收合格后，总监理工程师应签署工程竣工报验单，提出工程质量评估报告。承包人依据工程监理机构签署认可的工程竣工报验单和质量评估结论，向发包人递交竣工验收的通知，具体约定工程交付验收的时间、会议地点和有关安排。

11.1.5.4 竣工验收组织

发包人收到承包人递交的交付竣工验收通知书，应及时组织勘察、设计、施工、监理等单位按照竣工验收程序，对工程进行验收核查。

表 11.2　工程竣工报告　　　　编号：

工程名称		建筑面积	
工程地址		结构类型/层数	
建设单位		开/竣工日期	
设计单位		合同工期	
施工单位		工程造价	
监理单位		合同编号	

	自检内容	自检意见
竣工条件自检情况	工程设计和合同约定的各项内容完成情况	
	工程技术档案和施工管理资料	
	工程所用建筑材料、建筑构配件、商品混凝土和设备的进场试验报告	
	涉及工程结构安全的试块、试件及有关材料试验、检验报告	
	地基与基础、主体结构等重要分部、分项工程质量验收报告签证情况	
	建设行政主管部门、质量监督机构或其他有关部门责令整改问题的执行情况	
	单位工程质量自检情况	
	工程质量保修书	
	工程款支付情况	
	交付竣工验收的条件	
	其他	

经检验,该工程已完成设计和施工合同约定的各项内容,工程质量符合有关法律、法规和工程建设强制性标准。

项目经理：

企业技术负责人：

企业法定代表人：

（施工单位公章）

年　月　日

监理单位意见：

总监理工程师：　　（公章）

年　月　日

表 11.3　工程竣工报验单

工程名称：　　　　　　　　　　　　　　　　编号：

致： 　　我方已按合同要求完成了＿＿＿＿＿＿＿＿＿工程，经自检合格，请予以检查和验收。 　　附件：   　　　　　　　　　　　　　　　　　　　　　　承 包 单 位(章)：＿＿＿＿ 　　　　　　　　　　　　　　　　　　　　　　项 目 经 理：＿＿＿＿ 　　　　　　　　　　　　　　　　　　　　　　日　　　　期：＿＿＿＿
审查意见： 经初步验收,该工程 1. 符合/不符合我国现行法律、法规要求； 2. 符合/不符合我国现行工程建设标准； 3. 符合/不符合设计文件要求； 4. 符合/不符合施工合同要求。 综上所述,该工程初步验收合格/不合格,可以/不可以组织正式验收。   　　　　　　　　　　　　　　　　　　　　　　项目监理机构：＿＿＿＿ 　　　　　　　　　　　　　　　　　　　　　　总监理工程师：＿＿＿＿ 　　　　　　　　　　　　　　　　　　　　　　日　　　　期：＿＿＿＿

　　(1) 成立竣工验收委员会或验收小组　大型项目、重点工程、技术复杂的工程根据需要应组成验收委员会，一般工程项目，组成验收小组即可。竣工验收工作由发包人组织，主要参加人员有发包方、勘察、设计、总承包及分包单位的负责人，发包单位的工地代表，建设主管部门、备案部门的代表等。

　　(2) 建设单位组织竣工验收

　　① 由建设单位组织，建设、勘察、设计、施工、监理单位分别汇报工程合同履约情况和工程建设各个环节执行法律、法规和工程建设强制性标准的情况。

　　② 验收组人员审阅各种竣工资料　验收组人员应对照资料目录清单，逐项进行检查，看其内容是否齐全，符合要求。

　　③ 实地查验工程质量　参加验收各方，对竣工项目实体进行目测检查。

　　④ 对工程勘察、设计、施工、监理单位各管理环节和工程实物质量等方面做出全面评价，形成经验收组人员签署的工程竣工验收意见。

　　⑤ 参与工程竣工验收的建设、勘察、设计、施工、监理单位等各方不能形成一致意见时，应当协商提出解决的方法，待意见一致后，重新组织竣工验收；当不能协商解决时，由建设行政主管部门或者其委托的建设工程质量监督机构裁决。

　　⑥ 签署工程竣工验收报告　工程竣工验收合格后，建设单位应当及时提出签署工程竣工验收报告，由参加竣工验收的各单位代表签名，并加盖竣工验收各单位的公章。其主要内容及格式见表 11.4。

表11.4 工程竣工验收报告

工程概况	工程名称		建筑面积	
	工程地址		结构类型	
	层数	地上 层 地下 层	总高	
	电梯/台		自动扶梯/台	
	开工日期		竣工验收日期	
	建设单位		施工单位	
	勘察单位		监理单位	
	设计单位		质量监督单位	
	工程完成设计与合同所约定内容情况			
验收组织形式				
验收组组成情况	专业			
	建筑工程			
	采暖卫生与燃气工程			
	建筑电气安装工程			
	通风与空调工程			
	电梯安装工程			
	工程竣工资料审查			
竣工验收程序				
工程竣工验收意见	建设单位执行基本建设程序情况：			
	对工程勘察、设计、监理等方面的评价：			

项目负责人	建设单位	（公章） 年 月 日
勘察负责人	勘察单位	（公章） 年 月 日
设计负责人	设计单位	（公章） 年 月 日
项目经理 企业技术负责人	施工单位	（公章） 年 月 日
总监理工程师	监理单位	（公章） 年 月 日

工程质量综合验收附件：
1. 勘察单位对工程勘察文件的质量检查报告；
2. 设计单位对工程设计文件的质量检查报告；
3. 施工单位对工程施工质量的检查报告；
4. 监理单位对工程质量的评估报告；
5. 地基与勘察、主体结构分部工程以及单位工程质量验收记录；
6. 工程有关质量检测和功能性试验资料；
7. 建设行政主管部门、质量监督机构责令整改问题的整改结果；
8. 验收人员签署的竣工验收原始文件；
9. 竣工验收遗留问题的处理结果；
10. 施工单位签署的工程质量保修书；
11. 法律、规章规定必须提供的其他文件。

11.1.5.5　办理工程移交手续

工程通过竣工验收，承包人应在发包人对竣工验收报告签认后的规定期限内向发包人递交竣工结算和完整的结算资料，在此基础上承发包双方根据合同约定的有关条款进行工程竣工结算，承包人在收到工程竣工结算款后，应在规定期限内向发包人办理工程移交手续。具体内容如下。

① 按竣工项目一览表在现场移交工程实体。

② 按竣工资料目录交接工程竣工资料。

③ 按工程质量保修制度签署工程质量保证书。

④ 承包人在规定时间内按要求撤出施工现场、解除施工现场全部管理责任。

⑤ 工程交接的其他事宜。

11.1.6　竣工结算

11.1.6.1　竣工结算的编制依据

(1) 工程竣工报告及工程竣工验收单。

(2) 经审查的施工图预算或中标价格。

(3) 施工图纸及设计变更通知单、施工现场工程变更记录、技术经济签证。

(4) 建设工程施工合同或协议书。

(5) 现行预算定额、取费定额及调价规定。

(6) 有关施工技术资料。

(7) 工程质量保修书。

(8) 其他有关资料。

11.1.6.2　竣工结算的编制原则

(1) 具备结算条件的项目，才能编制竣工结算。

(2) 应实事求是地确定竣工结算。

(3) 严格遵守国家和地区的各项有关规定，严格履行合同条款。

11.1.6.3　工程价款结算的方式

(1) 按月结算　即实行旬末或月中预支，月中结算，竣工后清算的办法。跨年度竣工的工程，在年终进行工程盘点，办理年度结算。

(2) 竣工后一次结算　即建设项目或单位工程全部建筑安装工程建设期在 12 个月以内，或者工程承包合同价值在 100 万元以下的，可实行工程价款每月月中预支，竣工后一次结算。

(3) 分段结算　即当年开工，当年不能竣工的单项工程或单位工程按照工程形象进度，划分不同阶段进行结算。分段结算可以按月预支工程款。

(4) 承发包双方约定的其他结算方式。

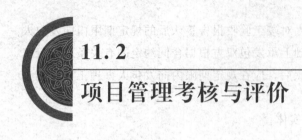

11.2 项目管理考核与评价

11.2.1 考核评价的依据和方式

项目考核评价的主体应是派出项目经理的单位。项目考核评价的对象是项目经理部，其中突出对项目经理的管理工作进行考核评价。

11.2.1.1 项目管理考核评价的依据

项目管理考核评价的依据应是项目经理与承包人签订的项目管理目标责任书，内容应包括完成工程施工合同、经济效益、回收工程款、执行承包人各项管理制度、各种资料归档等情况，以及项目管理目标责任书中其他要求内容的完成情况。

11.2.1.2 项目管理考核评价的方式

工期超过两年以上的大型项目，可以实行年度考核；为了加强过程控制，避免考核期过长，应当在年度考核之中加入阶段考核，阶段的划分可以按用网络计划表示的工程进度计划的关键节点进行，也可以同时按自然时间划分阶段进行季度、年度考核；工程竣工验收后应预留一段时间完成整理资料、疏散人员、退还机械、清理场地、结清账目等工作，然后再对项目管理进行全面的终结性考核。

项目终结性考核的内容应包括确认阶段性考核的结果，确认项目管理的最终结果，确认该项目经理部是否具备"解体"的条件等工作。

11.2.2 考核评价的指标

11.2.2.1 考核评价的定量指标

(1) 工程质量指标　应按《建筑工程施工质量验收统一标准》和《建筑工程施工质量验收规范》的具体要求和规定，进行项目的检查验收，根据验收情况评定分数。

(2) 工程成本指标　通常用成本降低额和成本降低率来表示。成本降低额是指工程实际成本比工程预算成本降低的绝对数额，是一个绝对评价指标；成本降低率是指工程成本降低额与工程预算成本的相对比率，是一个相对评价指标。这里的预算成本是指项目经理与承包人签订的责任成本。用成本降低率能够直观地反映成本降低的幅度，准确反映项目管理的实际效果。

(3) 工期指标　通常用实际工期与提前工期率来表示。实际工期是指工程项目从开工至竣工验收交付使用所经历的日历天数；工期提前量是指实际工期比合同工期提前的绝对天数，工期提前率是工期提前量与合同工期的比率。

（4）安全指标　工程项目的安全问题是工程项目实施过程中的第一要务，在许多承包单位对工程项目效果的考核要求中，都有安全一票否决的内容。按照《建筑施工安全检查标准》，将工程安全标准分为优良、合格、不合格三个等级。具体等级由评分计算的方式确定，评分涉及安全管理、文明工地、脚手架、基坑支护与模板工程、"三宝""四口"防护、施工用电、物料提升机与外用电梯、塔吊、起重机吊装、施工机具等项目。具体方法可按《建筑施工安全检查标准》执行。

11.2.2.2　考核评价的定性指标

定性指标反映了项目管理的全面水平，虽然没有定量，但却应该比定量指标占有较大权数，且必须有可靠的数据，有合理可行的办法并形成分数值，以便用数据说话。其主要包括下列内容。

（1）执行企业各项制度的情况　通过对项目经理部贯彻落实企业政策、制度、规定等方面的调查，评价项目经理部是否能够及时、准确、严格、持续地执行企业制度，是否有成效，能否做到令行禁止、积极配合。

（2）项目管理资料的收集、整理情况　项目管理资料是反映项目管理实施过程的基础性文件，通过考核项目管理资料的收集、整理情况，可以直观地看出工程项目管理日常工作的规范程度和完善程度。

（3）思想工作方法与效果　项目经理部是建筑企业最基层的一级组织，而且是临时性机构，它随项目的开工而组建，又因项目的完成而解体。工程项目在建设过程中，涉及的人员较多、事务复杂。要想在项目经理部开展思想政治工作既有很大难度又显得非常重要。此项指标主要考察思想政治工作是否有成效，是否适应和促进企业领导体制建设，是否提高了职工素质。

（4）发包人及用户的评价　让用户满意是市场经济体制下企业经营的基本理念，也是企业在市场竞争中取胜的根本保证。项目管理实施效果的最终评定人是发包人和用户，发包人及用户的评价是最有说服力的。发包人及用户对产品满意就是项目管理成功的表现。

（5）在项目管理中应用的新技术、新材料、新设备、新工艺的情况　在项目管理活动中，积极主动地应用新材料、新技术、新设备、新工艺是推动建筑业发展的基础，是每一个项目管理者的基本职责。

（6）在项目管理中采用的现代化管理方法和手段　新的管理方法与手段的应用可以极大地提高管理的效率，是否采用现代化管理方法和手段是检验管理水平高低的尺度。随着社会的发展、科技的进步，管理的方法和手段也日新月异，如果不能在项目管理中紧跟科技发展的步伐，将会成为科技社会的淘汰者。

（7）环境保护　在工程项目实施的过程中要消耗一定的资源，同时会产生许多的建筑垃圾，产生扰人的建筑噪声。项目管理人员应提高环保意识，制订与落实有效的环保措施，减少甚至杜绝环境破坏和环境污染的发生，提高环境保护的效果。

11.3

建筑装饰产品回访与保修

建设工程质量保修是指建设工程项目在办理竣工验收手续后，在规定的保修期限内，因勘察、设计、施工、材料等原因造成的质量缺陷，应当由施工承包单位负责维修、返工或更换，由责任单位负责赔偿损失。这里质量缺陷是指工程不符合国家或行业现行的有关技术标准、设计文件以及合同中对质量的要求等。

回访是一种产品售后服务的方式。工程项目回访广义来讲是指工程项目的设计、施工、设备及材料供应等单位，在工程交付竣工验收后，自签署工程质量保修书起的一定期限内，主动去了解项目的使用情况和设计质量、施工质量、设备运行状态及用户对维修方面的要求，从而发现产品使用中的问题并及时地去处理，使建筑产品能够正常地发挥其使用功能，使建筑工程的质量保修工作真正地落到实处。

11.3.1　建筑装饰产品保修范围与保修期

11.3.1.1　保修范围

建筑装饰工程的各个部位都应该实行保修，包括建筑装饰装修以及配套的电气管线、上下水管线的安装工程等项目。

11.3.1.2　保修期

保修期的长短，直接关系到承包人、发包人及使用人的经济责任大小。规范规定：建筑装饰工程保修期为自竣工验收合格之日起计算，在正常使用条件下的最低保修期限。《建筑工程质量管理条例》规定，在正常使用条件下与建筑装饰相关的建设工程最低保修期限为：

（1）有防水要求的卫生间、房间和外墙面的防渗漏，为 5 年；

（2）电器管线、给水排水管道、设备安装和装修工程，为 2 年；

（3）其他项目的保修期限由发包方与承包方在工程质量保修书中具体约定。

11.3.2　保修期责任与做法

11.3.2.1　保修期的经济责任

（1）属于承包人的原因　由于承包人未严格按照国家现行施工及验收规范、工程质量验收标准、设计文件要求和合同约定组织施工，造成的工程质量缺陷，所产生的工程质量保修，应当由承包人负责修理并承担经济责任。

（2）属于设计人的原因　由于设计原因造成的质量缺陷，应由设计人承担经济责任。当由承包人进行修理时，其费用数额可按合同约定，通过发包人向设计人索赔，不足部分由发包人补偿。

（3）属于发包人的原因　由于发包人供应的建筑材料、构配件或设备不合格造成的工程质量缺陷；或由发包人指定的分包人造成的质量缺陷，均应由发包人自行承担经济责任。

（4）属于使用人的原因　由于使用人未经许可自行改建造成的质量缺陷，或由于使用人使用不当造成的损坏，均应由使用人自行承担经济责任。

（5）其他原因　由于地震、洪水、台风等不可抗力原因造成的损坏或非施工原因造成的事故，不属于规定的保修范围，承包人不承担经济责任。负责维修的经济责任由国家根据具体政策规定。

11.3.2.2　保修做法

保修做法一般包括以下步骤。

（1）发送保修书　在工程竣工验收的同时，施工单位应向建设单位发送房屋建筑工程质量保修书。工程质量保修书属于工程竣工资料的范围，它是承包人对工程质量保修的承诺。其内容主要包括：保修范围和内容、保修时间、保修责任、保修费用等。具体格式见建设部与国家工商行政管理局 2000 年 8 月联合发布的《房屋建筑工程质量保修书》（示范文本）。

房屋建筑工程质量保修书（示范文本）

发包人（全称）：＿＿＿＿＿＿＿＿＿＿＿＿＿＿

承包人（全称）：＿＿＿＿＿＿＿＿＿＿＿＿＿＿

发包人、承包人根据《中华人民共和国建筑法》《建设工程质量管理条例》和《房屋建筑工程质量保修办法》，经协商一致，对＿＿＿＿＿＿＿＿＿（工程全称）签订工程质量保修书。

一、工程质量保修范围和内容

承包人在质量保修期内，按照有关法律、法规、规章的管理规定和双方约定，承担本工程质量保修责任。

质量保修范围包括地基基础工程、主体结构工程、屋面防水工程、有防水要求的卫生间、房间和外墙面的防渗漏、供热与供冷系统、电器管线、给排水管道、设备安装和装修工程，以及双方约定的其他项目。具体保修的内容，双方约定如下：

＿＿＿

＿＿＿

二、质量保修期

双方根据《建设工程质量管理条例》及有关规定，约定本工程的质量保修期如下：

1. 地基基础工程和主体结构工程为设计文件规定的该工程合理使用年限；

2. 屋面防水工程、有防水要求的卫生间、房间和外墙面的防渗漏为＿＿＿＿年；

3. 装修工程为＿＿＿＿年；

4. 电气管线、给排水管道、设备安装工程为＿＿＿＿年；

5. 供热与供冷系统为＿＿＿＿个采暖期、供冷期；

6. 住宅小区内的给排水设施、道路等配套工程为＿＿＿＿年；

7. 其他项目保修期限约定如下：

＿＿＿

＿＿＿

质量保修期限自工程竣工验收合格之日起计算。

三、质量保修责任

1. 属于保修范围、内容的项目，承包人应当在接到保修通知之日起 7 天内派人保修。承包人不在约定期限内派人保修的，发包人可以委托他人修理。

2. 发生紧急抢修事故的，承包人在接到事故通知后，应当立即到达事故现场抢修。

3. 对于涉及结构安全的质量问题，应当按照房屋建筑工程质量保修办法的规定，立即向当地建设行政主管部门报告，采取安全防范措施；由原设计单位或者具有相应资质等级的设计单位提出保修方案，承包人实施保修。

4. 质量保修完成后，由发包人组织验收。

四、保修费用

保修费用由造成质量缺陷的责任方承担。

五、其他

双方约定的其他工程质量保修事项：_____

_____

本工程质量保修书，由施工合同发包人、承包人双方在竣工验收前共同签署，作为施工合同附件，其有效期限至保修期满。

发包人（公章）   承包人（公章）

法定代表人（签字）   法定代表人（签字）

年　月　日   年　月　日

（2）填写工程质量修理通知书　在保修期内，工程项目出现质量问题影响使用，使用人应填写工程质量修理通知书告知承包人，注明质量问题及部位、联系维修方式，要求承包人派人前往检查修理。修理通知书发出日期为约定起始日期，承包人应在 7 天内派出人员执行保修任务。工程质量修理通知书的格式见表 11.5。

表 11.5　工程质量修理通知书

（施工单位名称）：

本工程于××××年××月××日发生质量问题，根据国家有关工程质量保修规定和《工程质量保修书》约定，请你单位派人检查修理为盼。

质量问题及部位：	
承修人自检评定：	年　月　日
使用人（用户）验收意见：	年　月　日
使用人（用户）地址： 电话： 联系人：	通知书发出日期：　年　月　日

（3）实施保修服务　承包人接到工程质量修理通知书后，必须尽快派人前往检查，并会同有关单位和人员共同做出鉴定，提出修理方案，明确经济责任，组织人力、物力进行修理，履行工程质量保修的承诺。

（4）验收　承包人将发生的质量问题处理完毕后，要在保修证书的保修记录栏内做好记录，并经建设单位验收签认，以表示修理工作完结。涉及结构安全问题的应当报当地建设行政主管部门备案。涉及经济责任为其他人的，应尽快办理。

11.3.3　回访工作

11.3.3.1　回访工作计划

工程交工验收后，承包人应该将回访工作纳入企业日常工作之中，及时编制回访工作计划，做到有计划、有组织、有步骤地对每项已交付使用的工程项目主动进行回访，收集反馈信息，及时处理保修问题。回访工作计划要具体实用，不能流于形式。回访工作计划的一般表式见表11.6。

表 11.6　回访工作计划（　　年度）

序号	建设单位	工程名称	保修期限	回访时间安排	参加回访部门	执行单位

单位负责人：　　　　　　　　归口部门：　　　　　　　　编制人：

11.3.3.2　回访工作记录

每一次回访工作结束以后，回访保修的执行单位都应填写回访工作记录。回访工作记录主要内容包括：参与回访人员；回访发现的质量问题；发包人或使用人的意见；对质量问题的处理意见等。

在全部回访工作结束后，应编写回访服务报告，全面总结回访工作的经验和教训。回访服务报告的内容应包括：回访建设单位和工程项目的概况；使用单位或用户对交工工程的意见；对回访工作的分析和总结；提出质量改进的措施对策等。回访归口主管部门应依据回访记录对回访服务的实施效果进行检查验证。回访工作记录的一般格式见表11.7。

表 11.7　回访工作记录

建设单位		使用单位	
工程名称		建筑面积	
施工单位		保修期限	
项目组织		回访日期	
回访工作情况：			
回访负责人		回访记录人	

11.3.3.3　回访的工作方式

（1）例行性回访　根据回访年度工作计划的安排，对已交付竣工验收并在保修期内的工程，统一组织例行性回访，收集用户对工程质量的意见。回访可用电话询问、召开座谈会以及登门拜访等行之有效的方式，一般半年或一年进行一次。

（2）季节性回访　主要是针对随季节变化容易产生质量问题的工程部位进行回访，所以这种回访具有季节性特点，如雨季回访基础工程、屋面工程和墙面工程的防水和渗漏情况，冬季回访采暖系统的使用情况，夏季回访通风空调工程等。了解有无施工质量缺陷或使用不当造成的损坏等问题，发现问题立即采取有效措施，及时加以解决。

（3）技术性回访　主要了解在工程施工过程中所采用的新材料、新技术、新工艺、新设备等的技术性能和使用后的效果，以及设备安装后的技术状态，从用户那里获取使用后的第一手资料，发现问题及时补救和解决，这样也便于总结经验和教训，为进一步完善和推广创造条件。

（4）特殊性回访　主要是对一些特殊工程、重点工程或有影响的工程进行专访，由于工程的特殊性，可将服务工作往前延伸，包括交工前的访问和交工后的回访，可以定期也可以不定期进行，目的是要听取发包人或使用人的合理化意见或建议，即时解决出现的质量问题，不断积累特殊工程施工及管理经验。

建筑装饰装修工程项目收尾管理包括：竣工验收阶段管理，考核评价和产品回访与保修。竣工验收是承包人向发包人交付项目产品的过程，考核评价是对工程项目管理绩效的分析和评定，产品回访与保修是我国法律规定的基本制度。

　思考与练习

1. 竣工验收必须满足什么条件？
2. 竣工验收的准备工作有哪些？
3. 竣工资料主要有哪些内容？
4. 竣工图的编制有哪些具体要求？
5. 竣工验收组织的构成和职责分别是什么？
6. 竣工验收的依据有哪些？
7. 编制竣工结算的依据是什么？
8. 工程价款的结算方式有哪几种？
9. 项目管理考核评价的主体和对象是什么？
10. 项目管理考核评价的依据是什么？
11. 项目管理考核评价的资料中，由项目经理部提供的资料有哪些？
12. 在正常使用条件下，建筑装饰工程的最低保修期限有哪些规定？
13. 简述工程项目保修的经济责任。
14. 回访工作的方式有哪几种？

参 考 文 献

[1]　危道军．建筑施工组织与造价管理实训．北京：中国建筑工业出版社，2007．

[2]　全国一级建造师执业资格考试用书编写委员会编写．建设工程项目管理．北京：中国建筑工业出版社，2010．

[3]　危道军，刘志强．工程项目管理．武汉：武汉理工大学出版社，2009．

[4]　全国一级建造师执业资格考试用书编写委员会编写．建筑工程管理与实务．北京：中国建筑工业出版社，2010．

[5]　《建设工程项目管理规范》编写委员会编写．《建设工程项目管理规范实用手册》．北京：中国建筑工业出版社，
　　　2006．

[6]　JGJ/T 121—99．工程网络计划技术规程．

[7]　危道军．建筑施工组织．北京：中国建筑工业出版社，2008．

[8]　李忠富．建筑施工组织与管理．北京：中国建筑工业出版社，2007．

[9]　项建国．建筑工程项目管理．北京：中国建筑工业出版社，2005．

[10]　冯美宇．建筑装饰工程施工组织与管理．武汉：武汉理工大学出版社，2005．

[11]　毛桂平，周任．建筑装饰工程施工项目管理．北京：电子工业出版社，2005．

[12]　韩国平，陈晋中．建筑施工组织与管理．北京：清华大学出版社，2007．

[13]　郝永池．建筑装饰施工组织与管理．北京：机械工业出版社，2009．

[14]　GB/T 50502—2009．建筑施工组织设计规范．